U0935484

贵州下寒武统含多金属元素黑色页岩系成因及应用矿物学研究

Studies on Genetic and Applied Mineralogy for Multi-metal of the Lower Cambrian Black Shale Series in Guizhou

张　杰　杨恩林　狄永宁　谢　飞　杨国锋　著

北　京
冶 金 工 业 出 版 社
2012

内 容 简 介

本书针对贵州部分地区早寒武世黑色页岩系及其页岩层中所含多金属矿化带，开展了查明镍、钼、钒多金属层物质成分，镍、钼、铀等元素赋存状态，镍、钼矿石工艺矿物学，镍、钼提取方法及工艺等研究。通过黑色页岩粘土矿物学的研究探讨其成因。镍、钼、钒多金属矿层较薄，一般厚度为0.05～0.20m，开采过程中即产生大量废渣，不仅堆放占地，还对环境产生严重污染。对黑色页岩及镍、钼、钒矿采选矿废渣开展应用矿物学及综合利用研究，保护生态环境，是镍、钼、钒多金属矿层开发利用过程中需要解决的重要问题。本书是贵阳市科技局两个工业攻关项目的研究成果及研究内容的系统总结。

本书可供从事地质、矿床、找矿、矿物材料的教学和研究人员参阅。

图书在版编目(CIP)数据

贵州下寒武统含多金属元素黑色页岩系成因及应用矿物学研究/张杰等著.—北京：冶金工业出版社，2012.2

ISBN 978-7-5024-5844-7

Ⅰ.①贵…　Ⅱ.①张…　Ⅲ.①早寒武世—黑色页岩—成因—研究—贵州省　②早寒武世—黑色页岩—矿物学—研究—贵州省　Ⅳ.①P588.22

中国版本图书馆CIP数据核字(2012)第009905号

出版人　曹胜利
地　　址　北京北河沿大街嵩祝院北巷39号，邮编100009
电　　话　(010)64027926　电子信箱　yjcbs@cnmip.com.cn
责任编辑　于昕蕾　美术编辑　彭子赫　版式设计　孙跃红
责任校对　王贺兰　责任印制　牛晓波
ISBN 978-7-5024-5844-7
北京百善印刷厂印刷；冶金工业出版社出版发行；各地新华书店经销
2012年2月第1版，2012年2月第1次印刷
787mm×1092mm　1/16；11印张；4彩页；269千字；155页
39.00元

冶金工业出版社投稿电话：(010)64027932　投稿信箱：tougao@cnmip.com.cn
冶金工业出版社发行部　电话：(010)64044283　传真：(010)64027893
冶金书店　地址：北京东四西大街46号(100010)　电话：(010)65289081(兼传真)

前　言

本书是作者根据所承担的贵州省贵阳市科技局工业攻关项目《息烽地区黑色岩系钼多金属矿加工利用》、《息烽—开阳黑色页岩钾元素提取及综合利用技术》研究内容编撰而成。前一项目完成于 2008 年，并经贵阳市科技局组织专家组结题验收。

本书针对贵州下寒武统黑色页岩系及其页岩层中含多金属矿化带，开展了查明岩石及镍、钼、钒多金属层矿化层物质成分，镍、钼、铀等元素的赋存状态，镍、钼矿石工艺矿物学，镍、钼提取方法及工艺等研究。通过黑色页岩粘土矿物学研究并探讨其成因。镍、钼、钒多金属矿层较薄，一般厚为 0.05 ~ 0.20m，开采过程中即产生大量废渣，不仅堆放占地，还对环境产生严重污染。对大量产生的黑色页岩，镍、钼、钒矿选矿废渣开展应用矿物学及综合利用研究，保护生态环境，是镍、钼、钒多金属矿层开发利用过程中需要解决的重要问题。

贵州息烽、开阳、遵义、铜仁等地区广泛分布下寒武统牛蹄塘组黑色岩系岩层，古地理位置属于扬子克拉通南缘区，黔中隆起北部、西北部至东北侧一带，一系列穹状背斜控制着黑色页岩系产出。主要岩性：下伏震旦系灯影组白云岩→寒武纪下统磷块岩→牛蹄塘组下伏硅质岩（含硫铁矿粘土泥岩）→多金属富集层→薄层-厚层黑色高碳质页岩、灰黑-深灰绿色炭质页岩、灰黑色砂泥质页岩等。整套岩层厚薄不均匀，厚可达 200m 以上，薄几十米不等。研究查明镍、钼、钒多金属层赋矿黑色高炭质页岩等主要类型为伊利石页岩。近年来相关研究资料表明该镍、钼、钒多金属矿化带长 1800km，宽 40km，近东北向经湘西一直延伸到湖北境内、浙江一带，西南进入贵州、云南，是我国华南地区沉积型镍、钼、钒、银、铀等多金属及贵金属矿化的潜在成矿区，具有重要的开发利用价值。

通过深入研究，本书主要介绍以下成果：

针对黑色页岩采用化学分析，镍、钼、钒专项化学分析、ICP-MS 等离子体质谱分析、扫描电镜配合能谱分析和电子探针分析等，查明赋矿黑色页岩岩石化学成分特征，多金属矿层镍、钼、钒含量特征及微量元素含量及分布特征；查明镍、钼、铀等主要元素的赋存状态，即：钼主要以胶状硫砷镍钼矿、胶状硫镍钼矿等存在，并以胶结物、团块状形式产出。镍主要以胶状硫镍矿微晶存在。扫描电镜、能谱测试分析图、表表明，胶状硫镍矿矿石由镁质粘土、胶状碳酸盐、含铁质硫镍矿和有机碳质组成。由于矿石的重结晶等作用显现鳞片状结构，部分显示结晶他形边形态特征。铀矿则以胶状磷铀矿以胶结胶态磷灰石（即胶磷矿）形式产出。

利用X衍射分析（XRD）结合扫描电镜分析，进行了赋矿围岩黑色页岩粘土矿物学研究，得到黑色页岩主要粘土矿物由伊利石、蒙脱石、伊/蒙混层矿物、高岭石及少量绿泥石组成，显示出指示沉积环境变化特征，并探讨了黑色页岩及多金属层形成成因。

开展了镍、钼矿石工艺矿物学研究、矿石加工利用评价及钼、钒加工提取，得到了钼、钒浸出提取产品工艺初步方案。

利用XRD分析、化学分析及相关浸取技术，开展黑色页岩钾元素的提取及相关含钾复合肥的制备探讨，得出了最佳的提钾工艺条件，钾的浸出率可达到93.81%。

首次开展了黑色页岩、黄磷渣制备多孔陶瓷技术的探索研究，与镍、钼、钒多金属层相关的黑色页岩作为主要添加材料制备黄磷渣多孔陶瓷，是开展其综合利用的可选方案。2011年8月获国家发明专利授权。

用黑色页岩进行了轻质建筑材料原料陶粒的制备技术实验研究。实验成果表明，与镍、钼、钒多金属层相关的黑色页岩是制备轻型建筑材料原料——陶粒的合适原料。

利用化学分析、结合物理化学配方及微晶玻璃制备技术，开展了黑色页岩混合镍钼矿渣制备微晶玻璃建筑装饰材料试验，结果证明利用镍钼矿渣制备出的微晶玻璃的力学性能优于大理石及花岗岩等天然石材。

本书研究成果丰富了我国海相沉积型镍、钼、钒、铀矿床相关研究内容，对黑色页岩和其中含镍、钼、钒、铀多金属层的开发利用，综合利用过程产生的大量固体废弃物循环利用等方面有理论和实际指导意义。

本书由贵州大学矿业学院张杰、杨恩林、狄永宁、谢飞、杨国锋完成。全书的撰写由张杰主持和指导。具体分工如下：

本书第1~6章、第7.5节由张杰编写，第7.1节由狄永宁编写，第7.2节由杨恩林编写，第7.3节由杨国锋编写，第7.4节由谢飞编写。最后由张杰负责全书的总成。

本书的完成要衷心感谢曾经提供帮助和支持的专家、研究者和单位。首先衷心感谢成都理工大学孙传敏教授对本书进行了认真审阅，并从研究思路、研究方法上给予热诚指导。

本书在完成过程中得到贵阳市科技局的大力资助，在此对贵阳市科技局、贵阳市科技局工业处各位领导表示诚挚的感谢。

贵州省化工地质勘察院教授级高工陈代良、高工白朝益，贵州地质调查研究院教授级高工陶平，中科院贵阳地球化学研究所研究员黄智龙，贵州师范大学教授雷平等在本书完成过程中给予了热忱帮助，贵州大学相关单位也给予了大力支持，在此表示由衷的感谢。我们对文中所引用文献资料的作者和单位一并致以深深的谢意。

由于作者水平所限，书中不妥之处，敬请读者赐教，我们将不胜感谢。

张　杰

2011年10月于贵阳

Preface

It is widely distributed such as Lower Cambrian Tong group of neat ' s foot black rock series rocks belong to the ancient geography the southern margin of Yangtze craton areas in Xifeng, Kaiyang, Zunyi, Tongren, Guizhou. Guizhou uplift north, north-west to the northeastern part of the area, a series of dome-shaped anticline controlled the line of output black shales. The main lithology: the underlying Sinian Dengying Formation dolomite → Phosphorite → Neat ' s foot Tong Group siliceous rocks underlying (including pyrite clay shale) → many metal-rich rocks → thin layer-thick layer of high carbon black quality shale, black-dark gray carbonaceous green pages, black sand muddy gray rocks such as shale.

The whole rock distributed non-uniform thickness of the whole rock, up to 200m thick and thin for more than tens of meters range. It is researched to identify nickel, molybdenum and vanadium ore more metal layers of black carbonaceous shale, such as high mainly composed of illite shale.

In recent years, relevant research data shows that the nickel, molybdenum, vanadium polymetallic ore belt ' s length is 1800km, its width is 40km, near the northeast to the Xiangxi has been extended to the territory of Hubei, Zhejiang area, south-west into the Guizhou, Yunnan. They are our country ' s sedimentary type nickel, molybdenum, vanadium, silver, uranium and other metals and precious metals mineralization potential mining area in southern China, with the development and utilization of important economic value.

In this book, the multi-metal mineralization in Guizhou and black page with rocks, carried out the identification of nickel, molybdenum, vanadium multi-metal layer material composition, nickel, molybdenum, uranium occurrence status elements such as nickel, molybdenum ore Process Mineralogy, nickel, molybdenum extraction methods and technology research, and to explore the causes of its formation. Nickel, molybdenum, vanadium many metal seam is thin, generally 0. 05 ~ 0. 20m. The exploitation of the process that generated substantial waste, not only occupies an area of stacking, but also have serious pollution to the environment. Therefore, a large number of black shale and ore-dressing waste residue utilization and protection of ecological environment, are nickel, molybdenum, vanadium multi-metal seam exploitation process urgent need to address important scientific questions.

This article through the thorough research, mainly yields following result:

Using the black shale chemical analysis, the nickel, the molybdenum, the vanadium special chemical analysis and the ICP-MS plasma mass spectrum analysis, scans the electron microscope coordination power spectrum analysis, the electron probe analysis, the fact-finding has bestowed on the ore black shale petrochemistry ingredient characteristic, polymetallic ore bedseam nickel, molybdenum, vanadium content characteristic and trace element content and distributed characteristic; the fact-finding nickel, the molybdenum, the uranium and so on the principal element tax saves the condition; namely the molybdenum mainly by the porodine sulfur arsenic nickel molybdenum ore, the porodine sulfur nickel molybdenum ore existence, and agglutinates, rolls the massive form existence. The nickel mainly by the porodine sulfur nickel ore micrite existence, scans the electron microscope, the power spectrum test analysis chart, the table indicated that, the porodine sulfur nickel ore by the magnesium nature clay, the porodine carbonate, is composed including the ferroguinous sulfur nickel ore and the organic carbon. As a result of the ore function appearance phosphorus sheet structures and so on heavy crystallization, the part demonstrated crystallizes nearby its shape the shape characteristic. The uranium mine delivers by the porodine phosphuranylite by the cemented collophanite and the collophane form.

Analyzing the (XRD) union scanning electron microscope analysis using X diffraction, carried on for the first time has bestowed on the ore adjacent formation black shale clay mineralogy research, obtained the black shale main clay mineral for the illite, the montmorillonite, illite/montmorillonite he mixed-level mineral, kaolinite and the few green mudstone composition, and demonstrated the instruction environment of deposition change characteristic. The formation of black shale and the polymetallic level is discussed.

Carried out of nickel, molybdenum ore mineralogy technology research and evaluation of ore processing and extraction processing of molybdenum, It obtain leaching extraction technology programs and products.

Using XRD analysis, chemical analysis and related leaching technology, black shale extraction of potassium and phase, preparation of customs with potash exploration arrive at the best conditions of potassium. The leaching rate of potassium could reach 93.81%.

It is carried out the first time that a black shale, yellow phosphorus slag preparation of porous ceramic technology exploration and research. Nickel, molybdenum, vanadium and multi-metal layers of black shale-related materials as a major yellow phosphorus slag add porous ceramics, is to carry out its comprehensive utilization of options. It applied for a patent.

Lightweight construction materials to the preparation of ceramic materials technology research; test results showed that nickel, molybdenum, vanadium multi-metal black shale layer is related to the preparation of raw materials for light construction materials-raw materials for the ceramic.

The use of chemical analysis, combined with physical and chemical formulations prepared glass-ceramic technology, to carry out the architectural features of the preparation of glass-ceramic materials researchers demonstrated that the use of nickel-molybdenum slag glass-ceramics prepared by the mechanical strength properties than natural marble and granite stone.

The result of research in this paper filled and enriched the content of our country marine deposit-type nickel, molybdenum, vanadium, uranium deposits study. Black shale of multi-metal layers in the process of development and utilization of solid waste generated substantial and comprehensive utilization of black shale have theoretical and practical guiding significance.

Zhang Jie
October 2011
. Guiyang

目　　录

Contents

1 绪　论

1.1 研究依据及意义

本书研究内容来源于贵阳市科技局工业攻关类项目《息烽地区黑色岩系钼多金属矿加工利用》（项目编号:(2006）筑科工合同字第16-3号)、《息烽—开阳黑色页岩钾元素提取及综合利用技术》((2009）筑科工合同字第1-063号)、国家自然科学基金资助项目“贵州织金新华含稀土磷矿床稀土元素赋存状态分离富集研究”（批准号：50164001)。

贵州东部（铜仁)、中部（遵义、开阳—息烽及福泉等地）和西部地区（织金地区）广泛分布下寒武统牛蹄塘组黑色页岩系，厚度较大，资源量丰富，研究资料表明黑色页岩层等主要岩性为伊利石页岩。该套地层由含Mo、Ni、V、U、Ag、稀土等的多金属层、炭质页岩层及含磷矿层等组成，是附加能源、金属元素提取、矿物材料、化学工业原料的重要资源。

本书针对贵州中、西部黑色页岩成因、应用矿物学及综合利用展开相关研究，评价其成因与含矿性的关系，对黑色页岩岩石学、矿床成因学说及成因矿物学的研究进展具有一定的促进作用。

随着黑色页岩研究程度日愈加深，黑色页岩的开发利用也在进行；但围绕着黑色页岩作为陶瓷矿物原料、轻型建筑材料、化学工业原料和化肥产品原料等进行研究和开发利用现在还比较薄弱，因此本课题的另一研究重点为开展黑色页岩应用矿物学研究，重点解决矿物材料基本成分、矿物材料基本性能、矿物加工制备等实验研究方面的问题。

随着非金属材料研究及开发利用的发展，黑色页岩的成因、应用矿物学和开发利用研究，必将极大地丰富该方面基础研究理论，并对其资源综合利用具有重要的指导作用。

1.2 国内外研究现状及存在问题

“黑色页岩系（简称黑色页岩)”是海相富含有机质的细碎屑沉积岩的总称，包括颜色自深灰到黑色的一套各种页岩、硅质岩、粉砂岩及部分碳酸盐岩的组成的岩石。中国下寒武统底部黑色岩系中的镍、钼、铂多金属层广布于南方10余省内，其中钒（铀）矿床可达大型、超大型规模，如湖南临湘、江西上饶一带[1]。

中国南方下寒武统黑色岩系中镍-钼多金属矿床及钒（铀）矿床长期以来受到相关研究人员的重视。多年来发表了一批有价值的研究论文和专著[2~25]，研究内容涉及镍-钼多金属元素富集层岩石学、矿物学、成矿地质环境、元素地球化学等方面的研究内容。对矿床成因也是众说纷纭，主要集中在：同生沉积、沉积-喷气、早期成岩-沉积-喷气联合作用等。

黑色岩系与黑色页岩之间，存在其定义上的差异性。黑色岩系是指含有机碳（有机碳含量接近或大于1%）及硫化物（铁硫化物为主）较多的深灰-黑色的硅岩、碳酸盐岩、泥质岩（含层凝灰岩）及其变质岩石的组合体系[3]。显然黑色页岩只是狭义的粒径小于0.062mm碎屑颗粒占50%以上的、富含有机质的含泥质岩、细粉砂岩等岩石组合。

国外学者对黑色页岩岩性组合含义的理解也有不同，如Vine等认为黑色页岩组合含有灰岩、白云岩等[26]，而Pettijohn认为黑色页岩单指是易剥裂的、含有机碳和硫化物的层纹状岩石[27]。Potter等将泥岩称为页岩[28]。

20世纪80年代以来，随着1987年成立“含金属黑色页岩”的国际地质对比计划（IGCP254）以来，国际、国内与“黑色页岩”相关的大型、超大型矿床报道迅速增多。例如，澳大利亚格鲁特岛超大型锰矿床（1.5亿吨储量）的矿层赋存于沥青质富金属页岩之上[29]；德国曼斯菲尔德铜矿含铜页岩中有铅、锌伴生，估计全区页岩和页片状泥灰岩中含铜量可达2.0×10^7t[26]。

贵州东部（铜仁）、中部（遵义、开阳—息烽）和西部地区（织金地区），广泛分布的镍-钼多元素富集层和钒（铀）矿床，具有以下主要特征：

（1）均发育于扬子古陆南缘早寒武世黑色页岩、黑色岩系范围内，为宽阔的浅海台地、近海斜坡相等沉积特征[30]，表现为受序列隆起所控制。

（2）黑色页岩中多金属层均与有机质、SiO_2、P、Ba、Fe、S等相关，构成多金属层特征的化学元素组合。黑色岩页岩相主要为含有机碳百分之几到20%～30%的泥质、硅质沉积岩。其形成条件与浮游生物的繁盛有关，浮游生物等不断向海底提供丰富的有机质；并在有利于有机质保存聚积与转化的环境中沉积。故黑色页岩系是在广海静水或斜坡相缺氧还原条件下形成的。

（3）黑色页岩及多金属层物质来源具有多样性：陆源碎屑、海洋生物屑、深海热水流体和成矿元素等及可能的多种来源。

黑色页岩中含有大量有机质和Mo、Ni、V、U、Ag、Au、Pt族、稀土等金属元素，作为含有机质石煤层、多金属层及矿源层，是我国重要的待开发利用的、潜在的矿产资源，具有可供资源综合利用的巨大资源量。故对黑色页岩的研究具有重要的理论意义和经济价值。

鉴于对黑色页岩的应用矿物学研究目前处于初期阶段，在对黑色页岩的大量研究中，针对镍、钼、钒等多金属层开发利用将产生大量废渣，目前展开应用矿物学、粘土矿物学研究及资源综合利用更少，本研究丰富了以上领域的研究内容。

1.3 研究思路

本书的研究思路为：以黑色页岩地质特征对比-物质成分研究-金属元素赋存状态研究-粘土矿物学研究-应用矿物学研究为主要研究思路，针对贵州东部（铜仁敖寨）、中部（遵义、开阳—息烽及福泉等地）和西部地区（织金地区）广泛分布、厚度较大、资源量丰富的下寒武统牛蹄塘组黑色页岩，开展相关物质成分，镍、钼、钒、铀的赋存状态系统研究；通过粘土矿物学研究，探讨黑色页岩成因；在此基础上开展黑色页岩的应用矿物学研究，得出开发利用相关的基础研究资料。

1.4 本书研究内容及实物工作量

本书主要研究目的为系统开展贵州中西部-东部黑色页岩地质特征对比、成矿地球化学特征、黑色页岩成因、粘土矿物学、应用矿物学及综合利用研究。通过上述研究，探讨黑色页岩的成因特征；开展黑色页岩主要组成矿物及多金属元素的标型性和矿物共生矿物组合分析，查明黑色页岩的含矿性，并讨论黑色页岩中多金属矿物的赋存状态和分离提取工艺；利用相关测试手段及矿物材料制备技术，开展黑色页岩矿物材料及资源综合利用研究。

本书主要开展以下方面的研究：

（1）开展黑色页岩的物质成分分布特征与赋存状态、微量元素与稀土元素地球化学、粘土矿物学及沉积特征分析研究，为开展黑色页岩的找矿、探讨其成因、评价其含矿性、丰富成因矿物学和应用矿物学基础理论提供有价值的基础资料，为黑色页岩综合开发、利用打下坚实的基础。尤其是黑色页岩粘土矿物学研究方面，前人做的工作不多，本次工作完善了该方面的研究。

（2）充分利用织金、遵义及开阳-息烽等地区该层出露于地表浅部，易开采，其中多金属层富含多金属元素等特点，综合开发多金属、非金属矿产品。主要工作有：用化学浸取法等方法提取黑色金属、稀有金属、贵金属及稀土元素；解决化学浸取方法所需的合理实验方法；提出镍、钼金属元素分离富集工艺流程方案。

（3）进行粘土矿物学研究，探讨黑色页岩沉积环境变化及成因。

（4）开展钾元素的提取及氮钾复合肥的制备技术研究，实现试验浸出可溶性钾的经济价值，对于缓解当前钾及钾肥资源紧缺形势具有重要意义。

（5）开展应用矿物学方面研究，即进行矿物材料，如陶粒、多孔陶瓷等制备方法的研究和评价。综合利用黑色页岩，为创造经济及社会效益打下坚实基础。

随着经济的快速发展，对有色金属的需求日益增大，而国内辉钼矿资源的渐近枯竭，多金属资源需求量等方面的迫切要求使以往认为工业意义不大的含镍钼多金属矿的黑色页岩系开始逐渐被重视。进行黑色页岩成因及应用矿物学研究，开展对含多金属黑色页岩岩系的多金属提取和矿物材料利用，能提供找矿和评价地质体成因与含矿性基础资料，对形成产业经济和缓解资源供需矛盾有着极大的经济意义及社会意义。

作者为完成本书的研究工作，多次野外考察，系统采集各种地质标本，收集了必要的钻孔资料和岩心样品，做了大量的岩矿石薄片、光片鉴定，进行岩石化学、镍、钼、钒主量元素分析、微量元素测试及地球化学分析、样品提纯、X 射线衍射分析、电子探针及扫描电镜配合能谱分析。在以上基础上进行应用矿物学实验研究。主要工作见表 1-1。

表 1-1 主要工作一览表

项　目	工 作 量
观察岩心及取样	观察 4 个钻孔，约 400m，取 10 件样品
岩石、矿石薄片、光片	60 件样品
化学分析	10 件样品
粘土筛分	15 件样品
样品分离提纯	11 件样品
X 射线衍射分析	50 件样品
扫描电子显微镜配合能谱分析	16 件样品，约 30 个机时

续表 1-1

项　目	工 作 量
X 射线荧光镍、钼、钒主量元素分析	19 件样品
ICP-MS 微量元素分析	15 件样品
电子探针	2 件样品
陶粒制备	大样 1 组，相关测试 47 件
黄磷渣多孔陶瓷制备	大样 1 组，相关测试 10 件
钾元素提取及相关实验	大样 1 组，相关测试 40 件
微晶玻璃制备	大样 1 组，相关测试 10 件
共计：208 件样品　4 组大样	

1.5　主要结论和成果

本书通过系统研究，主要取得以下结论和成果：

（1）通过镍、钼、钒化学分析、黑色页岩化学分析及微量元素测试分析，查明开阳大坪—用砂村—息烽狼鸡岭、遵义松林—毛石、铜仁敖寨、织金戈仲伍—大院等地镍、钼、钒含量及化学成分变化特征，证明遵义松林-毛石主要以富集钼、镍为主，息烽-开阳地区则以富集 V_2O_5 为主，铜仁敖寨、镇远等以富集 V_2O_5 为主，镍、钼含量较低的基本分布规律。

（2）用扫描电镜配合能谱分析、电子探针分析，主要查明镍、钼、铀等主要元素的赋存状态，即钼主要以胶状硫砷镍钼矿、胶状硫镍钼矿存在，并以胶结物、团块状形式存在。胶状硫镍矿由镁质粘土、胶状碳酸盐、胶状硫镍矿、微晶胶状硫镍矿、含铁质硫镍矿和有机碳质组成。由于矿石的重结晶等作用显现鳞片状结构，部分显示结晶他形边形态特征。铀矿则以胶状磷铀矿胶结胶状磷灰石及胶磷矿产出。

（3）利用 X 衍射分析（XRD），结合扫描电镜分析，进行了赋矿围岩黑色页岩粘土矿物学研究，得到黑色页岩主要粘土矿物由伊利石、蒙脱石、伊/蒙混层矿物、高岭石及少量绿泥石组成，并显示出因后期地质环境改变导致其粘土矿物组成产生相应改变的特征。

（4）运用矿物显微镜配合扫描电镜分析，开展镍、钼矿石工艺矿物学研究。开展矿石加工利用评价及钼的加工提取，得到浸出提取及产品工艺方案。

镍、钼矿石工艺矿物学研究成果表明，镍、钼多金属层矿石主要金属矿物为胶状黄铁矿、结晶黄铁矿、镍黄铁矿、草莓状黄铁矿、赤铁矿、褐铁矿、胶镍钼矿、含镍辉钼矿、微晶砷钼镍矿、胶态磷铀矿等；脉石矿物主要是碳质有机物、石英、玉髓、伊利石、高岭石、绿泥石、白云石、方解石及胶状磷灰石等。主要钼矿加工流程：钼矿石→破碎→焙烧→碱浸→钼酸钙→钼酸→氧化钼。

（5）运用 XRD 分析、化学分析及相关浸取技术，在查明黑色页岩钾含量的基础上，分别将配比为含钾页岩：$CaCl_2$ = 1.0：1.5 的混合样焙烧 1h 后，用沸腾的试剂 H_0 浸出，结果证明，在 700℃时，钾的浸出率为 64.06%，而到 750℃时，已达到了 84.45%。8 个因素两组正交试验，通过对正交试验数据和指标-因素图的分析，对试验影响的主要因素，即分别对焙烧时间、焙烧温度、含钾页岩与助熔剂用量比和浸出时间作单因素试验，对前面两组正交试验进行优化。得出了最佳的提钾工艺条件，钾的浸出率可达到93.81%。

为了实现试验浸出的可溶性钾的经济价值，进行了氮钾复合肥的初步探索。通过向其加入碳酸铵，制得了氮钾复合肥（主要成分是氯化铵和氯化钾），副产品是碳酸钙；对产品进行了初步的经济效益核算，证明用此工艺制钾的复合肥具有现实可行性。实现了利用难溶性含钾页岩制取钾复合肥的目的。

（6）在查明黄磷废渣、粘土页岩的化学成分、矿物成分的基础上，通过试验对多孔陶瓷配方、成孔剂用量进行了优化选择。通过制备坯体的试验，得到最佳制备工艺，同时确定黏结剂的类型及用量。在1000～1160℃条件下烧制成多孔陶瓷，进行各种参数测试，得到合格产品的各项基本数据。试验成果表明，与镍、钼、钒多金属层相关的黑色页岩作为主要添加材料制备黄磷渣多孔陶瓷是开展其综合利用的可选方案。

（7）黑色页岩经过磨矿细度试验，样品细度为－160目（0.096mm），能较好地满足烧制优质陶粒的要求。经过膨胀性能试验，说明织金牛蹄塘组页岩具有良好的烧胀性能。经过热工参数试验，明确了黑色页岩烧制陶粒的最佳预热温度、最佳焙烧温度和焙烧时间。利用黑色页岩研制的陶粒膨胀倍数为2.10～2.33倍，密度等级为400级，筒压强度约为4MPa（>1.3MPa），属优质陶粒等级。因具有致密层外壳，所以烧制的陶粒样品具有一定的强度，吸水率适中，符合同等级优质陶粒的吸水率品级。试验成果表明，与镍、钼、钒多金属层相关的黑色页岩是制备轻型建筑材料原料——陶粒的适合原料。

（8）研究黑色页岩制备微晶玻璃得出以下主要结论：通过X射线衍射分析鉴别了各配方样品中的结晶种类及结晶程度，证明了矿渣微晶玻璃中确实有以硅灰石为主晶相的微晶体的产生；通过扫描电子显微镜与透射电子显微镜观察技术，观察了各配方样品中的微晶体的形态和形貌，证明了矿渣微晶玻璃的晶体形貌良好，呈交错的枝状或团簇的放射状，是用于增强基体玻璃的良好形态；通过抗压、抗折强度测试证明了运用镍钼矿渣制备出的微晶玻璃的力学性能优于大理石及花岗岩等天然石材。

（9）在分析相关文献资料及结合本次研究基础上，进行了贵州镍、钼、钒矿区域成矿规律的分析对比。在以上研究基础上取得了相关研究成果，并通过发表论文进行了部分成果的相关报道。

本书在黑色页岩多金属层镍、钼、钒、铀元素分布特征及赋存状态、黑色页岩粘土矿物学及成因分析、钾元素提取及钾矿肥制备、黄磷渣多孔陶瓷的制备及其他建筑材料应用矿物学研究方面取得的相关成果，填补和完善了相关研究空白。对富多金属黑色页岩资源综合利用及开展循环经济，创造较高的经济效益，促进贫困地区脱贫致富而产生较好的社会效益，具有指导意义。

2 区域地质背景

贵州下寒武统黑色页岩系分布区主要位于上扬子准地台东部地区，黔中隆起北部、西北部至东北侧一带，一系列穹状背斜控制着黑色页岩系产出（图2-1）。区内出露与之关系密切的地层主要为上震旦统灯影组白云岩和下寒武统炭泥质细碎屑沉积系。钼、镍矿层处于寒武底部的磷铀-金属硫化物-炭泥质岩系中，为一套还原环境的半封闭浅海-深海相沉积。

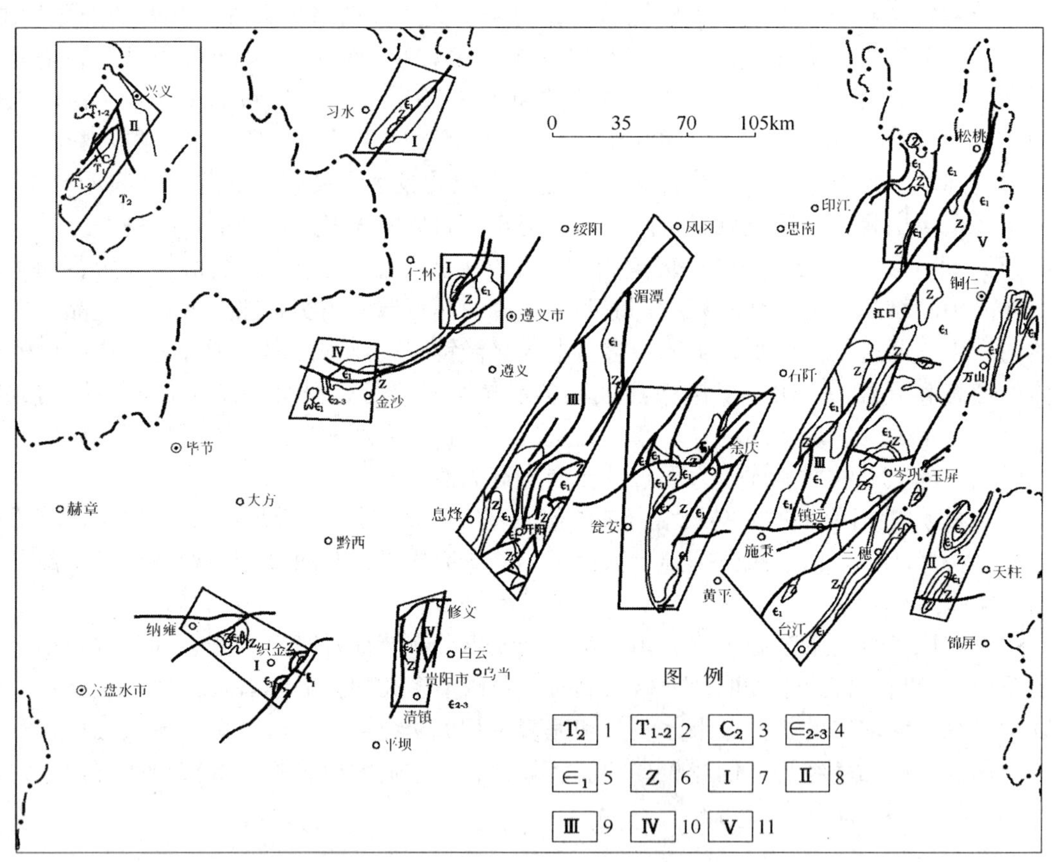

图2-1 贵州钼矿区域分布图及找矿远景区图（樊正烈，2005）

1—中三叠系；2—三叠系并层；3—石炭系并层；4—高台、石冷水、娄山关并层或未分；5—牛蹄塘组；6—震旦系并层；7—钼镍硫化物“金属”区；8—钼铀碳酸盐岩区；9—含钼镍炭质页岩区；10—含钼铁矿区；11—锌钼矿远景区

2.1 区域地层

现将研究区域地层分述如下：

（1）开阳—息烽地区[31]。开阳洋水背斜北起息烽丘家营一带，南止白马洞，长25km左右；轴向NE150°，轴面倾角大约为80°；西翼地层倾角为40°～60°，东翼地层倾角为30°～50°，东缓西陡。背斜核部出露元古界板溪群清水江组紫红色、灰黄色粉砂质页岩，泥岩及变余粉砂岩；东西两翼出露震旦系下统南沱组冰碛砾岩、紫红色砂质页（泥）岩，上统陡山沱组砂岩，磷矿层及灯影组白云岩、下寒武统牛蹄塘组碳质页岩及明心寺组灰绿色砂页岩等，背斜外围出露中、上寒武统页岩、砂岩、灰岩和二叠、三叠系灰岩及页岩等，本区缺失奥陶纪至石炭纪地层（图2-2）。

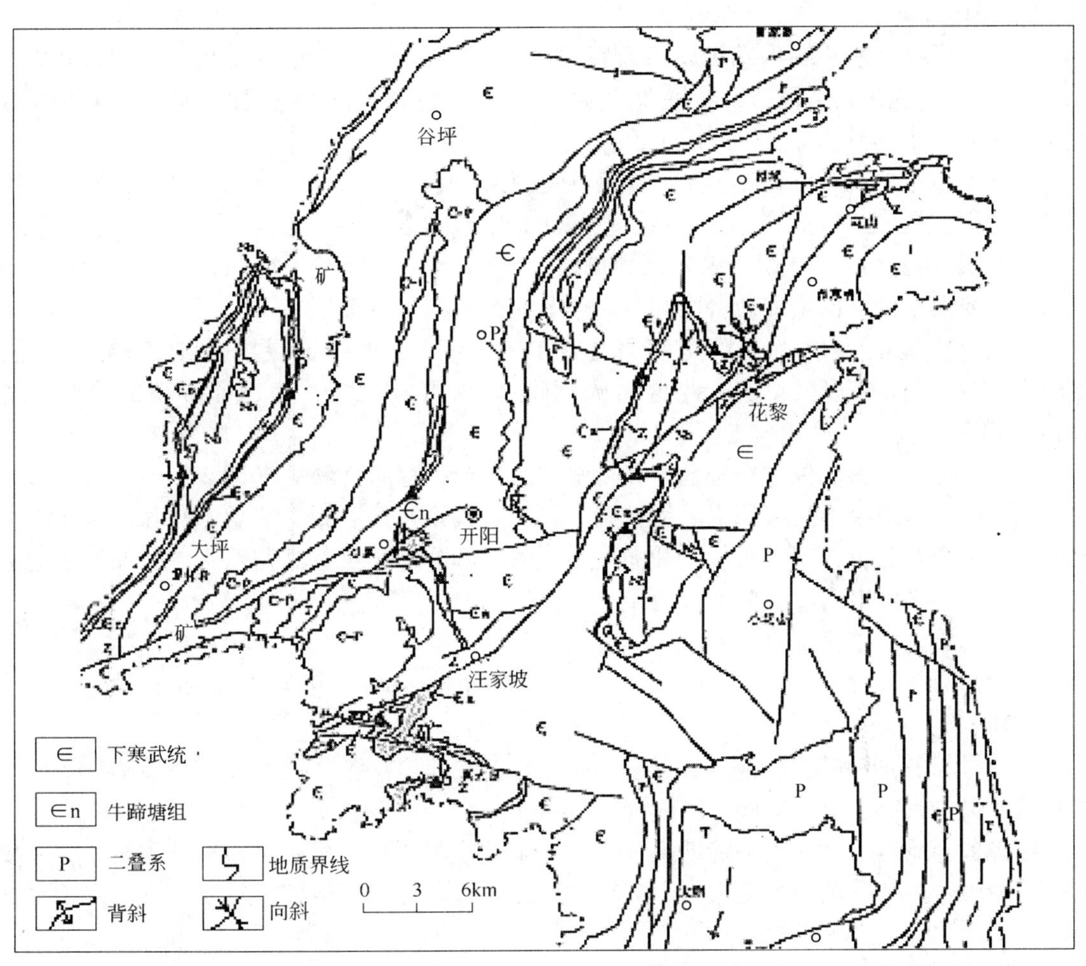

图2-2 开阳地区地质简图（况忠，2008）

磷矿矿段出露地层主要为震旦系，次为寒武系和板溪群清水江组砂、页岩。自上而下依次为：

1）寒武系下统（$\in_1$）：

明心寺组（$\in_1$m）：灰绿色、深灰色薄层粉砂岩及砂质页岩，下部夹灰色岩。出露于矿段东部边缘。厚度大于227m。

牛蹄塘组（$\in_1n$）：黑色炭质泥（页）岩，局部夹泥灰岩透镜体和不规则燧石团块，底部有0~1.47m的块状、结核状含铀磷块岩。出露于矿段东部。厚度为42.04~65.84m。

————————假　整　合————————

2）上震旦统（Zb）：

灯影组（Zbdn）：分5个岩性段，由于第一和第二岩性段间无稳定可供对比的分层标志，而两段厚度之和仅为100.21~147.66m，作为一个岩性段也是适宜的，为了保持全矿区地层划分的统一性，将一、二段合并为一加二段，灯影组地层出露于矿段中部。厚度为203.50~310.00m。

上磷矿指寒武系下统牛蹄塘组底部的磷矿层，上磷矿品位低，含 P_2O_5 为12.19%~26.58%。厚度变化大，呈透镜状展布，经53个探槽揭露，仅18个探槽见矿，矿层厚度为0.36~1.47m。不具有工业开采价值。

富含镍、钼、钒黑色页岩多金属层产于寒武系下统牛蹄塘组底部的黑色炭质泥岩中，经取样分析，是一个包括镍、钼、钴、钒等元素组合的含矿层。

（2）遵义地区以松林钼、镍矿区为例[32]。研究区位于上扬子准地台东部，黔中隆起东北侧的娄山褶带，扬子准地台黔北台隆毕节北东向构造变形区。

区内出露地层主要为上震旦统灯影组白云岩和下寒武统炭泥质细碎屑沉积系。钼、镍矿层处于寒武底部的磷铀-金属硫化物-炭泥质岩系中，为还原环境的半封闭深海相沉积。

遵义松林钼、镍矿位于之松林岩孔背斜北东段松林穹隆背斜中（图2-3）。

区域内出露地层均为沉积岩。震旦系上统、寒武系、二叠系、三叠系、侏罗系下、中统及第四系均有分布，其中石炭系和泥盆系缺失，部分地区仅有志留系下统分布，震旦系上统和侏罗系中统出露不全。区域内未见火成岩。

赋矿地层为下寒武统牛蹄塘组（$\in_1n$）。

上段为深灰、黄灰色含砂质页岩、页岩或粘土岩夹薄层砂岩及炭质页岩。厚度为77~135m。

下段为灰黑色、黑色高碳质页岩或炭质泥岩，底部为富含黄铁矿及有机质的黑色硅质岩及磷矿层、钼镍多金属矿层。厚度为17~48m。

钼镍多金属矿层赋存于牛蹄塘组（$\in_1n$）下部高碳质页岩段中，岩性较为复杂，主要由硅质磷块岩、砂屑黄铁矿粘土岩、高碳质鳞片状页岩夹磷质结核、炭质粘土岩夹磷质透镜体、粉砂质粘土岩等组成。

牛蹄塘组（$\in_1n$）与下伏震旦系灯影组白云岩呈假整合接触，接触面见古风化壳，为铁锰质氧化物及粘土，厚度受古侵蚀面控制。

（3）贵州东部地区以铜仁敖寨钒矿为例。研究区位于扬子古板块江南古陆的万山背斜北西翼。出露的黑色页岩系地层主要为：

寒武系下统：

金顶山组-明心寺组：呈条带状分布于普查区西部，上部为灰黄色含云母石英砂岩，下部为灰绿色粉砂质泥岩，厚度为182~362m。

清虚洞组：呈条带状分布于普查区西部，岩性为灰色、深灰色薄层灰岩，褶曲发育。

牛蹄塘组：按其岩性可分为两个岩性段。

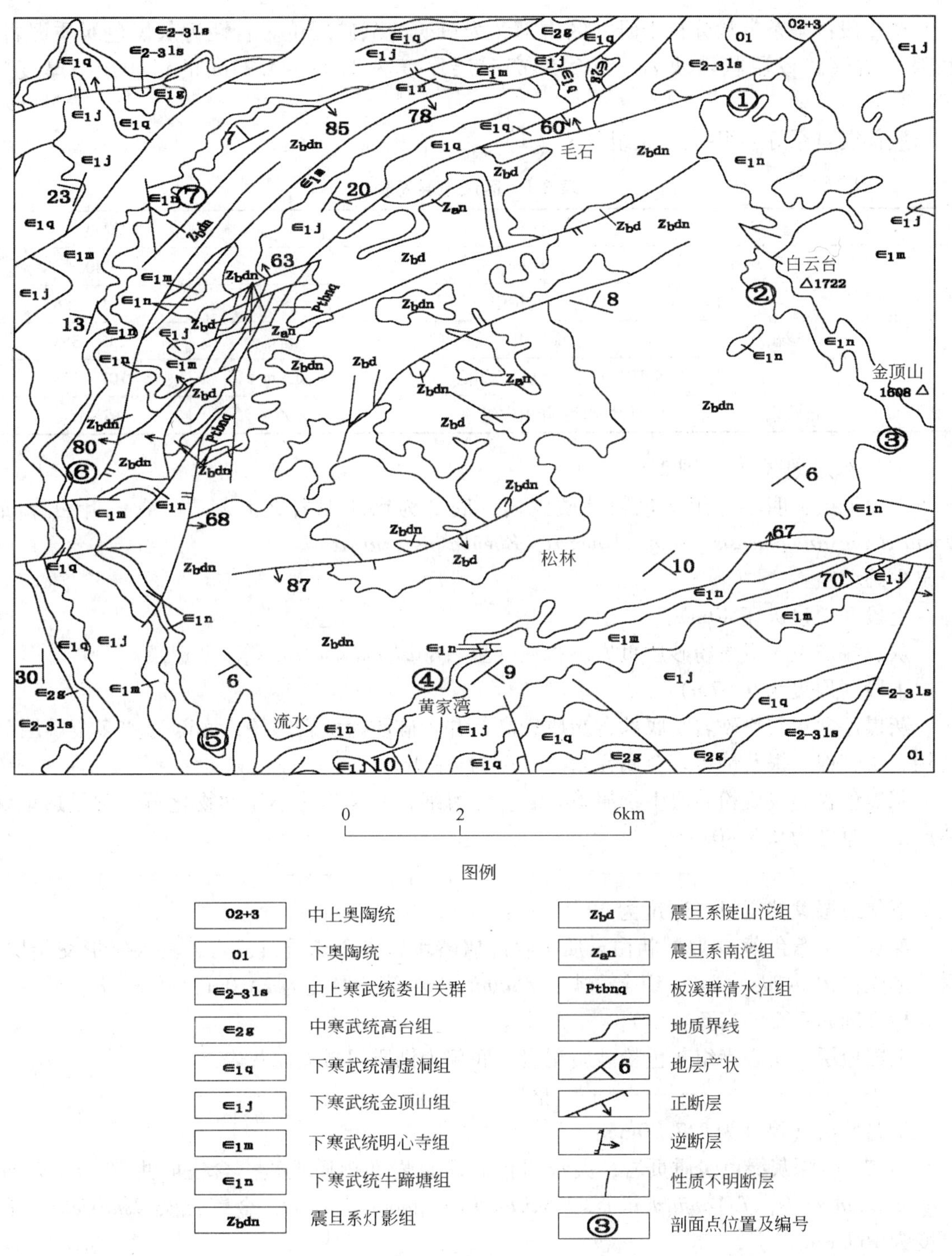

图 2-3 遵义松林矿区地质图（林贵生，2006）

第一段：呈条带状分布于研究区中部，岩性为深灰～灰黑色薄层硅质岩，厚度为

24～57m。

第二段：呈条带状分布于研究区中部，为钒矿的赋矿层位。岩性为灰黑色炭质泥岩，底部含结核状或层状磷块岩，近底部产一层厚度为1.00～4.77m的钒矿层。厚度为10～30m。

底部震旦系灯影组-陡山沱组（表2-1）。

表2-1 区域地层简表

系	统	组	代 号	厚度/m
寒武系	中统	高台组	$\in_2 g-s$	400
	下统	敖溪组-花桥组	$\in_2 a-h$	181～256
		清虚洞组	$\in_1 q$	295～353
		牛蹄塘组-明心寺组-金顶山组未分	$\in_1 n+m+j$	107～323
震旦系	上下统未分	灯影组-陡山沱组	Z	16～164

（4）织金地区[33]（图2-4）：

上覆地层：明心寺组灰色粉砂质泥岩，底部为钙质泥岩夹泥灰岩。含三叶虫 *qing-Houia zhangyanggouensis*，*yanjiazhaiensis Zhenbaspis zunyiensis*。

牛蹄塘组：

上段（厚度大于40m）：

灰、深灰色含炭质粉砂质页岩。含三叶虫 *Guizhuodiscus sp.* 等。

下段（厚度为9.67m）：

灰黑色含炭质粉砂岩。底部含炭质较高，并含硅质磷块岩结核；底部为“多金属层”，含钼、钒、镍、银及铀等多金属元素。厚度为7～9m。

灰黑色含硅炭质粉砂质生物屑磷块岩。含海绵骨针及其他小壳动物化石。常呈透镜状体产出。厚度为0.3～0.5m。

——————————— 整 合 ———————————

下伏地层戈仲伍组（厚度为20.16m）：

深灰微带紫色薄-中厚层状白云质生物碎屑磷块岩夹含磷质白云岩，具人字形交错层。含球形壳：*Olivooides sp.*，织金壳类：*Zhijinites sp.* 等。厚度为2.10m。

标准剖面：金沙岩孔。

上覆地层：明心寺组灰色粉砂质泥岩，底部为钙质泥岩夹泥灰岩。

——————————— 整 合 ———————————

牛蹄塘组（厚度为217.70m）：

3）灰黑-深灰绿色炭质页岩，夹灰绿色砂质页岩和钙质页岩。含三叶虫 *Tsun-yidiscus cf. niutitangensis*，*T. Yanjiazhaiensis*，*Shizhudiscus gaotianyaensis*，金臂虫类 *Tsunyiellas* 等。厚度为169.8m。

2）黑色高碳质页岩。含三叶虫 *Mianxiandiscus sp.*；海绵骨针 *protospongia sp.*。厚度为45.1m。

1）黑色硅质页岩，硅质岩，上部夹黑的高碳质页岩，底部为黑色磷块岩。厚度为2.8m。

——————————— 整 合 ———————————

下伏地层灯影组灰白色厚层白云岩。

本组适用于威宁—宣威一线以东及务川—瓮安—贵定一线以西的地区。一般厚100～200m。有由南向北逐渐减薄的趋势，一般为整合接触。

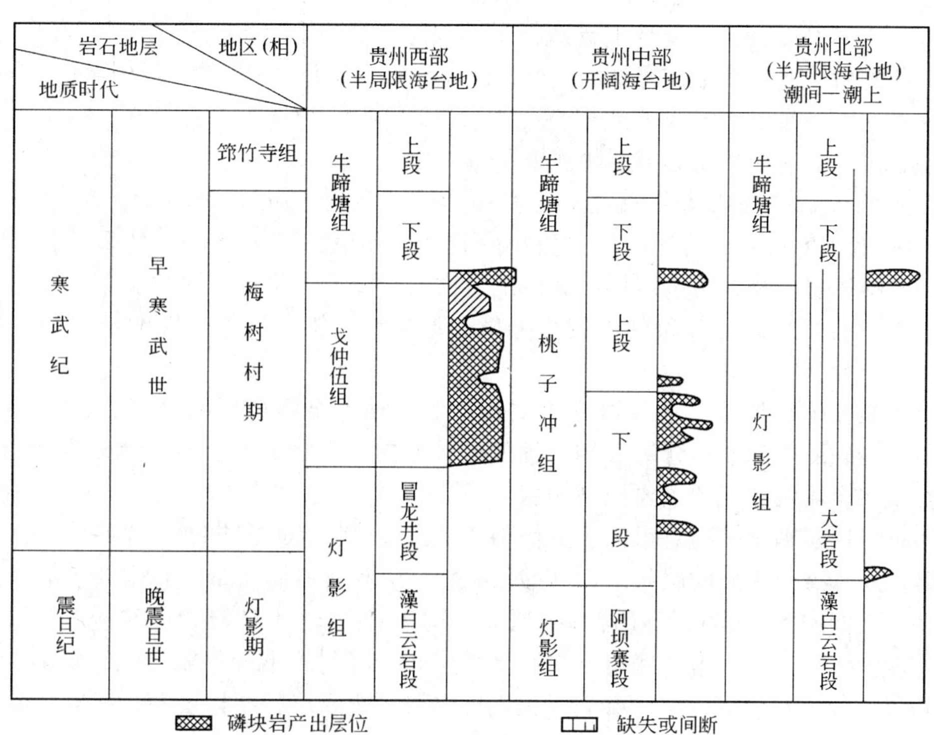

图2-4 贵州织金早寒武世地层柱状图[33]

2.2 牛蹄塘组黑层中有用矿产形成的地质条件与富集规律

地质条件与富集规律具体如下：

（1）牛蹄塘组黑层以黑色炭质页岩、黑色页岩、黑色炭泥质硅质岩及黑色硅质岩发育为主要特点，主要为近海斜坡相等深水沉积。底部一般为黑色硅质岩夹磷块岩或磷块结核；其中赋存颇具特色的黑色页岩型镍钼矿及钒、银矿，黑色页岩型钼镍矿与黄铁矿型钼镍矿（即多金属层），黑色磷块岩型铀矿及稀土金属（主要为重稀土）。

（2）黑色页岩相主要为含有机碳百分之几到30%的泥质、硅质沉积岩。其形成条件与浮游生物的繁盛程度有关，浮游生物等不断向海底提供丰富的有机质，并在有利于有机质保存、聚积与转化的环境中沉积。故黑色页岩系是在广海静水或斜坡相缺氧还原条件下形成。

（3）钼、镍、钒、铀的富集规律。钼、镍、钒、铀和稀土金属均集中分布于牛蹄塘组黑色页岩中多金属层，属同一含矿岩系。矿体多呈似层状和细脉状沿层产出，产状与围岩一致。

钼、镍、钒、铀和稀土金属主要产于靠近磷块岩顶部，其分布范围也大体一致；钼、镍也亦属共生关系，主要产出于含矿岩系上部钼、镍多金属层及上、下的黑色炭质页岩、泥岩和含钒炭质页岩、泥岩中。另外，黔北地区牛蹄塘组与灯影组呈不整合接触面上的铁锰质粘土层也是钼矿的产出部位；黑色磷块岩型铀和稀土金属呈密切共生关系，均产出于含矿岩系的底部，铀与稀土金属的分布范围基本一致，但比磷块岩的分布范围小。

(4) 早寒武世，泛大陆解体，导致扬子陆块与华夏陆块处于强烈的拉张阶段，构造沉降加剧。此时由于海侵作用，海平面上升，水体向陆块加深较快，牛蹄塘组的上超边界已达黔滇交界地区，显示了较快的退积特点[34]，元素地球化学特征及比值显示了缺氧沉积还原环境，为一套还原环境的半封闭浅海-深海相沉积。

(5) 黑色页岩中含有大量有机碳，是低级菌藻类生物死亡后分解、堆积保存下来的[35]。这些低级生物死亡后还可以分解出硫化氢，使沉积环境处于酸性条件，同时分解氨基酸、卟啉等有机物，与金属形成有机配合物及金属卟啉化合物迁移富集，并在进一步温度、压力、酸碱度改变等条件下发生分解，形成镍、钼、铀等金属的富集成矿。这是镍、钼等金属元素富集的原因之一。

含有机质胶体的形成、迁移过程中对镍、钼、铀等金属离子的吸附作用，进一步温度、压力、酸碱度改变使得含镍、钼、铀的胶体凝聚，形成富有机质的胶状硫镍钼矿等，也是该类型多金属层形成的重要控制作用。

伊利石等层状粘土矿物对钒的吸附作用，是造成钒等元素富集的主要原因。伊利石是含少量碱金属和碱土金属的层状水铝硅酸盐矿物。伊利石的晶体结构是由两层硅氧四面体和一层夹于其间的铝（镁）氧（羟基）八面体构成对的2∶1型层状硅酸盐矿物。像其他层状硅酸盐类矿物一样，为了保持电中性，晶层间会吸附大半径的阳离子，如 K^+、Na^+、Ca^{2+}、Mg^{2+}、Li^+、H^+等。钒等金属元素同样也可以进入层状结构层间，形成富集。

3 黑色页岩的化学成分及微量元素特征

3.1 黑色页岩化学成分的特征

主要岩石化学成分特征介绍如下。

贵州开阳、织金等地区下寒武统牛蹄塘组黑色页岩主要化学成分见表3-1～表3-3：黑色页岩的主要化学成分为 SiO_2 和 Al_2O_3，含伊利石黑色页岩 SiO_2 的相对含量为53.33%～58.64%。成分分析结果也表明黑色炭泥质细粉砂岩 SiO_2 含量高达70.12%。岩石 SiO_2 和 Al_2O_3 含量与粘土岩矿物组成等有关。

表3-1　贵州下寒武统黑色页岩、粘土岩岩石主要化学成分（质量分数）　　（%）

元素含量 / 岩石类型		SiO_2	Al_2O_3	K_2O	Na_2O	CaO	MgO	P_2O_5	Fe_2O_3	V_2O_3	Ni	Mo	U	C（有机）	合计
1	ZLY-1 黑色页岩	53.33	16.11	4.52	0.09	1.81	2.19	0.22	6.61					—	84.88
2	DP-3 黑色页岩	58.47	15.65	3.57	0.05	0.06	0.80	—	2.56					—	81.16
3	DP-4 黑色页岩	58.64	15.48	3.41	0.07	0.07	0.80	—	TFe_2O_3 2.47	0.042	0.012	0.016		—	81.01
4	黑色页岩	56.35	12.27	5.02	0.66	0.27	1.56	0.31	7.08	0.32	0.015	0.036	0.004	—	83.90
5	黑色碳泥质页岩	55.60	10.04	4.30	0.71	3.11	3.03	0.23	6.35	0.22	0.025	0.031	0.005	8.76	92.41
6	黑色碳泥质细粉砂岩	70.12	11.39	2.89	1.36	1.15	1.71	0.11	2.72	0.19	0.006	0.003	0.001	5.6	97.25

注：样品1、2、3由中科院地化所冯家毅检测。样品4、5、6由陈南生[36]检测。

黑色页岩样品中CaO+MgO含量在0.87%～6.14%，含量较低，表明岩石成因上与海相碎屑沉积成因相关。样品中 K_2O 含量大于 Na_2O，K_2O 含量最大达5.02%，平均为4.04%。与我国南方如湘西等地该类型岩石 K_2O 含量大于 Na_2O 含量的特征一致。

开阳大坪黑色页岩主要化学成分见表3-2。

表3-2　开阳大坪黑色页岩的主要化学成分（质量分数）　　（%）

化学成分	SiO_2	Fe_2O_3	Al_2O_3	K_2O	Na_2O	CaO	MgO	合计
含　量	58.47	2.56	15.65	3.57	0.05	0.06	0.80	81.16

注：样品由贵州省地质矿产中心实验室检测。

表 3-3 贵州织金地区页岩成分分析

样品名称	岩 矿	样品特性	固体块状	批 号		2004Y-159	
检测类别	委托检测	样品数量	6 件	温度	20℃	湿度	70%
分析元素	标准编号	分析方法				主要仪器	
SiO_2	DZG93-05	动物凝胶聚重法测定二氧化硅					
Al_2O_3	DZG93-05	氟化物取代锌岩-EDTA 络合滴定法测定三氧化二铝量					
Fe_3O_3	DZG93-05	黄基水杨酸光度法测定三氧化二铁量				比色仪	
CaO、MgO	DZG93-05	EDTA 络合滴定法测定氧化钙、氧化镁量					
K_2O、Na_2O、MnO	DZG93-05	火焰原子吸收光度法测定氧化钾、氧化钠量				原子吸收分光光度仪	
TiO_2	DZG93-05	二胺替比林甲烷光度法测定二氧化钛量				比色仪	
SO_3	DZG93-05	燃烧碘量法测定硫量				管式燃烧炉	
烧失量	DZG93-05	重量法测定灼减量					

化验编号	原编号	分析项目及含量													
		SiO_2	Al_2O_3	Fe_2O_3	FeO	CaO	MgO	K_2O	Na_2O	TiO_2	MnO	S	P_2O_5	烧失量	合计
04y-756	ZLY-1(原矿)	53.30 $\times10^{-2}$	16.11 $\times10^{-2}$	6.61 $\times10^{-2}$	1.74 $\times10^{-2}$	1.81 $\times10^{-2}$	2.19 $\times10^{-2}$	4.52 $\times10^{-2}$	0.086 $\times10^{-2}$	0.66 $\times10^{-2}$	0.049 $\times10^{-2}$	5.71 $\times10^{-2}$	0.22 $\times10^{-2}$	7.57 $\times10^{-2}$	100.57 $\times10^{-2}$
757	ZLY-3(原矿)	56.76 $\times10^{-2}$	17.24 $\times10^{-2}$	5.29 $\times10^{-2}$	2.03 $\times10^{-2}$	0.70 $\times10^{-2}$	1.70 $\times10^{-2}$	5.08 $\times10^{-2}$	0.092 $\times10^{-2}$	0.73 $\times10^{-2}$	0.030 $\times10^{-2}$	4.22 $\times10^{-2}$	0.19 $\times10^{-2}$	9.84 $\times10^{-2}$	103.90 $\times10^{-2}$
	平均值	55.03 $\times10^{-2}$	16.675 $\times10^{-2}$	5.95 $\times10^{-2}$	1.885 $\times10^{-2}$	1.255 $\times10^{-2}$	1.945 $\times10^{-2}$	4.8 $\times10^{-2}$	0.089 $\times10^{-2}$	0.695 $\times10^{-2}$	0.0395 $\times10^{-2}$	4.965 $\times10^{-2}$	0.205 $\times10^{-2}$	11.205 $\times10^{-2}$	
758	ZLY-1-650	56.54 $\times10^{-2}$	16.67 $\times10^{-2}$	9.05 $\times10^{-2}$	0.077 $\times10^{-2}$	2.04 $\times10^{-2}$	2.43 $\times10^{-2}$	4.96 $\times10^{-2}$	0.10 $\times10^{-2}$	0.68 $\times10^{-2}$	0.054 $\times10^{-2}$	2.02 $\times10^{-2}$	0.20 $\times10^{-2}$	6.77 $\times10^{-2}$	101.59 $\times10^{-2}$
759	ZLY-1-950	60.77 $\times10^{-2}$	17.82 $\times10^{-2}$	9.52 $\times10^{-2}$	0.038 $\times10^{-2}$	2.10 $\times10^{-2}$	2.42 $\times10^{-2}$	5.14 $\times10^{-2}$	0.18 $\times10^{-2}$	0.75 $\times10^{-2}$	0.061 $\times10^{-2}$	0.37 $\times10^{-2}$	0.24 $\times10^{-2}$	0.76 $\times10^{-2}$	100.17 $\times10^{-2}$
760	ZLY-3-650	60.37 $\times10^{-2}$	18.09 $\times10^{-2}$	7.83 $\times10^{-2}$	0.096 $\times10^{-2}$	0.81 $\times10^{-2}$	1.66 $\times10^{-2}$	5.38 $\times10^{-2}$	0.11 $\times10^{-2}$	0.76 $\times10^{-2}$	0.033 $\times10^{-2}$	1.14 $\times10^{-2}$	0.21 $\times10^{-2}$	4.32 $\times10^{-2}$	100.81 $\times10^{-2}$
761	ZLY-3-950	62.77 $\times10^{-2}$	18.93 $\times10^{-2}$	8.06 $\times10^{-2}$	0.074 $\times10^{-2}$	0.86 $\times10^{-2}$	1.78 $\times10^{-2}$	5.44 $\times10^{-2}$	0.15 $\times10^{-2}$	0.77 $\times10^{-2}$	0.036 $\times10^{-2}$	0.21 $\times10^{-2}$	0.22 $\times10^{-2}$	0.60 $\times10^{-2}$	99.90 $\times10^{-2}$

注：表中数据由西南冶金地质测试分析中心测试。

3.2 微量元素地球化学特征

微量元素在地质体的浓度和分配可以反映其形成时介质条件的变化，它们的地球化学行为受有关性质相近的常量元素支配，因此，微量元素的含量和分配形式以及与相近元素的比值，可作为反映各种成岩、成矿物理化学条件灵敏的指示剂。

利用等离子质谱仪（ICP—MS）对开阳—息烽—遵义黑色页岩进行测试（测试单位：贵州师范大学测试分析中心），结果见表3-4。

表3-4 开阳—息烽—遵义黑色页岩微量元素含量

取样点及编号 / 检测项目	开阳大坪 DP-1	开阳大坪 DP-2	开阳大坪 DP-3	遵义松林 Sm-D-1	遵义松林 Sm-D-3	遵义松林 Sm-K-2	息烽用砂村 YS-1
Li	45.01×10^{-6}	34.91×10^{-6}	41.25×10^{-6}	38.34×10^{-6}	50.42×10^{-6}	48.43×10^{-6}	45.15×10^{-6}
Rb	2457×10^{-6}	1459×10^{-6}	1424×10^{-6}	2293×10^{-6}	2314×10^{-6}	2778×10^{-6}	2533×10^{-6}
Sr	86.36×10^{-6}	31.83×10^{-6}	104.5×10^{-6}	220.1×10^{-6}	16.1×10^{-6}	44.82×10^{-6}	99.61×10^{-6}
Ba	782.6×10^{-6}	6581×10^{-6}	4258×10^{-6}	1618×10^{-6}	867.3×10^{-6}	1209×10^{-6}	821.8×10^{-6}
Cr	97.52×10^{-6}	81.35×10^{-6}	92.48×10^{-6}	249.2×10^{-6}	89.93×10^{-6}	138×10^{-6}	118.2×10^{-6}
V	864.1×10^{-6}	229.2×10^{-6}	271.4×10^{-6}	495.6×10^{-6}	397×10^{-6}	976.9×10^{-6}	834.8×10^{-6}
Mn	60.57×10^{-6}	15.41×10^{-6}	43.38×10^{-6}	109.8×10^{-6}	196.8×10^{-6}	178.2×10^{-6}	70.65×10^{-6}
Co	12.4×10^{-6}	1.171×10^{-6}	6.436×10^{-6}	18.02×10^{-6}	25.39×10^{-6}	27.8×10^{-6}	14.09×10^{-6}
Ni	88.21×10^{-6}	46.87×10^{-6}	470.4×10^{-6}	193×10^{-6}	99.93×10^{-6}	830.9×10^{-6}	112.9×10^{-6}
Cu	33.37×10^{-6}	11.17×10^{-6}	117.6×10^{-6}	131.1×10^{-6}	151.5×10^{-6}	211×10^{-6}	14.26×10^{-6}
Zr	261.1×10^{-6}	239.4×10^{-6}	229.2×10^{-6}	158.8×10^{-6}	165.9×10^{-6}	110.1×10^{-6}	271.2×10^{-6}
Pb	821.2×10^{-6}	—	—	873.8×10^{-6}	—	6.498×10^{-6}	—
Cd	2.563×10^{-6}	2.667×10^{-6}	5.281×10^{-6}	2.58×10^{-6}	2.852×10^{-6}	6.299×10^{-6}	2.471×10^{-6}
Ge	87.42×10^{-6}	299.4×10^{-6}	296.3×10^{-6}	617.5×10^{-6}	344.2×10^{-6}	299.4×10^{-6}	344.7×10^{-6}
As	295.3×10^{-6}	174.7×10^{-6}	202.3×10^{-6}	644×10^{-6}	107.4×10^{-6}	1045×10^{-6}	672.5×10^{-6}
Ga	1429×10^{-6}	1602×10^{-6}	1425×10^{-6}	2143×10^{-6}	1069×10^{-6}	914.6×10^{-6}	1613×10^{-6}
Bi	8.024×10^{-6}	0.901×10^{-6}	—	—	—	5.613×10^{-6}	—
Mo	21.66×10^{-6}	8.939×10^{-6}	456.4×10^{-6}	127.4×10^{-6}	27.05×10^{-6}	1100×10^{-6}	49.75×10^{-6}
Ti	2728×10^{-6}	3218×10^{-6}	2771×10^{-6}	5603×10^{-6}	2635×10^{-6}	2437×10^{-6}	3383×10^{-6}

注：表中数据由贵州师大测试中心张松检测。—为未检出项。样品测试方法为ICP-MS等离子质谱分析法。

分析结果表明，开阳大坪、遵义松林及息烽用砂村黑色页岩中Ga元素明显富集，丰度值为$941.6\times10^{-6}\sim1613.00\times10^{-6}$，大多数分布于$1425.00\times10^{6}\sim1613.00\times10^{-6}$。其在大陆地壳丰度值为$16\times10^{-6}$，明显发生巨量的富集。Rb丰度值为$1459.00\times10^{-6}\sim2778.00\times10^{-6}$，也明显产生集中富集，Rb在大陆地壳丰度值仅为$57\times10^{-6}$。Ge大多数丰度值为$299.40\times10^{-6}\sim617.50\times10^{-6}$，而在大陆地壳丰度值仅为$1.2\times10^{-6}$，表明其富集倍数极高。

其他微量元素，如Li、Pb、Ti、Zr也产生了不同程度的富集（表3-4）。

以上微量元素的富集为黑色页岩开发利用带来有价值的线索和思路。

本文利用元素对 Sr/Ba，V/Cr，Co/Ni 比值来做相近元素的比值判断分析，各样品的微量元素对（比值）数据详见表3-5、表3-6。

表3-5　各样品微量元素参数对比

检测项目 \ 取样点及编号	开阳大坪 DP-1	开阳大坪 DP-2	开阳大坪 DP-3	遵义松林 Sm-D-1	遵义松林 Sm-D-3	遵义松林 Sm-K-2	息烽用砂村 YS-1
Sr/Ba	0.11	0.005	0.025	0.14	0.02	0.04	0.12
V/Cr	8.86	2.82	2.93	1.99	4.41	7.08	7.06
Co/Ni	0.14	0.03	0.01	0.09	0.25	0.03	0.12

表3-6　各样品微量元素参数对比

样　号	Sr/Ba	Th/U	V/Cr	Co/Ni
GL-4	0.624	0.268	1.172	0.156
GL-6	0.852	0.389	1.457	0.123
GL-7	0.791	0.345	1.073	0.189
XL-6C	0.100	0.365	1.002	0.126
XL-8C	0.248	0.436	2.951	0.184
XL-3S	1.768	0.346	3.125	0.084
XL-3S-1	0.323	1.248	1.794	0.283
XL-5S	0.257	0.240	5.955	0.088
XL-5S-1	0.050	0.180	8.039	0.153
XL-8S	6.423	0.434	1.240	0.072
XL-8S-1	1.757	0.580	3.474	0.079

Sr/Ba 比值可以作为古盐度的标志。据前人研究，Sr 比 Ba 迁移能力强，淡水与海水相混时，Ba 易沉淀。因此，淡水沉积物中，Sr/Ba 比值小于1，海相沉积物中 Sr/Ba 比值大于1。

王益友等通过对13个海底样品的 Sr/Ba 比值统计，其值分布为1.0～0.8，并认为该比值大于1.0为海相沉积，小于0.6为陆相沉积[37]。

本次研究表明：Sr/Ba 比值分布为0.005～0.14，平均为0.07，表明沉积作用过程中受陆相沉积干扰明显。

从表3-5中可以得出，V/Cr 比值除一个样品外，均大于2，表现沉积环境主要为还原环境。

本研究区样品中，Co 含量低，为 $1.17\times10^{-6}\sim27.80\times10^{-6}$，均值为15.04；Ni 含量为 $46.86\times10^{-6}\sim830.9\times10^{-6}$，均值为263.17；Co 和 Ni 的平均含量比值（Co/Ni）为0.10，明显小于1，显示：属正常海水沉积环境，受其他因素干扰明显。

Ba、As、Sb、Bi、Ag、U 含量较高是热水沉积的重要标志[38～41]。贵州寒武系底部硅质岩的 Ba、As、Sb、Bi、U 等微量元素平均含量分别为[42]：1689.94×10^{-6}、18.15×10^{-6}、4.93×10^{-6}、0.37×10^{-6}、17.26×10^{-6}，分别是地壳克拉克值的3.8、3.6、12.3、1.85、15.2倍，具备热水沉积硅质岩微量元素地球化学特征。

对织金地区磷块岩所做微量元素分析结果证明[43,44]，该地区磷块岩中 Pb、Sb、Ba、Zn、Cu、Rb、Sr、Zr、Ga 呈不同程度富集。其余出现亏损的元素为 Rb。但个别样品的富集倍数依然较高，可达到 2 以上。明显富集的元素中 Pb 富集倍数最高，为 135.14 倍；Sb 也有较高富集，为 71.15 倍；U 富集 7.99 倍。

Sr/Ba 等元素对比值（表 3-6）也表明海相沉积是黑色页岩和底部磷块岩的共同特征，而磷块岩沉积环境氧化特征较强，黑色页岩则偏还原环境。

黑色页岩沉积过程中，由于当时的特殊环境造成特殊的缺氧环境，受陆源影响强烈，形成了早寒武统的黑色页岩。深海盆地周围为出露海平面的海底隆起，出露部分受风化作用，导致大量陆源物质进入深海盆地，深海缺氧、生物作用及封闭环境共同作用导致黑色页岩形成，这是黑色页岩形成的主要机理。

3.3 黑色页岩稀土元素特征

黑色页岩的稀土元素含量值见表 3-7。贵州开阳、织金等地区下武统牛蹄塘组黑色岩系中稀土元素总量 ΣREE 为 $227.47\times10^{-6}\sim623.18\times10^{-6}$，其中炭泥质细粉砂岩（XC1）稀土含量偏低，为 227.47×10^{-6}，黑色页岩系稀土均值为 532.69×10^{-6}，表明其稀土总量偏高。

表 3-7 贵州下寒武统黑色页岩稀土元素含量特征表

岩石类型 \ 元素含量	La	Ce	Pr	Nd	Sm	Eu	Gd	Tb	Dy	Ho	Er	Tm	Yb	Lu	Y
黑色页岩 XL-6C	99.05×10^{-6}	87.48×10^{-6}	20.44×10^{-6}	92.78×10^{-6}	18.54×10^{-6}	5.10×10^{-6}	21.92×10^{-6}	3.07×10^{-6}	17.79×10^{-6}	3.78×10^{-6}	9.25×10^{-6}	1.02×10^{-6}	5.38×10^{-6}	0.66×10^{-6}	175.35×10^{-6}
炭泥质页岩 XL-C8	110.57×10^{-6}	133.79×10^{-6}	23.03×10^{-6}	98.46×10^{-6}	19.51×10^{-6}	4.24×10^{-6}	20.59×10^{-6}	2.97×10^{-6}	17.83×10^{-6}	3.79×10^{-6}	10.06×10^{-6}	1.24×10^{-6}	7.65×10^{-6}	1.08×10^{-6}	168.40×10^{-6}
炭泥质细粉砂岩 XC1	64.53×10^{-6}	87.20×10^{-6}	9.30×10^{-6}	38.11×10^{-6}	5.07×10^{-6}	0.78×10^{-6}	3.85×10^{-6}	0.32×10^{-6}	1.70×10^{-6}	0.39×10^{-6}	1.45×10^{-6}	0.24×10^{-6}	1.77×10^{-6}	0.55×10^{-6}	12.21×10^{-6}
炭泥质页岩 XD-1	71.76×10^{-6}	72.68×10^{-6}	14.92×10^{-6}	68.98×10^{-6}	14.32×10^{-6}	5.11×10^{-6}	16.24×10^{-6}	2.09×10^{-6}	11.46×10^{-6}	2.47×10^{-6}	6.24×10^{-6}	0.76×10^{-6}	3.73×10^{-6}	0.50×10^{-6}	122.02×10^{-6}

注：表中数据由中科院贵阳地球化学研究所冯家毅测试。

黑色页岩系样品中稀土元素 Y 的含量较高，黑色页岩系 Y 含量范围在 $122.02\times10^{-6}\sim188.40\times10^{-6}$，均值为 155.26×10^{-6}，反映了富集稀土钇的基本特征。轻稀土元素也呈现富集特征，LREE/HREE 比值为 1.35～1.67（表 3-8），表明黑色页岩系稀土含量组成属于轻重稀土相对集中型。这与织金磷块岩稀土组成类似，反映了稀土元素形成具有一定渊源性[44]。

表 3-8 贵州下寒武统黑色页岩稀土元素特征值

岩石类型 \ 元素含量	ΣLREE	ΣHREE	LREE/HREE	ΣREE	δ_{Ce}	δ_{Eu}
黑色页岩 XL-6C	323.39×10^{-6}	238.22×10^{-6}	1.35×10^{-6}	561.61×10^{-6}	0.38×10^{-6}	0.85×10^{-6}
炭泥质页岩 XL-8C	389.6×10^{-6}	233.58×10^{-6}	1.67×10^{-6}	623.18×10^{-6}	0.52×10^{-6}	0.70×10^{-6}
炭泥质细粉砂岩 XC1	204.99×10^{-6}	22.48×10^{-6}	9.12×10^{-6}	227.47×10^{-6}	0.66×10^{-6}	0.56×10^{-6}
炭泥质页岩 XD-1	247.77×10^{-6}	165.51×10^{-6}	1.50×10^{-6}	413.28×10^{-6}	0.44×10^{-6}	1.12×10^{-6}

黑色页岩、黑色炭泥质页岩所含重稀土元素 Dy 含量相对较高，为 17.46×10^{-6} ~ 17.83×10^{-6}，与下伏磷块岩中 Dy 含量（13.37×10^{-6} ~ 23.32×10^{-6}）相近。比杨剑[45]（2005 年）发表资料（黑色页岩 Dy 含量为 3.55×10^{-6}，黑色页岩中多金属富集层 Dy 含量为 3.61×10^{-6} ~ 8.99×10^{-6}）明显偏高，表明黑色页岩中 Dy 元素发生富集。

从稀土组成模式及稀土元素配分模式图（图 3-1、图 3-2）可以看到 Ce 明显负异常。本区 Ce 的负异常范围为 $\delta_{Ce}=0.38\sim0.66$，均值为 0.50，反映岩石沉积环境为相对缺氧的海水环境，海水中的 Ce^{3+} 浓度较低，易被氧化成 Ce^{4+}，在搬运过程中形成 CeO_2 沉淀，导致岩石中的 Ce 负异常存在。本区黑色岩系 δ_{Ce} 均小于北美页岩（$\delta_{Ce}=0.94$）[46]。黑色页岩系样品中 δ_{Eu} 负异常范围为 $\delta_{Eu}=0.56\sim0.85$，平均为 0.70。其值与北美页岩（$\delta_{Eu}=0.75$）[46]接近。炭泥质页岩 XD-1 样品出现黑色页岩的 δ_{Eu} 正异常，为 $\delta_{Eu}=1.12$。表明其海相沉积过程中流体的复杂性[45]。

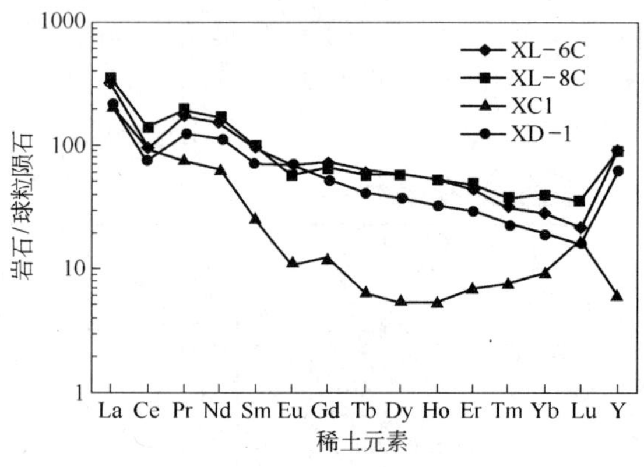

图 3-1 贵州下寒武统黑色页岩稀土元素球粒陨石标准化模式

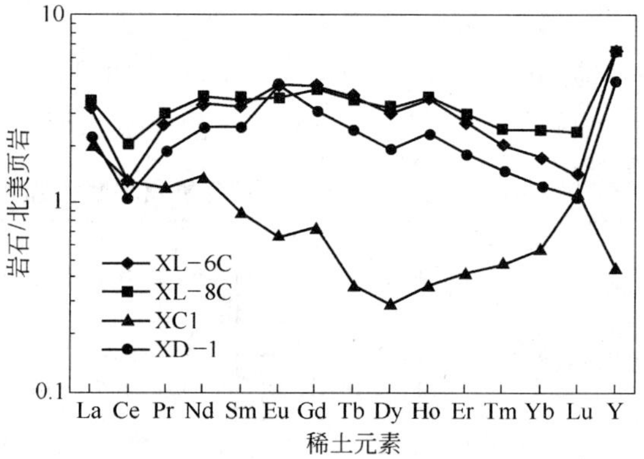

图 3-2 贵州下寒武统黑色页岩稀土元素北美页岩标准化模式

黑色页岩系稀土的球粒陨石配分曲线显示了其稀土组成特征，为向右倾斜模式，表明了轻稀土和重稀土 Y 的富集。稀土北美页岩配分曲线呈水平状、重稀土元素略显富集的帽状形态，是较典型的海相沉积物稀土配分模式。综合分析、对比海相热水沉积稀土组成特征，可得出本区黑色页岩系属正常海相沉积成因为主。

通过本章内容研究，得到如下结论：

（1）贵州开阳、织金等地炭质页岩系 SiO_2 含量变化范围为 53.33% ~58.64%，与南方大多黑色炭质页岩系类似。样品中 K_2O 含量大于 Na_2O，K_2O 含量最大达5.02%，平均为 4.04%。与我国南方类型岩石 $K_2O > Na_2O$ 特征相一致。

（2）黑色页岩的稀土元素地球化学特征表明，贵州开阳、织金等地区下武统牛蹄塘组黑色岩系中稀土元素总量 ΣREE 为 227.47×10^{-6} ~ 623.18×10^{-6}，黑色页岩系稀土含量均值为 532.69×10^{-6}，表明其稀土总量偏高。

（3）黑色页岩系 Y 含量范围在 122.02×10^{-6} ~ 188.40×10^{-6}，均值为 155.26×10^{-6}，反映了富集稀土钇的基本特征。LREE/HREE 比值为 1.35 ~1.67，表明黑色页岩系稀土含量组成属于轻、重稀土相对集中型。与织金磷块岩稀土组成类似，反映了稀土元素形成具有一定渊源性。

（4）黑色页岩、黑色炭泥质页岩所含重稀土元素 Dy 含量相对较高，为 17.46% ~ 17.83 $\times 10^{-6}$，表明黑色页岩中 Dy 元素发生富集。

（5）从稀土组成模式及稀土元素配分模式图（图 3-1、图 3-2），可以见到 Ce 的明显负异常。本区 Ce 的负异常范围为 $\delta_{Ce}=0.38\sim0.66$，均值为 0.50。说明其形成于被动大陆边缘属扬子陆棚海与江南边缘海过渡地带[45]。

（6）黑色页岩系稀土的球粒陨石配分曲线为向右倾斜模式，表明了轻稀土和重稀土 Y 的富集。稀土北美页岩配分曲线呈水平状、重稀土元素略显富集的帽状形态，是较典型的海相沉积物稀土配分模式。综合分析得出：本区黑色页岩系属正常海相沉积成因。

4 黑色页岩多金属层含矿特征及 Ni-Mo-V 元素赋存状态研究

黑色页岩系是地壳中广泛存在的一种沉积岩石组合类型，是海相富有机质细粒沉积岩的总称，包括颜色为黑色的各种页岩、硅质泥岩、粉砂岩以及少量碳酸盐、沉积磷块岩和重晶石岩[47~49]。我国南方下寒武统黑色页岩系中普遍含“多金属富集层”，富含 Ni、Mo、V、U、Ag、P、REE、PGE 等元素。如湘西 Ni-Mo-PGE 矿化带、遵义 Ni-Mo-U-PGE 矿化带、织金 Ni-Mo 矿化带及 P-REE 矿床等。

黑色页岩“多金属富集层”中镍、钼矿一般工业指标如下：

（1）边界品位：钼（Mo）大于 0.02% ~0.03%，镍(Ni)大于 0.2%；

（2）工业品位：钼（Mo）大于 0.04% ~0.06%，镍(Ni)大于 0.3%。

4.1 黑色页岩中多金属层含矿特征

对黑色页岩岩石类型和矿化特征类型进行划分和研究探讨，有助于了解黑色页岩分布地区“多金属富集层”的赋存特征和富集成因。

4.1.1 含 Mo-Ni-Ag-REE 类型

黑色页岩中多金属富集层含 Mo-Ni-Ag-REE 类型以织金戈仲伍较为典型。贵州织金地区广泛分布下寒武统牛蹄塘组黑色粘土岩系岩层。主要岩性为：下伏震旦系灯影组白云岩→磷块岩→牛蹄塘组下伏硅质岩→金属富集层→硅质岩→薄层状黑色高碳质页岩→灰黑-深灰绿色碳质页岩。整套岩层厚薄不均匀，厚可达 200m 以上，薄几十米不等。除织金地区外，还广泛出露于贵州中西部地区。黑色高碳质页岩等主要成分为伊利石页岩、粘土岩。

主要岩性及“多金属富集层”特征[50]介绍如下。

上段：灰、深灰色含炭质粉砂质页岩。含三叶虫 *Guizhuodiscus sp.* 等。厚度大于 40m。

下段：灰黑色含炭质粉砂岩，厚度为 7 ~9m。底部含炭质较高，并含硅质磷块岩结核；底部为“多金属层”，含钼、钒、镍、银及铀等多金属元素。厚度为 0.2 ~0.6m。在织金熊家场一带，厚度变化较大，有时“多金属富集层”成透镜状产出。

底部为灰黑色含硅炭质粉砂质生物屑磷块岩。含海绵骨针及其他小壳动物化石。常呈透镜状体产出。厚度为 0.3 ~0.5m。与下伏地层整合接触。

下伏地层为戈仲伍组，厚 20.00m 不等。

主要岩性为条带状深灰微带紫色薄-中厚层状白云质生物碎屑磷块岩夹含磷质白云岩，具人字形交错层。含球形壳：*Olivooides sp.*，织金壳类：*Zhijinites sp.* 等。

黑色页岩“多金属富集层”主要金属元素含量特征见表 4-1。

表 4-1 “多金属富集层”主要金属元素含量特征表

样品号	产 地	多金属元素及含量					
		Mo	Ni	Ag	V	U	REE
XC-1	熊家场	2251.43×10^{-6}	2717.62×10^{-6}	14.63×10^{-6}	690.47×10^{-6}	102.42×10^{-6}	227.50×10^{-6}
XD-1	织金戈仲伍	944.91×10^{-6}	562.10×10^{-6}	3.79×10^{-6}	122.39×10^{-6}	77.45×10^{-6}	413.14×10^{-6}
PD7401-2	织金大院	—	29000×10^{-6}	—	1232×10^{-6}	—	—

注：表中数据由中科院地球化学研究所冯家毅测试，样品为 PD7401-2[1]。

4.1.2 含 V-Mo 类型

“V-Mo 多金属富集层”以镇远县水岭钒矿为例[51]。含矿层呈层状产于留茶坡组及九门冲组黑色薄层硅质岩夹黑色炭质页岩中，含矿层产状与地层产状一致，根据产出层位的不同自上而下分为Ⅰ、Ⅱ、Ⅲ三层。

Ⅰ含矿层：产于九门冲组第一段中下部黑色薄层硅质岩夹黑色炭质页岩中。含矿层中含 V_2O_5 0.51% ~1.47%。

Ⅱ含矿层：产于留茶坡组顶部黑色薄层硅质岩夹黑色炭质页岩中。厚度为 1.10 ~ 10.50m。含矿层含 V_2O_5 0.61% ~1.03%。其中 2 号矿体工程控制矿体长度为 750m，厚度为 1.00 ~6.00m，平均厚度为 3.13m。单工程最低品位为 0.72×10^{-2}，最高品位为1.04×10^{-2}，单件样品最高品位为 1.50×10^{-2}，平均品位为 1.00×10^{-2}：含 Mo 0.031×10^{-2}。

Ⅲ含矿层：产于留茶坡组下部黑色薄层硅质岩夹黑色炭质页岩中。厚度为 1.00 ~ 6.00m。含矿层含 V_2O_5 0.24% ~0.90%，矿石主要由石英、粘土矿物及炭质组成。矿石结构构造以微-隐晶结构为主；具层状构造和缝合线构造。矿石类型分为含粉砂炭质粘土岩型和炭质页岩型两种，深灰、褐黑色含粉砂炭质粘土岩含 V_2O_5 1.26×10^{-2}：黑色炭质页岩含 V_2O_5 1.82×10^{-2}：黑色夹褐色炭质页岩含 V_2O_5 1.59×10^{-2}。

下面介绍铜仁敖寨钒矿。

（1）矿体特征及矿体规模。矿体赋存于寒武系下统牛蹄塘组第二段底部含钒岩系中，根据已有勘探工程资料划分钒矿体为四个子矿体。矿区东部 2 号矿体，走向长约 1800m。五氧化二钒约为 1.18 万吨。

3 号矿体：出露于 F4 ~ F5 断层，长约 1700m，五氧化二钒 1.85 万吨。

4 号矿体：出露于 LD01 ~ F6 断层，长约 590m，五氧化二钒 0.14 万吨。

5 号矿体：出露于 F6 断层 ~ YK02，长约 2000m，五氧化二钒 1.59 万吨。

（2）矿体形态及产状。矿体呈层状产出，其产状与地层产状一致，倾向南西，倾角 8° ~24°。矿体厚度分布为 1.02 ~ 4.77m，平均厚度分布为 1.24 ~ 2.35m，平均厚度为 2.18m。

含矿岩系特征如下（牛蹄塘组第二段）：

9）灰黑色炭质泥岩，厚度为 0.42 ~1.62m，平均厚度为 1.03m；

8）灰黑色钒矿层，厚度为 0.21 ~1.51m，平均厚度为 0.35m；

7）深灰色薄层炭质泥岩，厚度为 0.03 ~0.05m，平均厚度为 0.04m；

6）褐黑色钒矿层，厚度为 0.76m；

5）灰黑色薄层泥岩，厚度为 0.02～0.04m，平均厚度为 0.03m；

4）黑色钒矿层，厚度为 0.30～1.30m，平均厚度为 0.25m；

3）黑色炭质泥岩，厚度为 0.10～0.20m，平均厚度为 0.15m；

2）灰黑色钒矿层，厚度为 0.29～1.40m，平均厚度为 0.30m；

1）灰黑色至灰色磷块岩，厚度为 0～0.50m，平均厚度为 0.20m。

（3）矿石特征。矿石呈灰黑色。平均密度为 1.89t/m^3。密度与矿石品位呈正相关关系。一般为胶状结构，具块状、土状构造。

（4）矿石物质成分。主要矿石矿物成分为含钒伊利石、白云母（钒云母）等，主要脉石矿物为硅质等。矿石主要化学组分为 V_2O_5、SiO_2。SiO_2 为有害组分。V_2O_5 含量为 0.52%～1.61%，平均为 0.96%。SiO_2 以石英存在于矿石中，含量为 14.58%～30.21%，平均为 21.33%。矿石主要化学组分见表 4-2。

表 4-2 矿石主要化学组分一览表

组　分		含量/%			存在形式
		最小值	最大值	平均值	
有益组分	V_2O_5	0.52	1.61	0.96	
有害组分	SiO_2	14.58	30.21	21.33	石　英

（5）主要矿石类型。矿石自然类型为块状钒矿石及土状钒矿石。

（6）矿体围岩和夹石。矿体直接顶板为灰黑色炭质泥岩；直接底板为灰黑色至灰色磷块岩，厚度为 0～0.50m，平均厚度为 0.20m。矿体夹石为炭质泥岩，厚度小于 0.30m。

（7）找矿标志。找矿标志主要为颜色标志。

含矿岩系之上为金顶山组-明心寺组灰绿色粉砂质泥岩，而含矿岩系的颜色为深灰色、灰黑色，这是指示找矿的良好标志。

（8）矿石加工技术性能。矿石品位为 0.52%～1.61%，平均为 0.96%，高于矿石工业品位（0.5%）。不经选矿即可作为商品矿销售。

4.1.3 开阳—息烽钒-钼-镍多金属层矿化特征

牛蹄塘组与钒钼镍矿有关的主要为两个岩石组合类型，即硅质磷块岩、炭质页岩、黄铁矿、白云岩组合，硅质磷块岩、炭质页岩组合。硅质磷块岩、炭质页岩组合矿化条件较好，矿体品位较高，可能与背斜的复杂构造有关。

硅质磷块岩、炭质页岩组合分布于开阳县城以东，翁昭背斜西翼及龙水一带牛蹄塘组出露分布区。黑色页岩一般较薄（10～20m），下与震旦系灯影组呈假整合接触，之上依次为含铁粘土岩（侵蚀间断面堆积物），磷矿与炭质页岩、炭质页岩。在该区有 5 个取样点，以 Mo 较稳定。各层的情况是[52]：底部含铁粘土岩，一般厚度在 0.5m 以下，含 Mo 一般在 0.02% 以下，局部为 0.12%，含 Ni 较高，一般在 0.05%～0.1% 之间，局部高达 1.24%；磷矿层及其炭质页岩互层体，含 Mo、Ni 均低，多在 0.01%～0.03%；紧挨磷矿层之上有数厘米至 1 米的炭质粘土岩，普遍含 Mo 在 0.04% 以上，局部达 0.61%，含 Ni 一般在 0.03% 左右，个别达 1.13%。上述三层含 V_2O_5 在 0.1%～0.7% 之间。牛蹄塘组黑色岩系内的钼、镍、钒富集有一定的规律性，硅质磷块岩、炭质页岩组合中的钒、钼、镍含量普遍较高，钼镍矿层厚度较稳定，品位较高；钒较钼镍分布稳定，品位高，厚度大，但限于取样条件，所取样品均处于地表氧化带或半氧化带，因而钒钼镍含量普遍偏低。

开阳大坪、息烽用砂村、修文盐井坡：底部与震旦系灯影组呈假整合接触，向上依次为含铁粘土岩，上磷矿层和炭质页岩。在该区有 8 个取样点，以 V_2O_5 较稳定。各层的情况是：底部含铁炭质页岩，一般厚度在 0.5m 以下，含 V_2O_5 一般在 0.063% ~0.229% 以下，局部为 0.145% ~0.229%，含 Ni 较高，一般在 0.012% ~0.14% 之间。局部可高达 1.24%；磷矿层及其炭质页岩互层体，含 Mo 均低，多在 0.002% ~0.009%。

从表 4-3、表 4-4 可以看出，开阳、息烽等地牛蹄塘组黑色岩系内的钼、镍、钒富集有一定的规律性，硅质磷块岩、炭质页岩组合中的钒、钼、镍矿层厚度较稳定，钒含量普遍较高于镍、钼，是以 V_2O_5 含量为主的分布区（取样为地表及钻孔）。

经对开阳翁昭地区钻孔岩芯样取样分析得出：钼含量为 0.38%，铂含量为 3.0×10^{-9}，钯含量为 8.0×10^{-9}。

表 4-3 修文—开阳—息烽黑色页岩 V_2O_5-Ni-Mo 含量

样 品 号	含量/%			备 注
	V_2O_5	Ni	Mo	
Cq-1（修文）	0.063	0.013	0.009	地表取样
Cq-2（修文）	0.080	0.020	0.009	
Cq-3（修文）	0.068	0.014	0.006	
Dp-h（开阳大坪）	0.229	0.007	0.003	近底部
Dp-1（开阳大坪）	0.162	0.014	0.008	
Dp-2（开阳大坪）	0.041	0.004	0.002	
Dp-4（开阳大坪）	0.042	0.012	0.016	
Ys-1（息烽用砂村）	0.145	0.014	0.007	

注：表中数据由贵州省地质矿产中心试验室测试。

表 4-4 开阳狼鸡岭黑色页岩中“多金属层”钻孔分析结果 （%）

样品号	岩 性	V_2O_5	Mo	Ni
ZK501-1	炭质泥岩	0.51	0.34	0.16
ZK501-2	炭质泥岩	0.24	0.011	0.062
ZK501-3	炭质泥岩	0.2	0.013	0.033
ZK501-4	炭质泥岩	0.12	0.014	0.044
ZK501-5	炭质泥岩	0.21	0.012	0.038
ZK501-6	炭质泥岩	0.22	0.013	0.032
ZK501-7	炭质泥岩	0.11	0.016	0.035
检测依据	DZG93-01			
使用仪器	电子天平、722 型分光光度计			

注：表中数据由贵州化工地勘院测试。

4.1.4 含Mo-Ni-U-PGE类型多金属层黑色页岩含矿性特征

下面以遵义松林毛石等地为例[53]介绍其特征。

钼、镍矿产出于黑色页岩中“多金属富集层”中，与围岩界线明显。矿层较为稳定，其产状与地层产状一致。呈似层状、层状产出，倾角4°~15°，以所处背斜产状有关，深部倾角有变陡的趋势。矿石类型主要为薄层状黄铁矿型钼、镍等。遵义松林毛石黑色页岩“多金属层”镍、钼、钒含量见表4-5。

表4-5 遵义松林毛石黑色页岩“多金属层”镍、钼、钒含量

样品号	含量/%			备注
	V_2O_5	Ni	Mo	
Sm-D-1	0.087	0.039	0.012	地表取样
Sm-K-2	0.191	0.168	0.151	近底部
Sm-D-3	0.075	0.168	0.007	

注：表中样品取自遵义松林毛石镇。

自下而上含矿岩系岩性为：

（1）底部假整合面上见古风化壳，为黄褐色铁质粘土，厚0.3~0.5m。

（2）灰黑色含白云石及硅质黑色磷块岩，厚0.1~0.6m。

（3）黑色炭质页岩，厚0.3~6.0m。

（4）黑色含硅质、磷质结核黄铁矿粉砂质、炭质页岩，厚0~0.7m。

（5）炭质泥岩，厚0~1.95m。

（6）灰色硅质、泥质磷块岩，厚0~0.4m。

（7）为黑色、灰黑色薄层状炭质粘土岩型镍、钼、钒等多金属矿层，为条带状、碎屑状、竹叶状矿石，呈似层状、透镜状产出。矿层位较为稳定，矿石致密坚硬，但厚度变化较大，厚0.03~0.15m，

（8）黑色炭质页岩。厚0.4~0.70m。

“钼镍金属层”为深灰色、灰黑色微带黄色，含有具金属光泽的钢灰色钼镍矿物及黄铁矿条带的粉砂质页岩，风化后有褐铁矿皮壳及黄色纤维状或粉末状被膜。

矿石具粉砂泥质结构，微层理及条带状构造。

矿石矿物有：硫钼矿、红砷镍矿、针镍矿、紫硫镍铁矿、闪锌矿、黄铁矿等。

脉石矿物有：胶磷矿、石英、重晶石、碳质、硅质等。

矿石化学成分：Mo含量为1.25%~10.36%，Ni含量为0.5%~7.29%。

杂质矿物主要有：黄铁矿占矿石的20%~35%，其中原生黄铁矿多呈草莓状，粒径细小（几微米至20μm），成岩及后生黄铁矿呈他形斑块或自形晶，其他矿石总量30%~50%为非金属杂质矿物——无机碳质、水云母粉砂碎屑、胶磷矿，方解石等。

黑色“多金属富集层”岩性组合标志：以钼、镍为主的矿床自下而上的岩性依次为：含铁或铁质粘土岩（古风化壳）→磷块岩→黑色炭质页岩、泥岩、粉砂泥岩，常含黄铁矿→透镜状磷块岩→矿层→黑色炭质页岩、泥岩等。

钼镍矿矿层颜色标志：黄铁矿型钼镍矿层与围岩截然不同，具有明显的硫化金属矿特

征及微层理构造特征，易分辨。硫钼矿氧化后发生迁移，留下条带黄褐色遗迹。

遵义黄家湾等地含矿岩系特征[54]介绍如下。

牛蹄塘组底部含矿系，从上至下各组细层叠置关系为：

(5) 炭质水云母粘土岩，又称含钼、钒石煤层，此层板状层理发育、层面平整、胶结程度高，为开采“钼镍金属层矿”采坑的天然顶板，一般含钼（Mo）0.1% ~0.3%，镍（Ni）0.2% ~0.5%，钒（V_2O_5）0.05% ~0.7%，条件具备时，可考虑综合利用。厚度为0.5 ~0.7m。

(4) 钼镍硫化物层，金属硫化构成条纹状、斑块状及砾屑状出现在炭泥质基质中。矿体呈层状、似层状，变厚地段呈典型的扁豆状，与顶底炭泥质页岩的界线清楚。矿层基本连续，在10km范围内，不同矿段均有采坑见矿，矿层一般厚度为10 ~ 30cm，在采坑密集的西段3 km，矿层厚20 ~50cm，最厚200cm。厚度为0.10 ~0.30m。

(3) 炭质粉砂质水云母粘土岩，夹透状，厚0.1 ~0.2m，磷块岩，磷矿中含铀（U）0.02% ~0.03%，粘土岩中钼、镍、钒及高钇轻稀土等有用元素可达工业利用指标。厚度为0.5 ~2.5m。

本区矿石采样实测：Mo6.19% ~8.94%，Ni 4.18% ~7.0%。伴生有用组分众多。由于全部金属硫化物大多可占到矿的50%以上，此矿层可称为“硫化物金属层”。钼镍矿在地表氧化带3 ~10m范围内，多被氧化，残留为薄层铁质土，因原矿层较薄，则极难辨别。

4.2 含 Mo-Ni-V-U 金属层与有机质含量的关系

大多数黑色岩系是富有机质的。我国南方广泛分布有下寒武统黑色岩系，其中富含有机质黑色页岩。

黑色岩系在形成和成岩过程中生物和有机质是主要的动力作用因素，不同类型的富含有机质岩石有不同的显微组分组合与分布特征，反映了有机质生成作用与生成环境的差别。吴朝东等[48]通过对岩石的结构、类型变化和有机组分的研究，恢复湘西黑色岩系形成于还原和弱酸性的缺氧的浅水台地边缘环境。在早寒武世，湘西-黔东一带的低能、缺氧的浅水台地边缘，生活着大量的藻类、菌类和疑源类生物，是黑色岩系有机质的主要来源[55]。

钼镍多金属矿含矿层位于牛蹄塘组底部高碳段中，距牛蹄塘组下界1.1 ~15m（图2-3），分布在松林穹隆背斜四周。含矿层在高碳质段中从北向南、从西向东有层位变低的趋势。

下面介绍黑色页岩中“多金属富集层”的形成条件。

底部厚层状磷块岩矿床形成于非补给性浅海盆地环境，反映当时地壳活动相对较稳定，沉积环境为气候干燥、较氧化条件和水动力条件为相对动荡条件。形成了碳酸盐-碎屑状粘土岩相。透镜状磷块岩、结核状磷块岩一般形成于较深水的非补给性浅海盆地。

镍钼多金属元素矿床一般形成于较深水的非补给性封闭性浅海盆地中。相应其形成环境为地壳运动相对稳定、气候温暖、沉积速率缓慢、生物相当发育及有机质十分丰富的环境。沉积环境也为还原-强还原条件，一般多形成白云质-粘土岩相。

黑色页岩中“多金属富集层”一般分三个阶段形成：首先形成磷块岩、透镜状磷块岩等，同时形成磷、钒、铀矿，其次形成镍、钼多元素矿床，最后形成铜、钼、钒、银等矿床和石煤层。

下面介绍生物对成矿作用的控制因素。

黑色页岩系含有大量有机碳，主要由低等藻类生物死亡以后，在还原条件下而保存下来。在高碳质页岩中见海绵骨针、美丽遵义藻等[55]，还见丰富的双壳类、海绵、古介形类等化石。硅质岩中见有硅质藻化石，在硅质白云岩中见有叠层藻和硅质藻化石等。

低等生物本身可以吸收某些元素组成生物体组织，死亡后沉入海底堆积保存下来，使某些元素得到富集。部分磷块岩中的磷和高碳质页岩中碳质就是生物死亡后的堆积体。

低等生物死亡后分解出氨基酸和卟啉等有机物，这些有机物与金属可以形成有机金属配合物和金属卟啉化合物而迁移，在温度、压力和酸碱度发生变化时，这些配合物和化合物发生离解，放出金属元素，也可以使镍、钼等元素得到富集[56]。

低等生物死亡后，在分解中消耗大量的氧，放出硫化氢气体。此外，海水中硫化物还原细菌在还原海水中硫酸根离子时也放出硫化氢气体，这样就造成海底为一种酸性的较强还原环境，金属元素在这种环境很容易与硫化氢化合成金属硫化物沉淀。上述作用是我国南方下寒武统底部镍、钼多金属硫化物矿床形成的主要控制作用。

生物的死亡和对金属元素的吸收、形成成矿物理化学条件改变是镍、钼、铀等富集的主要控制因素。

4.3 黑色页岩的多金属元素赋存状态研究

4.3.1 Mo、Ni、V等元素的分布状态

镇远—铜仁一带黑色页岩系中，主要以富集钒多金属矿为特征。

铜仁敖寨钒多金属矿体呈多层状产出，其产状与地层产状一致，其分布特征为：灰-褐黑色钒矿层共分4层，含矿区矿体厚1.00～4.77m，平均厚2.18m。钒矿矿石为胶状结构，具有块状、土状构造。矿石平均密度为1.89t/m^3。V_2O_5含量密度为0.52%～1.61%，平均为0.96%。SiO_2以石英形态存在于矿石中，含量为14.58%～30.21%，平均为21.33%。

开阳—息烽一带牛蹄塘组与钒、钼、镍矿有关的主要为两个岩石组合类型，硅质磷块岩、炭质页岩组合中黑色页岩一般较薄（10～20m），底部含铁粘土岩，一般厚度在0.5m以下，含V_2O_5在0.1%～0.7%，Mo一般在0.02%以下，局部为0.12%，含Ni较高一般分布为0.05%～0.1%，局部高达1.24%（图4-1～图4-4，书后有彩图）。

图4-1 含钒多金属富集层
（底部为磷矿层，黑色页岩、泥页岩岩系，开阳大坪）

图4-2 含钒多金属富集层
（顶、底板为黑色上部页岩系，息烽用砂村）

图4-3 含钒多金属富集层剖面
（大坪顶板为黑色页岩系）

图4-4 含钒多金属富集层剖面
（大坪顶、底板为黑色页岩系）

磷矿层及其炭质页岩互层组合，含 Mo、Ni 均低，多在 0.01% ~0.03%；紧挨磷矿层之上有数厘米至 1m 的炭质粘土岩，普遍含 Mo 在 0.04% 以上，局部达 0.61%，含 Ni 一般在 0.03% 左右，个别达 1.13%。上述三层含 V_2O_5 在 0.1% ~0.7% 之间。可见钒、钼、镍矿空间分布上具有受沉积环境及层控控制特征。

牛蹄塘组黑色页岩系内的钼、镍、钒富集的规律性为；硅质磷块岩、炭质页岩组合中的钒、钼、镍含量普遍较高，钼镍矿层厚度较稳定，品位较高；钒较钼、镍分布稳定，品位高，厚度大，限于取样条件所取样品均处于地表氧化带或半氧化带，故钼、镍、钒含量普遍偏低。

织金戈仲伍—大院一带黑色页岩中“多金属富集层”多产出于牛蹄塘组底部，含钼、钒、镍、银及铀等多金属元素。厚度为 0.2 ~0.6m。在织金熊家场一带“多金属富集层”呈透镜状、似层状产出。钼含量约为 0.001%，镍为 0.0029%。样品中镍、钼含量不高主要由采样手段所限、采集到样品为风化带产物、金属元素含量有所流失等因素所致。

遵义松林镍钼矿区镍、钼矿矿体分布特征具有多样性。遵义松林毛石黑色泥、页岩“多金属富集层”中，矿体与围岩界线明显。矿层较为稳定。矿石类型主要为薄层状黄铁矿型钼、镍等。底部假整合面上见古风化壳，为黄褐色铁质粘土、灰黑色含白云石及硅质黑色磷块岩、黑色炭质页岩、炭质泥岩、灰色硅质、泥质磷块岩等。

主要矿体为黑色、灰黑色薄层状炭质粘土岩型镍、钼、钒等多金属矿层，为条带状、碎屑状、竹叶状矿石，呈似层状、透镜状产出。矿层层位较为稳定，但厚度变化较大，厚 0.03 ~0.15m。矿石品位：镍为 0.039% ~0.168%，钼为 0.012% ~0.151%。

4.3.2 黑色页岩的 Ni、Mo、V 多金属元素赋存状态研究

元素的赋存状态指元素在矿石中的存在形式。元素赋存状态研究指查明元素在矿石中的存在状态和主要载体矿物，并尽可能对其进行定量分析的研究工作[59,60]。定量地查明元素在矿石中的赋存状态，对矿床评价研究、选矿工艺深入研究和矿产资源的综合利用极为重要，尤其对选矿工艺及矿物资源综合利用指标的确定，具有重要指导意义。

下寒武统黑色页岩中镍、钼元素赋存状态问题，前人做了一些工作。如张爱云等[57]通过对湘西下寒武统黑色岩系中镍钼矿层的研究，认为钼的集合体除了硫与钼外，碳也是主要元素，同时含方硫镍矿、硫铁镍矿、硫镍矿及针镍矿等，钼矿主要为胶态硫化钼和碳

硫钼矿产出。其他杂质元素为 Fe、Se、As 等。钼矿呈胶态二硫化钼或碳硫钼矿集合体存在。吕慧进等[58]认为湘西下寒武统黑色大部分地区，钼主要与碳、硫、粘土一起呈钼硫化物胶状集合体。镍主要以独立矿物辉砷镍矿、二硫镍矿、针硫镍矿等存在。

针对贵州息烽—开阳、松林等地下寒武统黑色岩系中“多金属层”镍钼矿石，采用高分辨率显微镜、扫描电子显微镜配合能谱分析、电子探针等研究技术手段，对镍、钼、钒的赋存状态进一步开展研究，其目的是查明镍、钼、钒的存在形式，为镍钼矿的开发利用提供有价值的基础资料。

本次研究工作使用的仪器有：扫描电子显微镜（型号：KYKY-1000B；放大倍数：10X～50000X）；X-射线能谱仪（EDAX）（型号：SYSTEM SIX，美国 Tracor Northern 公司生产），元素分析范围为 C4～U92，检测下限为 0.1%～0.5%。

选择相关研究区内具有代表性的样品（ZY1-1 等近 10 个样品）进行扫描电镜-能谱成分分析、显微镜下观察、配合电子探针进行研究探讨。

4.3.2.1 镍、钼“多金属富集层”中硫铁矿

它为“多金属富集层”中遍在矿物，常构成脉状、粒状、团块状和胶状硫铁矿等产出（图 4-5～图 4-10、附图 1～附图 3 等，图 4-5～图 4-10 书后有彩图）局部富集部位含量可达 20%～30%。

图 4-5 多金属富集层中星散状黄铁矿

图 4-6 多金属富集层中星散状黄铁矿、胶镍钼矿

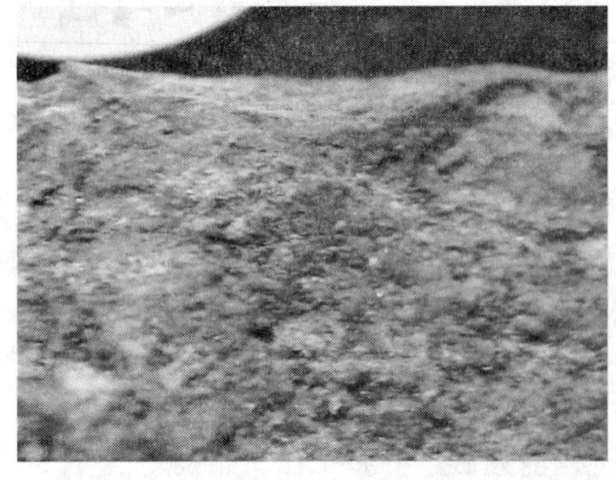

图 4-7 多金属富集层中胶镍钼矿矿石（见条纹、星散状黄铁矿）

图 4-8 多金属富集层中胶镍钼矿矿石（见条纹、浸染状黄铁矿、胶镍钼矿）

图4-9 多金属富集层中胶镍钼矿矿石
（见条纹状、浸染状黄铁矿、胶镍钼矿）

图4-10 多金属富集层中胶镍钼矿矿石
（见团块状、浸染状黄铁矿、胶镍钼矿）

胶状黄铁矿（FeS_2）在扫描电镜下常见为呈胶状团粒、团块状。能谱成分分析结果中反映含有镁质粘土矿物，与黄铁矿组成团粒、团块的胶黄铁矿。同时胶状黄铁矿与草莓状黄铁矿共存（附图1、附图2），为典型沉积型草莓状黄铁矿（附图1），其含量较低。

含镍黄铁矿（$(Ni,Fe)_9S_8$）；主要为含少量的Ni胶状黄铁矿，Ni的相对含量为0.7%。

观察黄铁矿与闪锌矿成类质同象混合产出现象，两者矿物没有明显界限，在扫描电镜下只是产生不同的光影亮度过渡变化，闪锌矿锌含量高时见有亮度较高区域。

硫铁矿中普遍见有机碳含量较高，主要为生物有机碳。少量为胶凝过程带入物。

4.3.2.2 胶状硫砷镍钼矿及胶状硫镍钼矿

主要镍钼矿有如下两种：

（1）胶状砷镍钼矿（附图5及能谱成分图、表）。由伊利石粘土、含铁砷镍钼矿组成胶状混合物，呈团粒状、团块状或成胶结硫铁矿形状等产出。样品中主要含有Cu、Cr等微量元素，Cr为0.34%～0.21%，Cu为0.93%（相对含量）。有机碳质含量较高，达38.80%（相对含量），胶状硫镍矿为53.76%（相对含量），可定名为胶状碳质砷镍钼矿。砷镍钼矿成胶状产出且钼相对含量明显高于镍。

（2）胶状硫镍钼矿（附图4及能谱成分图、表）。它为浸染状、脉状、团块状等产出。该类型矿石不含砷元素和粘土成分，钼、镍总量相对高于胶状砷镍钼矿。有机碳质含量为42.78%。

4.3.2.3 胶状高碳质硫镍矿

A 高碳质胶状硫镍矿（附图6、能谱成分图、表）

测试分析的能谱分析图、表表明，胶状硫镍矿由镁质粘土、胶状碳酸盐、含铁质硫镍矿和有机碳质组成。由于矿石的重结晶等作用显现鳞片状结构，部分显示结晶他形边形态特征。含镍为14.89%～15.22%（相对含量）。

B 辉镍矿（附图8）

辉镍矿主要为半自形、他形粒状晶体分散在含镍、钼粘土页岩中。镍含量为19.13%

（相对含量），含铁为 2.58%（相对含量）。有机碳含量相对较高。基质为含隐晶质等硫铁矿、镁质含镍钼粘土。

个别样品中见辉镍矿半自形微晶态产出，能谱成分表明镍含量为 45.59%（相对含量），也见胶状黄铁矿产出。辉镍矿分散在含胶状黄铁矿粘土中，两者界限清楚。

4.3.2.4 镍钼矿石中脉状含硅质胶镍钼矿（附图 9 及能谱成分图、表）

它由含硅质胶镍钼矿、细微粒黄铁矿组成，脉状产出。矿石脉与周围团粒状、团块状含镍钼矿石无明显界限，脉中黄铁矿矿物和含镍钼矿有定向排列特征，脉体与周围矿石成分变化不大，只是受应力作用表现为更加细微粒化或糜棱化，表明其是受构造应力作用的产物。钼相对含量较高，镍含量明显较低。

4.3.2.5 重晶石矿物

镍、钼“多金属富集层”中见重晶石矿物呈叶片状、浸染状产出。也见硅质团粒及黄铁矿晶粒，为沉积成因产物。

4.3.2.6 碳酸盐矿物

矿石见有碳酸盐矿物，主要为胶状混入物与粘土矿物构成基质物质，见图 4-16 和表 4-6。

表 4-6 胶体状态碳酸盐成分

元素	含量	误差	相对含量/%
C	2301	+/−39	19.27
O	2997	+/−55	29.82
Mg	8333	+/−123	11.02
Al	277	+/−56	0.38
Si	3149	+/−107	3.42
S	618	+/−204	0.60
Ca	27779	+/−181	32.24
Mn	258	+/−50	0.58
Fe	466	+/−54	1.10
Mo	1262	+/−336	1.60
总量			100.02

4.3.2.7 电子探针分析

将遵义毛石镍钼矿石样品定向切片，磨制电子探针片，经过矿相显微镜观察，挑选样片和圈定测试区域，通过镀碳处理后进行电子探针测试。

试验条件；本次电子探针测试分析在中科院贵阳地球化学研究所电子探针室完成。仪器型号：EPMA-1600（日本岛津公司）。加速电压：25kV；束流：10nA；束斑大小：10μm。试验中 Fe、S、Zn、Cu、Ni、Pb、As、Mo 元素测定采用美国 SPI Supplies 矿物表样。分析结果见表 4-7。

表 4-7 钼、镍矿石电子探针分析结果表（波谱定量分析）

样品号	矿 物	矿物形态	S	Fe	Mo	Ni	Cu	Zn	As	总量
ZY-3-01	黄铁矿	微晶状	53.50×10^{-2}	43.97×10^{-2}	0	0	0	0.03×10^{-2}	1.52×10^{-2}	99.02×10^{-2}
ZY-3-02	黄铁矿	细粒状	53.23×10^{-2}	43.74×10^{-2}	0	0	0.04×10^{-2}	0.21×10^{-2}	1.72×10^{-2}	98.76×10^{-2}
ZY-3-04	黄铁矿	微晶状	53.48×10^{-2}	43.82×10^{-2}	0	0	0.04×10^{-2}	0.02×10^{-2}	1.20×10^{-2}	98.56×10^{-2}
ZY-3-07	黄铁矿	微晶状	53.25×10^{-2}	43.91×10^{-2}	0	0	0.04×10^{-2}	0.01×10^{-2}	2.04×10^{-2}	99.25×10^{-2}
ZY-3-10	胶镍钼矿	胶 状	18.60×10^{-2}	3.10×10^{-2}	20.42×10^{-2}	1.30×10^{-2}	0.07×10^{-2}	0	0.45×10^{-2}	43.93×10^{-2}
ZY-3-11	胶镍钼矿	胶 状	26.89×10^{-2}	4.84×10^{-2}	30.06×10^{-2}	1.64×10^{-2}	0.02×10^{-2}	0.01×10^{-2}	0.74×10^{-2}	64.20×10^{-2}
ZY-3-12	胶镍钼矿	胶 状	30.38×10^{-2}	5.95×10^{-2}	21.41×10^{-2}	—	0	0	0.68×10^{-2}	58.43×10^{-2}
ZY-3-13	胶镍钼矿	胶 状	28.24×10^{-2}	5.04×10^{-2}	31.19×10^{-2}	1.71×10^{-2}	0.02×10^{-2}	0	0.78×10^{-2}	66.96×10^{-2}
ZY-3-14	胶镍钼矿	胶 状	27.16×10^{-2}	4.97×10^{-2}	30.78×10^{-2}	1.60×10^{-2}	0.03×10^{-2}	0.02×10^{-2}	0.77×10^{-2}	65.33×10^{-2}

注：样品由中科院贵阳地球化学研究所刘世荣测试，—表示检测超限。

电子探针分析结果表明，高碳质胶硫钼矿主要矿物为高碳质含镍胶态硫钼矿、黄铁矿。黄铁矿主要为微细自形、他形晶产出。见少量闪锌矿呈星点状与黄铁矿共生（图 4-11）。脉石矿物主要为含锰、铁白云石，见图 4-12、图 4-13。

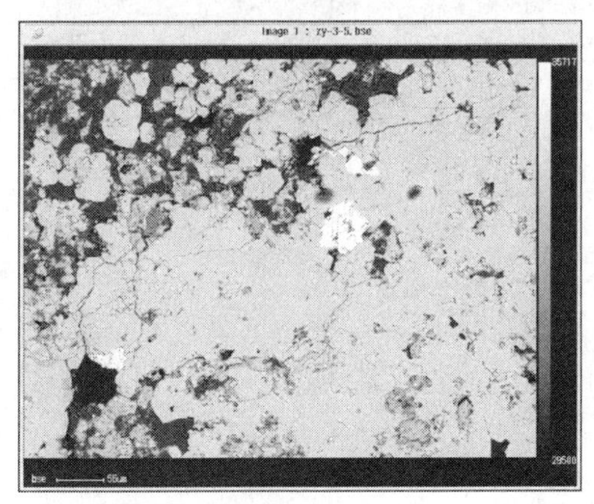

图 4-11 星点状闪锌矿与黄铁矿共生

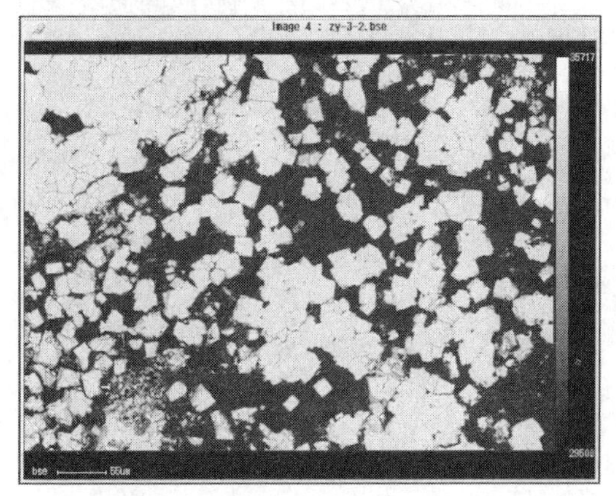

图 4-12 细晶黄铁矿

波谱定量分析结果证明黄铁矿中含微量的铜、砷元素，高碳质胶硫钼矿中含少量铜、砷、锌。

背散射电子图像照片图（图 4-14、图 4-15）表明高碳质胶硫钼矿与黄铁矿为接触共生关系，显示形成时间上有一定的差异。结合扫描电镜分析资料，见不同期的黄铁矿与镍钼矿交互共生。

电子探针分析结果显示见胶状碳酸盐存在于黄铁矿中，主要成分为白云石（图 4-16、图 4-17）。

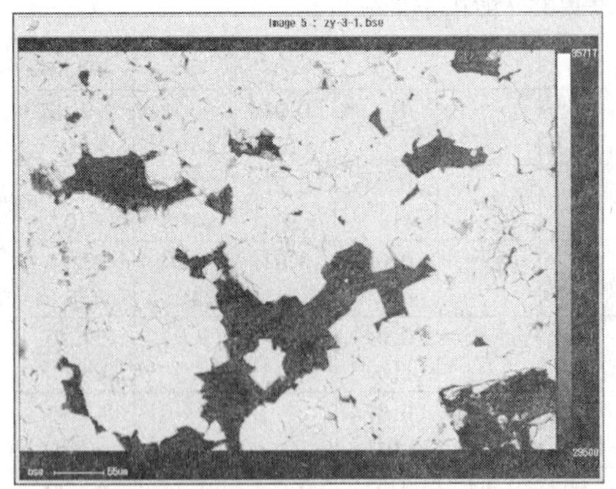

图 4-13　细微自形晶黄铁矿、含 Mn、Fe 白云石

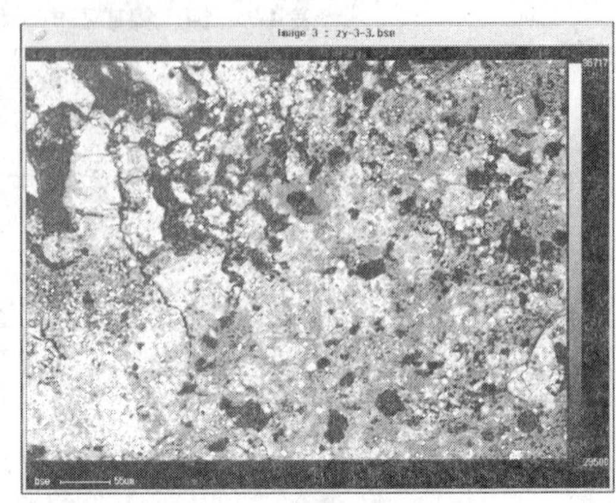

图 4-14　胶状高碳质硫镍钼矿

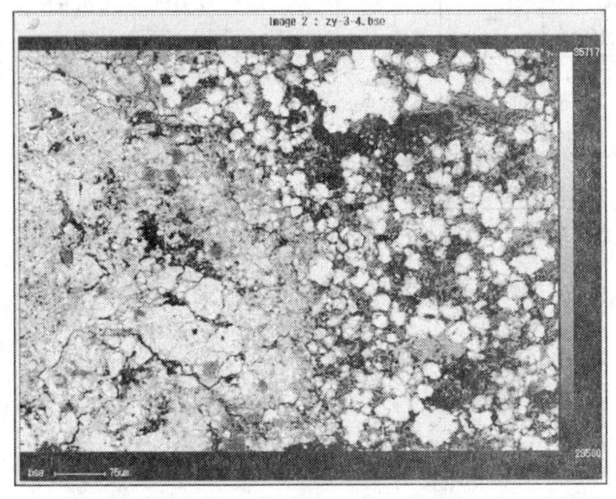

图 4-15　胶状高碳质硫镍钼矿

图 4-16　胶体状态碳酸盐（样号 ZY1-1）

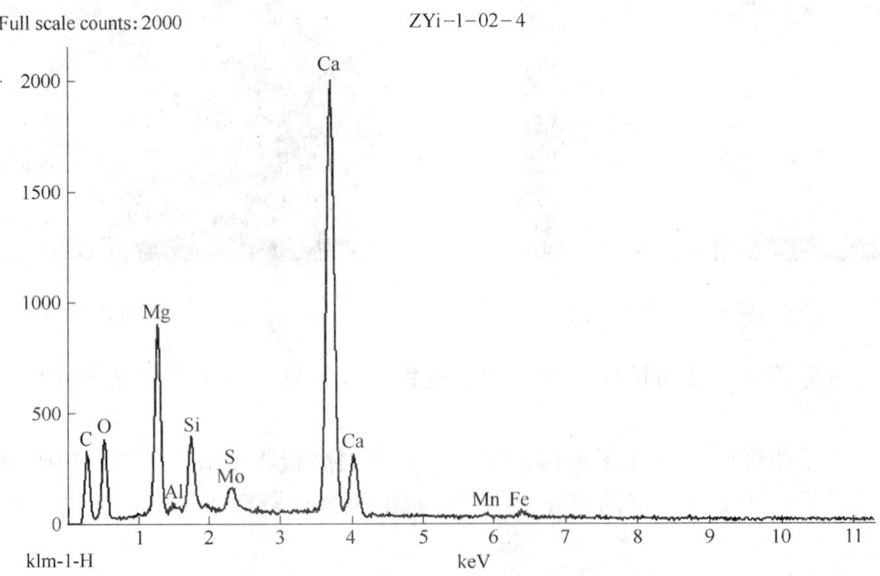

图 4-17　胶体状态碳酸盐 X-衍射能谱曲线

4.3.3 黑色页岩多金属层中铀的赋存状态

关于牛蹄塘黑色页岩“多金属富集层”的底部中含铀问题，前人做了一些研究工作。目前认为铀与“多金属富集层”底部磷矿为紧密相关共生关系。但关于铀的赋存状态问题，未见相关报道。本次研究过程中用扫描电镜配合能谱分析，发现铀以隐晶质、胶态存在于“多金属富集层”底部磷矿层中，进一步证实了其赋存状态问题。

前人在遵义新土沟矿区镍钼矿矿石中测得如下伴生组分，可供参考（资料来源：遵义106 地质队）：Au 1.7g/ T，Se 1400×10^{-6}，Ir 0.001×10^{-6}，Re 12.5×10^{-6}，Pt 0.18g/T，Pd 0.12g/T，Ag 22g/T，Cu 0.34%，Zn 0.94% ~14.66%，Pb 0.06%，U 0.02% ~0.03%。

经扫描电镜配合能谱分析证实，磷铀矿层中主要矿物为胶态含铜砷磷铀矿、胶磷矿、黄铁矿、重晶石、伊利石、含钒粘土矿物等，见附图10。

胶磷矿主要见微鲕粒状、胶粒状等。微鲕粒中见有隐晶、微晶磷灰石产出。微鲕粒状椭圆颗粒具同心圆状结构（附图10）。含主要微量元素Cr 0.79% ~0.98%。局部含铜砷磷铀矿周围胶磷矿中Cu 0.31%，U2.60% ~3.45%（相对含量），表明铀呈微量元素状态分散于胶磷矿中。其中微鲕粒状椭圆颗粒具同心圆状结构的胶磷矿与铀元素密切相关，胶粒状胶磷矿、胶状胶磷矿则不含铀元素，两者显示了胶磷矿为不同时代产物，表明了不同结构的胶磷矿的形成成因的联系。胶磷矿含碳质、有机质较高。

硫铁矿主要见黄铁矿、含镍黄铁矿。

黄铁矿主要以团粒状、粒状及胶态等形态产出。团粒状黄铁矿中含铬0.56%。能谱测试结果表明晶形较好的粒状黄铁矿不含铬元素，含镍3.16%，为含镍黄铁矿。镍的赋存状态可能与黄铁矿表面吸附形式有关。

见重晶石主要以圆形、椭圆形胶粒状产出于胶磷矿中。

铀矿物主要以团粒状，浸染状胶体及微晶形态产出。根据能谱分析结果，铀矿物主要为胶态含砷铜磷铀矿，砷、铜含量较为稳定。铀含量为25.90% ~41.81%（相对含量）。胶态含砷铜磷铀矿主要可分为两种类型：（1）浸染状胶态含砷铜铀矿，铜和砷含量比值约为2∶1，含铀为25.90% ~30.16%（相对含量）；（2）附图10中两者为团粒状、团块状、胶态或隐晶质体含砷铜磷铀矿，铀的相对含量较高，可达35.59% ~41.81%（相对含量），相对比团粒浸染状胶态含砷铜铀矿含铀高。

5 矿石加工性能及 Ni、Mo、V 元素富集提取探讨

5.1 矿石矿物工艺特征

由于黑色页岩“多金属层”中有用矿物主要是炭质胶硫钼矿、胶镍钼矿等，杂质矿物为原生黄铁矿、胶状黄铁矿及其他脉石矿物，颗粒均匀细小，采用传统的物理原理选矿技术，将有用组分富集的效果有限，更难以达到钼、镍分离的目的，火法熔炼冶金技术更达不到分离各金属成分的要求。

在发现此种钼镍矿石以来的 20 多年中，贵州省内外各有关单位，曾多次采用湿法选冶技术，通过提取钼酸铵和硫酸镍（铵），来进行有用组分分离，但均未深入进行；1985 ~ 1992 年，昆明冶金设计院曾引进设备建一中试钼酸厂，但终因钼、镍提取率不高，产品纯度远未达到部分标准，镍等众多宝贵组分未被利用，加之矿石短缺，致使停工。

因此，为使这一宝贵的钼镍富矿资源发掘出其经济价值，应开展矿石的可选冶性能评价研究。

通过显微镜观察结合扫描电镜分析，镍钼矿石的主要矿物组成如下：样品中主要的金属矿物是胶状黄铁矿、结晶黄铁矿、镍黄铁矿、草莓状黄铁矿、赤铁矿、褐铁矿、胶镍钼矿、含镍辉钼矿、微晶砷钼镍矿、胶态磷铀矿等；脉石矿物主要是碳质物、石英、玉髓、伊利石、高岭石、绿泥石、白云石、方解石胶状磷灰石等。主要矿物及其相对含量见表 5-1。

表 5-1 黑色页岩多金属层试样中主要矿物及其相对含量 （%）

矿 物 名 称	相对含量	赋存状态
胶镍钼矿含镍辉钼矿	3 ~ 5	胶态分散状
微晶砷钼镍矿	约 2	微晶态
胶态磷铀矿	0.1	胶态分散状
胶黄铁矿、结晶态黄铁矿、草莓状黄铁矿、镍黄铁矿等	15 ~ 20	胶状、结晶态等
伊利石、高岭石、绿泥石等	约 20	鳞片状等
石英、玉髓	15	细微粒状
胶磷矿	2 ~ 5	胶状、微晶态
方解石、白云石	5 ~ 10	结晶态
重晶石	2 ~ 5	结晶态、蠕虫状
碳质物	10 ~ 20	浸染状

矿石鉴定分析结果如下：矿石近黑色，细脉状、板、叶片状构造特征明显，肉眼可见黄色黄铁矿呈斑点状分布。主要金属矿物呈他形-半自形粒集合体结构及斑点状、脉状构造。主要矿物种类如下：

（1）黄铁矿，粒度为 0.01 ~ 0.04mm 或小于 0.004mm，在光片中含量为 30% 左右，反射光下呈黄白色，不易磨光、有麻点，显均质特征，常呈他形-半自形粒状集合体，斑

点状分布，晶粒内部可见环带结构，还可见部分微细粒状的骸晶，呈密集或分散浸染分布于含矿岩石中。还见含硫高的胶状黄铁矿，其次为镍黄铁矿。嵌布粒度不均（图5-1～图5-6，书后有彩图）。

（2）针镍矿，粒度为0.016～0.058mm，含量为1%～2%，反射光下呈黄色略带乳黄色，颜色较黄铁矿略黄，磨合性良好，显强非均质性，见解理，呈他形粒状或叶片状集合体，可见与黄铁矿共生（图5-7、图5-8，书后有彩图）。

图5-1 脉状黄铁矿及硫镍钼矿（反射光10×10）

（3）硫钼锡铜矿，集合体，粒度为0.02～0.09mm，少量，反射光下显灰色，均质性，解理发育，呈不规则状，可见与黄铁矿共生并被黄铁矿交代（图5-9～图5-17，书后有彩图）。

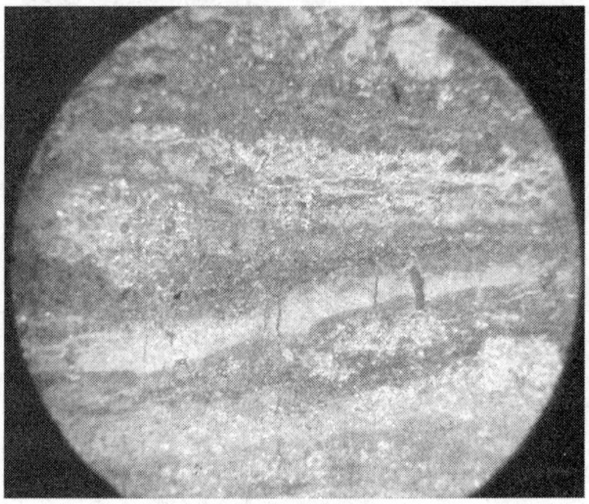

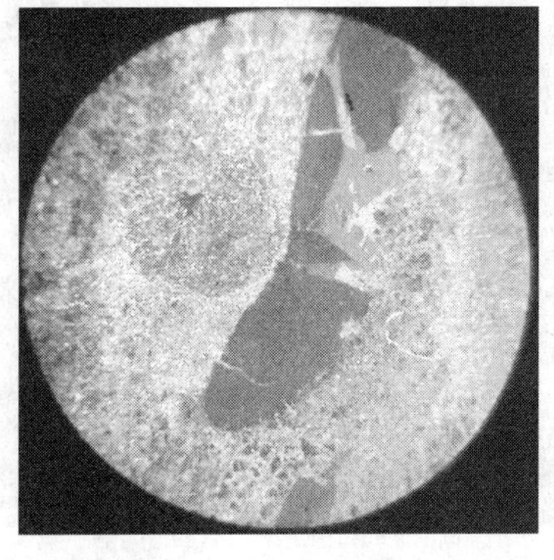

图5-2 脉状黄铁矿及硫镍钼矿（反射光10×10）

图5-3 微晶黄铁矿、硫镍钼矿及伊利石（反射光10×10）

图5-4 团粒状、浸染状黄铁矿及胶镍钼矿（反射光10×10）

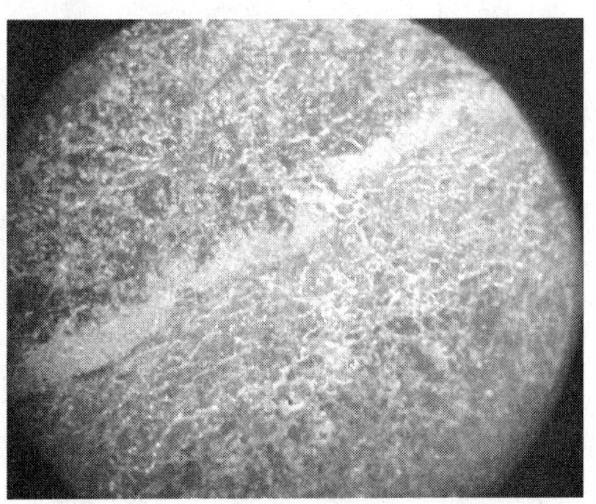

图5-5 微晶黄铁矿、硫镍钼矿（脉状）（反射光10×10）

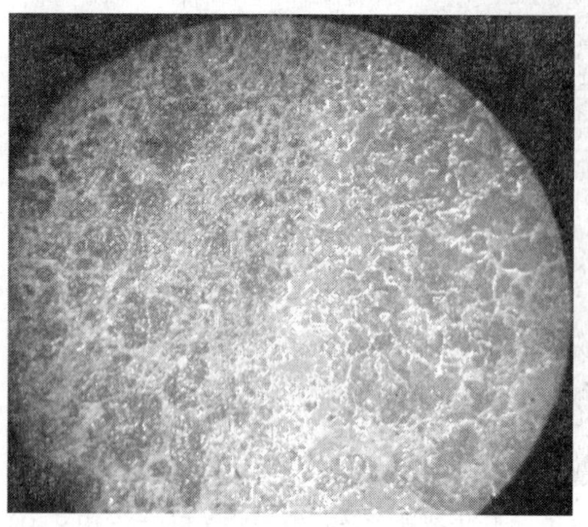

图 5-6　团粒状、浸染状黄铁矿及胶镍钼矿（反射光 10×10）

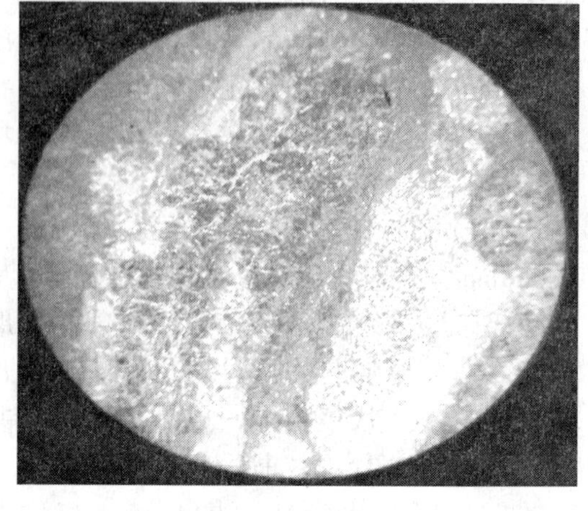

图 5-7　微晶黄铁矿、硫镍钼矿及伊利石粘土矿物呈脉状（反射光 10×10）

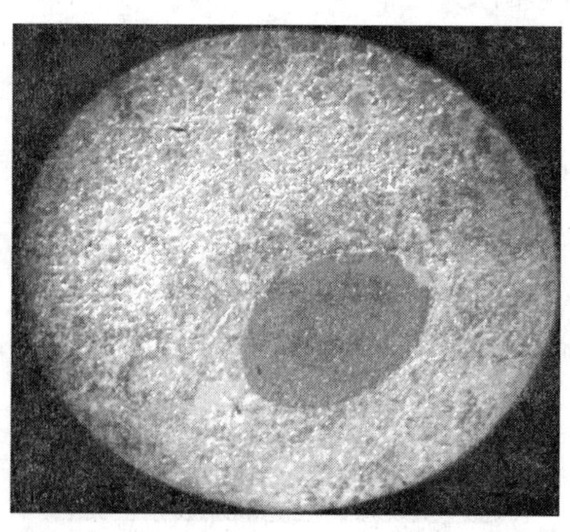

图 5-8　团粒状、浸染状黄铁矿及胶镍钼矿粘土矿物、有机质呈球粒状（反射光 10×10）

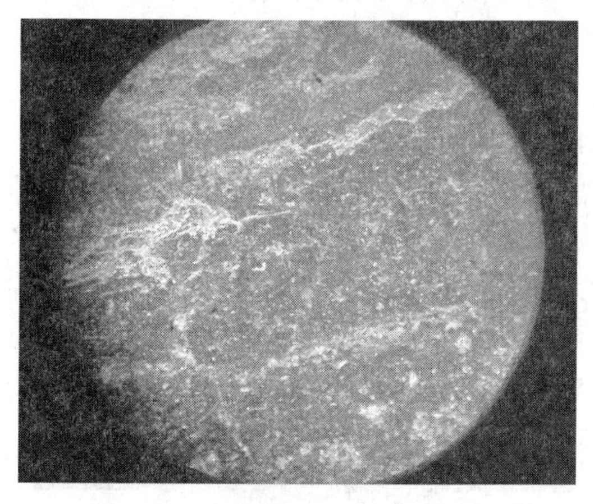

图 5-9　微晶黄铁矿、硫镍钼矿及伊利石（反射光 10×10）

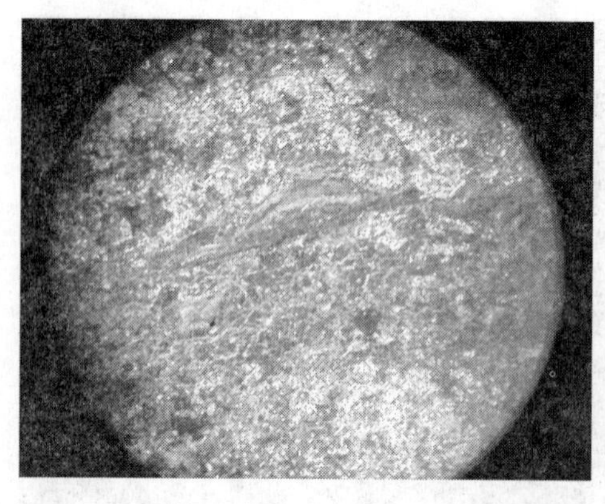

图 5-10　团块状、浸染状黄铁矿及胶镍钼矿（反射光 10×10）

图 5-11　微晶黄铁矿团粒、硫镍钼矿薄片（1：2）

图 5-12 脉状、浸染状黄铁矿及胶镍钼矿薄片（1：2）

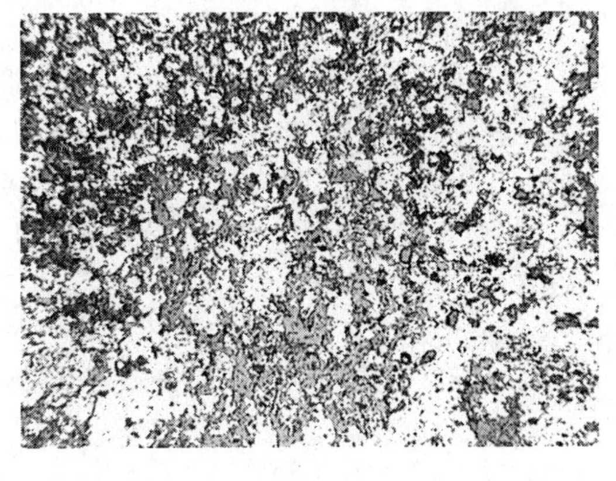

图 5-13 微晶黄铁矿、硫镍钼矿及伊利石（反射光 10×5）

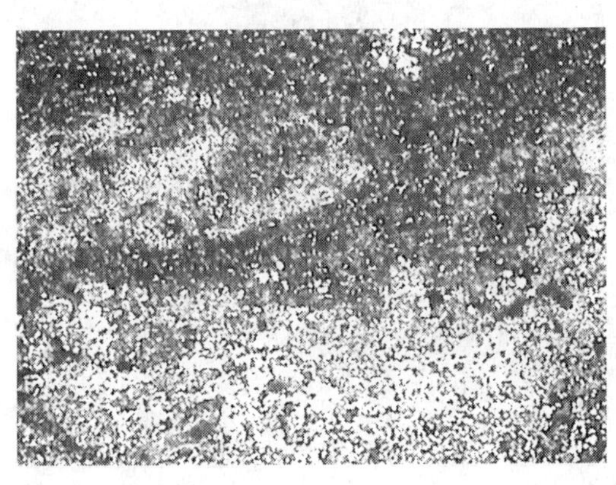

图 5-14 团粒状、浸染状黄铁矿及胶镍钼矿（见黄铜矿、胶态有机质，反射光 10×5）

图 5-15 微晶团粒黄铁矿、硫镍钼矿（反射光 10×5）

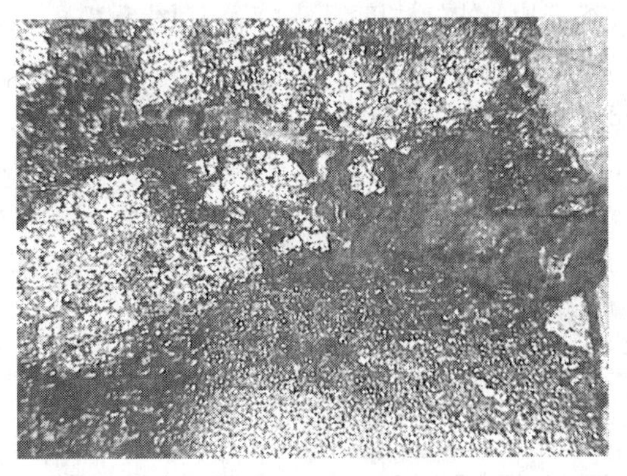

图 5-16 团粒状黄铁矿及胶镍钼矿（胶镍钼矿胶结黄铁矿团粒，反射光 10×5）

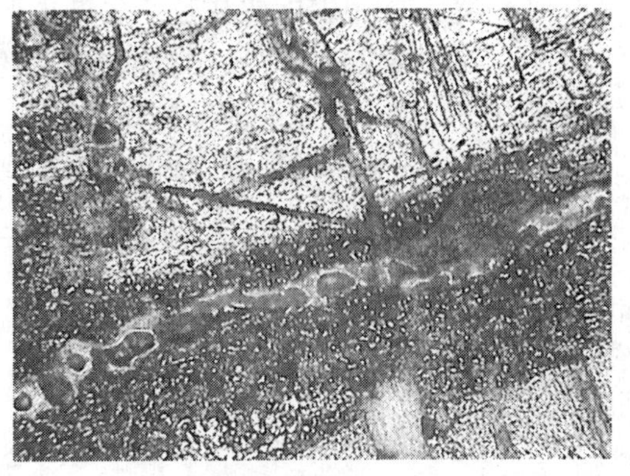

图 5-17 脉状微晶黄铁矿、硫镍钼矿（反射光 10×5）

（4）黄铜矿，集合体，粒度为 0.02～0.07mm，少量，反射光下铜黄色，易磨光有擦痕，显弱非均质性，呈他形粒集合体，局部分布（图 5-18，书后有彩图）。

（5）脉石矿物，含量约 68%，以碳质、伊利石等为主。

经光片观察，矿石中矿物主要为黄铁矿，另有少量针镍矿、硫钼锡铜矿及黄铜矿。以他形-半自形粒状集合体结构为主，呈斑点状结构，可见针镍矿和硫钼锡铜矿与黄铁矿共生，并有被黄铁矿交代现象，黄铜矿呈不规则粒状集合体，局部分布，脉石矿物以碳质、伊利石等为主。

（6）扫描电镜下主要矿物特征及赋存状态如下：

1）胶状高碳质硫铁钼矿：多见呈浸染状、胶状产出（图 5-19）。

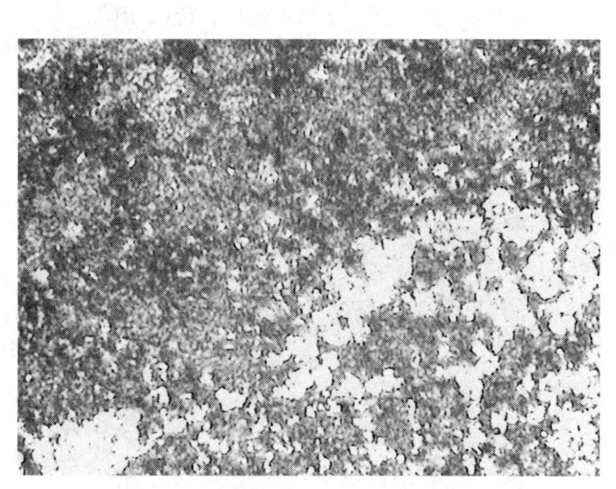

图 5-18 浸染状、块状黄铁矿及胶镍钼矿（黄铁矿分两期，反射光 10×5）

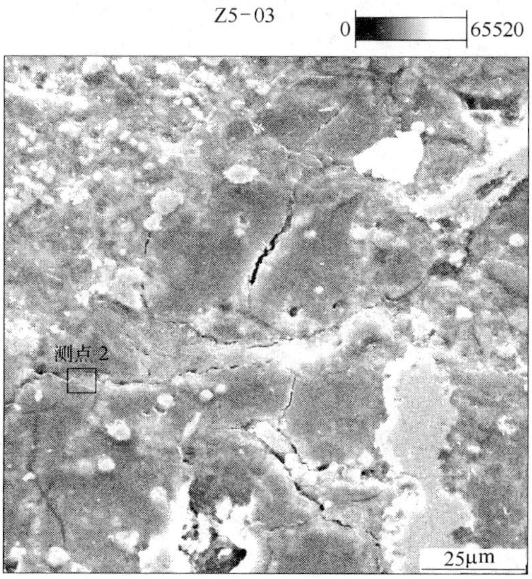

图 5-19 多金属富集层中胶状硫铁钼矿的 SEM 图

2）微晶砷钼镍矿：镍矿物主要产出形式，微晶态产出，嵌布粒度为 1～5μm（图 5-20）。

3）胶态磷铀矿：呈胶团状或成胶结物形态产出（见 4.3.3 节）。

4）铁氧化物：主要为褐铁矿、赤铁矿。多呈团粒状分布，部分呈皮壳状，嵌布粒度为 0.05～1.0mm，样品原矿钼品位可达到 2.66%（表 5-2）。

表 5-2 开阳—松林镍、钼矿石成分表 （%）

序号	测试项目	镍钼矿石（开阳大坪）	镍钼矿石（松林毛石）	钒矿石（铜仁敖寨）
1	$w(Al_2O_3)$	1.28	8.93	—
2	$w(SiO_2)$	11.43	11.85	—
3	$w(Fe_2O_3)$	18.45	72.44	—
4	$w(Mo)$	2.66	3.21	2.50
5	$w(V_2O_5)$	0.12	—	2.19

下面介绍扫描电镜及能谱分析。

多金属富集层中微晶硫镍矿物的 SEM 图表明，硫镍矿物呈 1 ~ 5μm 的团粒状微晶，部分为胶态裂开形成，部分显现出结晶态。

微晶硫镍矿物的 X-衍射能谱曲线表现为硫、镍的特征峰值，未见钼的峰值出现，显示为较单一的微晶态硫镍矿。

微晶硫镍矿的 X-衍射能谱成分表明硫、镍成分近于1∶1，含铁量低，表明主要为碳硫镍矿、紫硫镍矿类（图 5-20、图 5-21、表 5-3）。

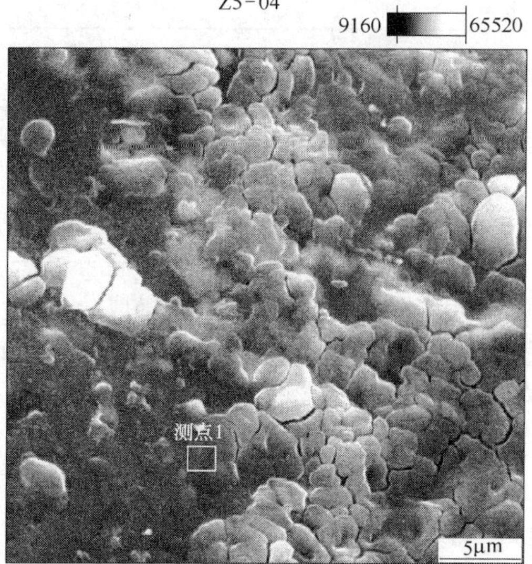

图 5-20 多金属富集层中微晶硫镍矿的 SEM 图

多金属富集层中胶状硫镍钼矿的 SEM 图证明硫钼矿主要为胶体形态产出，见胶体裂纹、裂开，黄铁矿呈显晶态颗粒或团粒产出于胶状硫钼矿中（附图 1 ~ 附图 4）。

胶状硫镍钼矿的 X-衍射能谱曲线表明：主要数据峰值为钼、硫、铁。

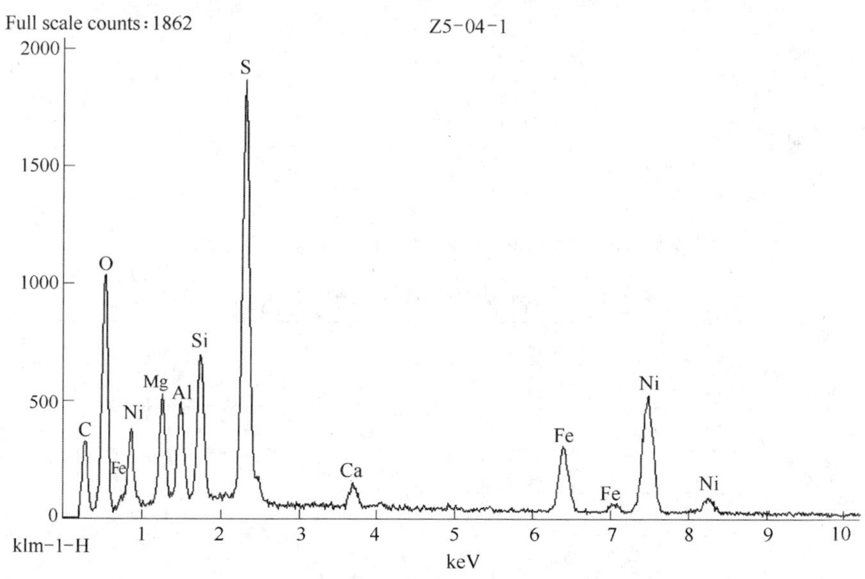

图 5-21 微晶镍矿物的 X-衍射能谱曲线

表 5-3 微晶镍矿物的 X-衍射能谱成分表

元 素	含 量	误 差	相对含量/%
C K	2408	+/-42	22.01
O K	8847	+/-85	30.60
Mg K	4425	+/-139	4.29
Al K	4041	+/-90	3.44

续表 5-3

元　素	含　量	误　差	相对含量/%
Si K	6335	+/-166	4.47
S K	22020	+/-167	13.73
Fe K	4516	+/-160	5.60
Ni K	8901	+/-201	14.89
合　计			99.12

胶状硫镍钼矿的X-衍射能谱成分表表明：钼、硫、铁三者近似比值为1：1：1，含碳量高，证明胶状硫镍钼矿成分为胶状碳质硫铁钼矿（图5-21、图5-22、表5-4）。

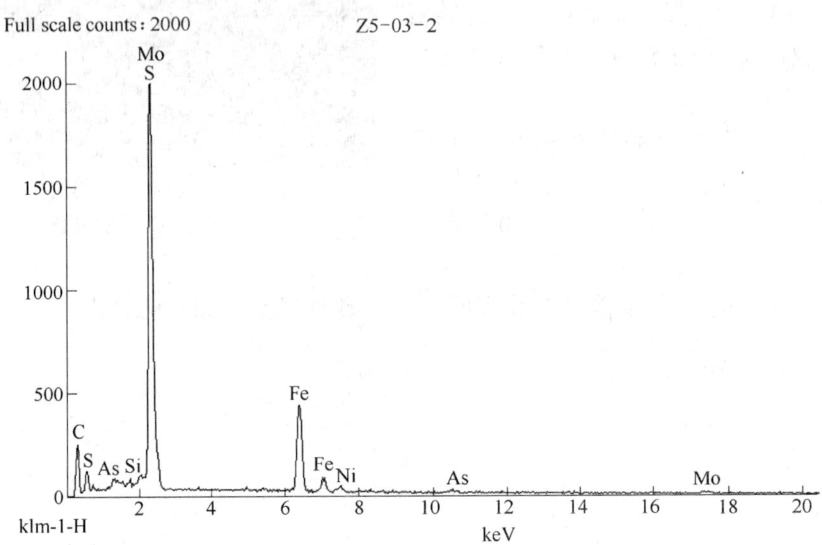

图5-22　胶状碳质硫铁钼矿的X-衍射能谱曲线

表5-4　胶状硫铁钼矿的X-衍射能谱成分表

元　素	含　量	误　差	相对含量/%
C K	2000	+/-35	38.80
S K	14145	+/-1599	16.83
Fe K	7260	+/-166	20.63
Ni K	441	+/-51	1.62
As L	230	+/-44	1.05
Mo L	13452	+/-1679	20.81
合　计			99.75

下面介绍矿石加工性能评价。

本类型矿床属碳质含量高的钼镍矿床，由于含碳高，钼镍共生密切，但钼主要以胶状镍钼矿存在，镍主要以微晶砷镍钼矿、微晶钼镍矿产出，钼镍嵌布粒度非常细小，属于难选钼镍矿床。

由于嵌布粒度非常微细，故采用选矿工艺进行分离富集是难以奏效的。

5.2 黑色页岩多金属层钼、镍、钒金属元素提取工艺

5.2.1 钼金属元素的提取

本研究建立在黑色金属、稀有金属、贵金属及稀土元素的赋存状态研究基础上，在查明其赋存状态后，进行回收溶液的正确选取，并进行工艺流程方案的论证。进行初步的提取回收环境保护评价及技术经济评价。

在对黑色页岩系进行选矿加工过程中，使用化学浸取法中酸、碱化学浸取法，将黑色金属、稀有金属、贵金属及稀土元素溶解在酸、碱性溶液中，再采用还原剂使其还原沉淀，以达到提取或回收的目的。

对该黑色岩系多金属层取样分析，含 Ni、Mo、REE、V、U、Ag 等多金属元素，该层还含有贵金属铂等，具有较大的开发利用价值。对黑色页岩系采用化学浸取法等方法提取黑色金属、稀有金属、贵金属及稀土元素，对回收有益元素，提高该类型矿产综合利用价值，有着重要意义。以黑色页岩多金属层中钼矿提取为例，流程为钼矿石—破碎—焙烧—碱浸—钼酸钙—钼酸—氧化钼。

优化条件具体如下：

（1）破碎：粒度为 1 ~ 5mm；过细则不便于焙烧，且增加成本，过粗则影响浸出率，2mm 粒径最佳。

（2）氧化焙烧：温度在 550 ~ 600℃，使 MoS_2 氧化成 MoO_3，反应为：

$$2MoS_2 + 7O_2 \longrightarrow 2MoO_3 + 4SO_2$$

焙烧温度过低则氧化不完全，温度过高则 MoO_3 会产生升华，温度不得超过 650℃，常用焙烧设备有反射炉、回转窑、多膛炉、沸腾焙烧炉等，反射炉机械化程度低，劳动强度大，钼损失多，回转窑较难控制所需温度，易出现过热导致材料粘接，多膛炉一般有 8 ~ 16 层，矿石由顶层加入，在各层内由旋转的耙将料耙至卸料孔掉入下一层，最后由低层排出，炉气与炉料反向流动，沸腾炉焙烧过程中，空气由下向上流动，使炉料颗粒处于沸腾状态，料层具有类似液体的流动性，容易实现出料连续化。

称样 50g，分别置于箱式电阻炉（马弗炉）内 5 个在不同温度（450℃、500℃、550℃、600℃、650℃、700℃）焙烧 1h 进行试验。MoS_2 氧化为 MoO_3 的转化率分别为：52%、86%、93%、97%、98%、80%（升华损失）。

（3）碱浸：NaOH 浓度为 30%，浸取时间为 3h，温度为 90 ~ 100℃，固液比（质量比）为 1∶2 。

进行 NaOH 浓度试验，分别取 100g 试样于 10%、20%、30%、40%、50% 的 NaOH 溶液在 95℃浸取 3h，浸取率分别为 62%、85%、94%、92%、90%。

浸取时间越长，浸取率越高：时间为 1h 浸取率约为 60%，时间为 2h 浸取率约为 87%，时间为 3h 浸取率约为 94%，时间为 4h 浸取率约为 95%，时间为 5h 浸取率约为 96%。

浸取温度越高，浸取率越高，温度为 30℃，浸取率约为 45%，温度为 50℃，浸取率约为 67%，温度为 80℃，浸取率约为 84%，温度为 90℃，浸取率约为 94%，温度为 100℃，浸取率约为 96%。

固液比越高，浸取率越高：固液比为 1∶1 时浸取率约为 65%，固液比为 1∶2 时浸取率

约为 94%，固液比为 1∶3 时浸取率约为 95%。

（4）浸取液滤液中加氯化钙饱和溶液（过量 20%）生成钼酸钙沉淀。如直接加入固体氯化钙，则生成钼酸钙转化率较低、产品纯度低，经试验，氯化钙饱和溶液过量 20%，即可完全转化，过多无益。

（5）钼酸钙沉淀用硝酸或盐酸调 pH 值到 2.5～3，即可生成钼酸；1＋1 浓度的盐酸易操作、控制，在此之前将溶液 pH 值控制在 8.5～9、温度 90℃时，加入硫化铵饱和溶液，使溶液中铜、铁、镁等二价金属离子产生相应的硫化物沉淀，纯化产品。

$$[Cu(NH_3)_4](OH)_2 + (NH_4)_2S + 4H_2O = CuS\downarrow + 6NH_4OH$$

$$Na_2MoO_4 + 2HCl = H_2MoO_4\downarrow + 2NaCl$$

$$(NH_4)_2MoO_4 + 2HCl = H_2MoO_4\downarrow + 2NH_4Cl$$

（6）钼酸与氨水反应即可生成钼酸铵。

（7）钼酸在 300～350℃焙烧即可得氧化钼。

（8）钼酸钙可直接入炉生产钼铁。

（9）钼酸、钼酸钙滤液可用 N235 树脂吸附，用 10% 氨水解吸回收钼，综合回收率在 85% 以上。

目前小型试验开展了系列研究工作，主要存在以下问题：

1）钼镍分离：目前小型试验基本实现了钼镍分离，镍及贵金属以浸出渣的形式存在，但技术指标尚不理想。

2）钼的走向：采用沉淀方法生成粗钼酸钙，主品位达不到要求，其他杂质如砷、硅、磷、铝等含量高，这是关键技术问题。

3）安全环保：由于物料成分的复杂性，溶液中的部分砷、硅、磷、锰、铝等元素形成的钠盐，闭路循环，不断富集，在全流程中，尤其排出的含砷废水、废气、废渣的安全环保问题，是摆在我们面前的一个实际问题，进行砷的处理和回收，提高综合利用水平是有望得到实现的，最终达到开展稀有金属提取工艺研究，并转化为工业生产的目的。

对黑色页岩系采用化学浸取法等方法提取黑色金属、稀有金属、贵金属及稀土元素，对回收有益元素，提高该类型矿产综合利用价值，有着重要意义，也可丰富上述金属元素分离富集方面的基础理论研究。

5.2.2　钒金属元素的提取

5.2.2.1　试样基本分析

经化学分析，试样部分化学成分（质量分数）：V_2O_5 为 0.78%，Ni 为 0.22%，Mo 为 0.10%，P_2O_5 为 1.18%。

5.2.2.2　试样中钒的物相分析

经物相化学分析：氧化铁矿物及粘土矿物中 V_2O_5 约为 0.10%，云母类矿物中 V_2O_5 为 0.66%，电气石和石榴石中 V_2O_5 小于 0.01%。即试样中约 85% 的钒存在于云母类矿物中。

5.2.2.3 浸取试验

根据试样特征，在其他地区该类矿石已有的浸取试验研究资料的基础上，选用不同粒径（0.18mm、1mm、2mm）、不同状态（原样及灼烧样）、不同灼烧配料（原样、添加不同比例的碳酸钠、添加不同比例的氯化钠）、不同灼烧温度（700℃、800℃、900℃）、不同浸取液（水、不同浓度的碳酸钠溶液、不同浓度的氢氧化钠溶液、不同浓度的硫酸溶液）、不同浸取方式（一次浸取及多次浸取）进行浸取试验。根据浸取试验结果，试样中钒浸取最佳条件如下：

（1）粒径：0.18mm（越细浸取率越高）；

（2）加工条件：配15%的氯化钠，进行700℃灼烧（增加氯化钠比例，浸取率略有增高，温度增、降，浸取率均降低）。

（3）浸取条件(常温条件下)：宜用5%硫酸溶液分多次浸取，酸度增高，浸取率略有升高。

在以上条件下试样中钒的浸取率可达66%。

（1）成本分析。预算成本取值具体如下：

1）矿石开采、（就地）粉碎、成形、煅烧：150元/t原矿；

2）工业氯化钠：800元/t V_2O_5，98%工业硫酸：400元/t；

3）氯化铵（沉钒剂）：1500元/t。

（2）浸取1t V_2O_5（溶液）预算直接生产成本见表5-5。其中由浸取液生产1t V_2O_5片钒生产成本约需1万元（5t氯化铵及萃取液消耗、能耗、人工等）。

表5-5 浸取1t V_2O_5（溶液）预算直接生产成本

假定条件	入浸矿石 V_2O_5 品位/%	浸取率/%	需原矿量/t	氯化钠用量/t	硫酸用量/t	浸取1t V_2O_5 生产成本/万元	生产1t V_2O_5 片钒成本/万元
1	1.0	70	143	21.45	5.0	4.06	5.06
2		60	167	25.06	5.8	4.74	5.47
3		50	200	30.00	7.0	5.68	6.68
4	0.8	70	179	26.85	6.3	5.09	6.09
5		60	209	31.35	7.3	5.94	6.94
6		50	250	37.50	8.7	7.10	8.10
7	0.6	70	238	35.70	8.2	6.75	7.75
8		60	278	41.70	9.7	7.89	8.89
9		50	333	49.95	11.6	9.46	10.46

（3）敏感分析。具体如下：

1）矿石 V_2O_5 品位：每增加约0.13%（60%浸取率），生产成本将降低1万元；

2）浸取率：每增加约10%（0.8%矿石品位），生产成本将降低1万元。

5.2.2.4 结论及建议

具体如下：

（1）试验矿石采用钠化焙烧、稀硫酸浸取，有较好的浸取效果；

（2）影响生产成本的主要因素是含钒品位，其次是浸取率，在生产过程中有较大挖掘潜力；

（3）产品价格是项目可行性的关键因素；

（4）由于试验经费及时间关系，本次试验有待进一步进行不同温度条件的浸取试验和逆流法流程浸取试验、浸取液萃取富集试验、浸取液沉钒试验；

（5）矿石中钒主要存在于云母类矿物中，建议对矿石进行岩矿鉴定，查明云母类矿物含量、粒径及嵌布情况，进一步进行可选性试验。

6 黑色页岩的岩性组合及其粘土矿物学特征

前人研究资料表明，“黑色页岩”这一概念有广义及狭义之分，广义的“黑色页岩”过去泛指含一定数量的有机碳并使之成为黑色的各类沉积岩石，但现在使用较多的是“黑色岩系”这一专用概念。狭义的黑色页岩概念主要专指含有机碳（$C_{有机}$）百分之几到20%～30%[4]或含有机碳平均为3.7%（0.55%～9.61%）的泥质沉积岩[30]。本论文主要采用狭义的黑色页岩概念，主要包括下寒武统含有机质、含镍-钼-钒等多金属层的一套黑色页岩中砂、泥质沉积岩，重点研究泥质沉积岩。在应用矿物学研究过程中，主要特指含伊利石的黑色页岩。

6.1 黑色页岩岩性组合特征

开阳—息烽黑色页岩带，以开阳为例进行介绍。

各层的情况是：底部含铁粘土岩，一般厚度在0.15m以下，含Mo一般在0.02%以下，局部为0.12%，含Ni较高，一般在0.05%～0.10%之间，局部高达1.24%；磷矿层及其炭质页岩互层体，含Mo、Ni均低，多在0.01%～0.03%；紧挨磷矿层之上有数厘米至1m的炭质粘土岩，普遍含Mo在0.04%以上，局部达0.61%，含Ni一般在0.03%左右，个别达1.13%。上述三层含V_2O_5在0.1%～0.7%之间，龙水取样点缺磷矿层，但由于取样岩石相对较新鲜，出现连续取样厚达21.45m，含Mo 0.3%～0.61%，Ni 0.02%～1.24%，$V_2O_5$0.15%～0.74%。据表4-3、表4-4、表4-5可以看出，牛蹄塘组黑色岩系内的钼、镍、钒富集有一定的规律性，硅质磷块岩、炭质页岩组合中的钼、镍、钒含量普遍较高，钼镍矿层厚度较稳定，品位较高；钒较钼镍分布稳定，品位高，厚度大，深部钼、镍、钒含量较高。但限于取样条件，所取样品均处于地表氧化带或半氧化带，因而钼镍钒含量普遍偏低。

织金戈仲伍—五指山—熊家场：

牛蹄塘组：

上段：厚度大于40m。灰、深灰色含炭质粉砂质页岩。含三叶虫 *Guizhuodiscus sp.* 等。

下段：厚9.67m。灰黑色含炭质粉砂岩。底部含炭质较高，并含硅质磷块岩结核；底部为“多金属层”，含钼、钒、镍、银及铀等多金属元素。厚7～9m。

灰黑色含硅炭质粉砂质生物屑磷块岩。含海绵骨针及其他小壳动物化石。常呈透镜状体产出。厚0.3～0.5m。

与下伏地层整合接触。

下伏地层戈仲伍组（厚20.16m）：

深灰微带紫色薄-中厚层状白云质生物碎屑磷块岩夹含磷质白云岩，具有人字形交错层。含球形壳：*Olivooides sp.* 织金壳类：*Zhijinites sp.* 等。厚度为2.1m。

黔东铜仁—镇远黑色页岩带，以铜仁敖寨为例。

下统牛蹄塘组：按其岩性可分为两个岩性段。

第一段：呈条带状分布，岩性为深灰～灰黑色薄层硅质岩，厚24～57m。

第二段：呈条带状分布于调查区，为钒矿的赋矿层位。岩性为灰黑色炭质泥岩，底部含结核状或层状磷块岩，近底部产一层厚1.00～4.77m的钒矿层。厚10～30m。

下统金顶山组-明心寺组：呈条带状分布于普查区西部，上部为灰黄色含云母石英砂岩，下部为灰绿色粉砂质泥岩，厚182～362m。

下统清虚洞组：呈条带状分布于本调查区西部，岩性为灰色、深灰色薄层灰岩，褶曲发育，未见顶。

黔中遵义黑色页岩带如下：

（1）底部假整合面上见古风化壳，为黄褐色铁质粘土，厚0.3～0.5m；

（2）灰黑色含白云石及硅质黑色磷块岩，厚0.1～0.6m；

（3）黑色炭质页岩，厚0.3～6.0m；

（4）黑色含硅质、磷质结核黄铁矿粉砂质、炭质页岩，厚0～0.7m；

（5）炭质泥岩，厚0～1.95m；

（6）灰色硅质、泥质磷块岩，厚0～0.4m；

（7）黑色、灰黑色薄层状炭质粘土岩型镍、钼、钒等多金属矿层，为条带状、碎屑状、竹叶状矿石，呈似层状、透镜状产出。矿层位较为稳定，矿石致密坚硬，但厚度变化较大，厚0.03～0.15m；

（8）黑色炭质页岩，厚0.4～0.7m。

根据对该区的调查情况来看，以上各层虽有缺失，但含钼镍矿的层位仍然稳定存在。

6.2　黑色页岩样品及分析方法

6.2.1　样品来源

粘土矿物通常是指粒径小于2μm的层状硅酸盐矿物。主要有高岭石、伊利石、蒙皂石、绿泥石、伊蒙混层、绿蒙混层矿物等。X射线衍射分析中首先分离出（沉降法）小于2μm的粘土矿物，然后分别进行自然状态，乙二醇饱和，加热处理等步骤定性分析各种粘土矿物和相对定量分析。还可对粘土矿物进行多型、伊利石结晶度等分析。

本次研究样品分别来源于实地剖面取样及钻孔取样，主要分析测试样品取自以下地点：

（1）遵义松林镇—毛石镇。遵义松林钻孔样品，样品由贵州省有色地质勘查局三总队提供（图6-1、图6-2，书后有彩图）。遵义松林镇—毛石镇样品见图6-3～图6-6（书后有彩图）。

样品编号：SL-1d、SL-2k、SL3、SL4等。

（2）开阳—息烽大坪。主要为实测剖面取样，取自于开阳金中镇大坪剖面和息烽用砂村钒矿点。见图6-7（书后有彩图）

图6-1　遵义松林钻孔岩芯

图 6-2　遵义松林钻孔样品
（见页岩中碳酸盐脉）

图 6-3　遵义松林取样点
（遵义松林—毛石实地取样）

图 6-4　遵义毛石某开采钼矿取样点
（黑色页岩主要取自于镍、钼矿含矿层顶、底板）

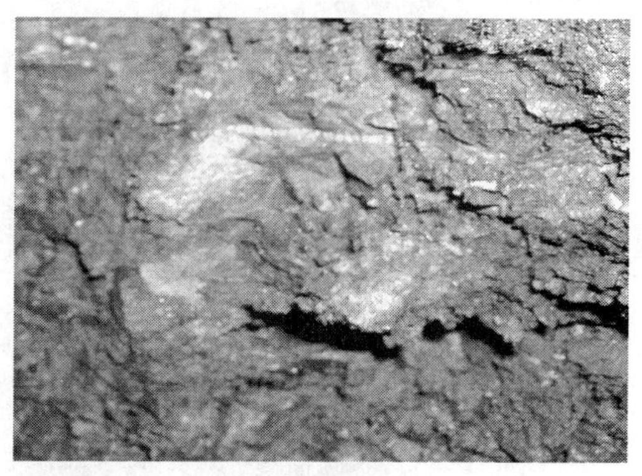

图 6-5　毛石镇某钼矿井内取样点
（见黄铁矿矿脉产出）

图 6-6　毛石镇某钼矿（关闭）矿渣取样点

图 6-7　开阳大坪取样剖面

和图 6-8。

样品编号：DP1、DP2、DH1。

（3）铜仁敖寨。铜仁敖寨样品主要取自钻孔及坑道样品，由遵义化工地质勘察院提供。

见图 6-9、图 6-10。样品编号：TR1、TR2。

（4）织金戈仲伍。主要取自与织金戈仲伍剖面，见图 6-11（书后有彩图）。

样品编号：Zj1、Zj2。样品经加工后制成样品总数为 80 件：矿物分析 30 件，其中 XRD 样品 40 件，扫描电镜配合能谱分析等样品 10 件。

所有样品均为下寒武统牛蹄塘组下段，主要取自黑色页岩段，或镍、钼多金属含矿层顶底板，其他岩性段样品没有列入本研究范围，其目的主要考虑黑色页岩中镍、钼矿层开采过程中，产生的大量的以黑色页岩为主的废渣综合利用而有所侧重。

图 6-8　息烽用砂村取样点剖面

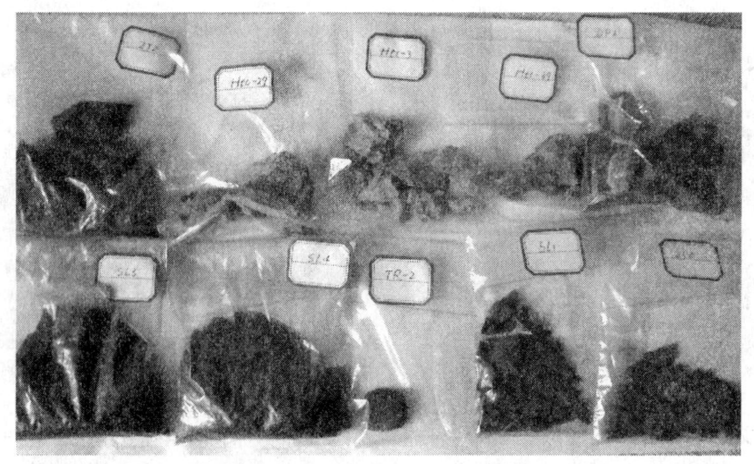

图 6-9　送测 XRD 的黑色页岩块状样品

图 6-10　送测 XRD 的黑色页岩粉末状样品
（其中一部分已做粘土矿物提取）

图 6-11 织金戈仲伍磷块岩之上的牛蹄塘黑色页岩

样品采集过程中均按有关规定采集、编号，分别强调样品对黑色页岩产出层位的控制和代表性。

6.2.2 粘土矿物学研究技术路线和分析方法

6.2.2.1 研究的技术路线

粘土矿物学研究的技术路线如图 6-12 所示。

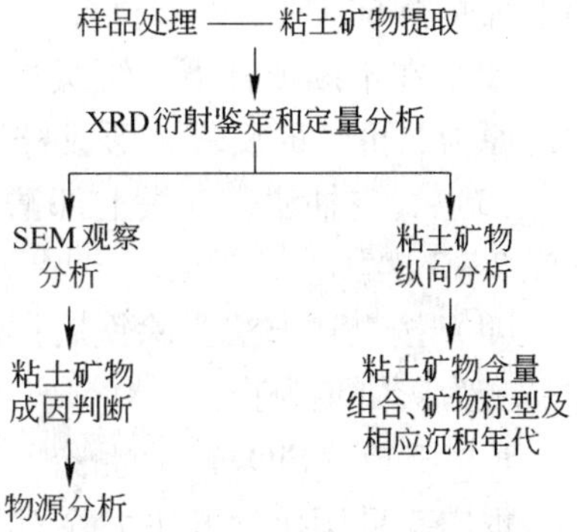

样品处理 —— 粘土矿物提取
↓
XRD 衍射鉴定和定量分析
↓ ↓
SEM 观察分析 → 粘土矿物成因判断 → 物源分析
粘土矿物纵向分析 → 粘土矿物含量组合、矿物标型及相应沉积年代

图 6-12 研究技术路线图

6.2.2.2 粘土矿物的分离提取[61,63]

为了正确鉴定黑色页岩中的粘土矿物，本次送测 XRD 的样品经过了严格挑选。首先挑选黑色页岩样品，其他岩性段岩石本次未作研究。

粘土矿物颗粒极细，与非粘土矿物如长石、石英、方解石、铁的氧化物和有机质等形成混合物。必须在测试前开展样品挑选和分选，去掉非粘土矿物和有机质、铁质等杂质，尽量集中粒度小于 2μm 的粘土矿物颗粒。同时还必须考虑粘土矿物晶体结构的相似性和特殊性，因为会造成产生相似的 X 衍射数据。必须考虑用适合的物理化学方法处理粘粒，达到正确区分各种粘土矿物的目的。

A 碳酸盐类的去除

首先选择一定数量的、具有代表性的标本破碎，然后用四分法取样 50g，通过孔径为 0.1mm（100 目）的筛子。本实验取具有代表性的五个地区加一个混合粉末矿样进行实验，分别为松林矿层，松林底板 Sl，织金 Zj，大坪 DP ~ DH 等五个不同的粘土矿样。破碎过筛之后，分别放入 6 个 500mL 的烧杯，加入蒸馏水 100 ~ 200mL 搅拌，加入浓度为 3% 的稀盐酸约 15mL 用于破坏碳酸盐，并使溶液酸度 pH 值约为 4，可见气泡释放出来，表明盐酸已与碳酸盐发生反应放出 CO_2 气体，如此反复处理数次，直至盐酸加入后不再出现气泡为止，最后静置过夜，吸出清水溶液。用蒸馏水洗涤数次，除去钙氯离子。

B 粘粒的提取

将上述去除碳酸盐的样品用电动搅拌机操作 20min，使颗粒充分分散，将悬浮体搅拌后，静置一段时间，采用自然沉降法提取混浊液中的粘土粒子进行下一步试验。

C 有机质的去除

将已去除碳酸盐的样品分别放入100mL的烧杯内，加入蒸馏水，放在40℃水浴锅上，缓缓倒入20mL30%的双氧水，有明显的气泡发生（有机质在发生分解）。由于本矿样均呈黑色，含有机质较多，故在实验过程中加入大量的双氧水，并不断搅拌，使有机质充分发生分解，以达到去除的目的。在这项操作过程中，随着有机质的分解，样品的颜色变淡，当发生气泡衰减下来时，追加双氧水，直到不发生气泡为止。然后加入100～200mL蒸馏水，煮沸除去多余的双氧水，并静置过夜后倾出上部清液。

D 游离铁的去除

步骤如下：

（1）将上述样品加入pH值约为7.3的柠檬酸钠缓冲溶液（200～400mL）中，在水浴锅上加热至60℃；

（2）在不断搅拌下，缓缓加入连二亚硫酸钠2g，连续搅拌15～20min，这时发生三价铁还原为二价铁的反应，形成柠檬酸铁，进入溶液中，样品由红色变为灰白色；

（3）真空抽滤，弃去上部清液，并用100mL柠檬酸钠缓冲溶液洗涤一次，用蒸馏水洗涤2～3次。

（4）按上述方法去除铁后样品仍呈淡红、黄色，表明铁未除净，可重复上述操作直至样品变为灰白色为止。

E 石英（SiO_2）的去除

本实验采用化学方法去除石英（SiO_2），化学反应原理为：

$$SiO_2 + 2NaOH = Na_2SiO_3 + H_2O$$

将浓度为3%的NaOH试剂加入粘土样品中，石英与NaOH反应生成可溶性的Na_2SiO_3进入溶液，从而达到完全去除石英的目的。实验证明，3%的NaOH对粘土矿物本身并无影响。

F 非晶质的去除

在上述样品中分别加入浓度为2%的Na_2CO_3，使pH值约为10，在不断搅拌下煮沸5min，迅速冷却至室温，离心分离弃去上部清液，用蒸馏水洗涤2～3次，过滤，所得样在50°下烘干即得粘土样品。制备粉末样品准备送测。

6.2.2.3 XRD测试条件

本次XRD采用下列设备和试验条件：设备名称为X射线衍射仪（X-ray diffractometer），型号为TTRⅢ，厂家为日本理学电机公司（Rigaku）。靶为Cu靶。管压、管流分别为40kV、100mA。狭缝系统为DivSlit 2/3 deg，SctSlit 2/3 deg，RecSlit 0.3mm。扫描速度为6°/min（全岩），4°/min（粘土）。扫描范围为2.6°～45°（全岩分析）。扫描范围为2.6°～15°（N、T），2.6°～30°（EG）（粘土分析）。

样品测试采用下列试验样品制备片：

（1）N：自然片。自然（室温）状态下干燥。

（2）EG：乙二醇。60℃烘箱中乙二醇蒸气饱和7.5h。

（3）T：高温片。550℃、2.5h。

衍射图中最上面是N片，中间是EG片，下面是T片。

粘土矿物通常是指粒径小于2μm的层状硅酸盐矿物。主要有高岭石、伊利石、蒙皂石、绿泥石、伊蒙混层、绿蒙混层矿物等。X射线衍射分析中首先分离出（沉降法）小于2μm的粘土矿物，然后分别进行自然状态、乙二醇饱和、加热处理等步骤定性分析各种粘土矿物和相对定量分析。还可对粘土矿物进行多型、伊利石结晶度等分析。

粘土分析报告中各字母代表的含义如下

（1）S-Smectite代表蒙皂石类，如蒙脱石、贝得石、皂石等。

（2）I/S-Illte/Smectite Mixed Layer代表伊利石、蒙脱石混层，简称伊/蒙混层。

（3）I-Illite代表伊利石。

（4）K-Kaolinite代表高岭石。

（5）C-Chlorite代表绿泥石类。

（6）Smectite Layer Percentage in（%S）混层比一般指在混层矿物中膨胀层所占的比例。

（7）I/S、%分别代表伊/蒙混层、混层比。

6.2.2.4 黑色页岩粘土矿物的定性、定量计算方法

黑色页岩中粘土矿物的定性、定量计算方法，按中国石油天然气行业标准《沉积岩粘土矿物相对含量X射线衍射分析方法》（SY/T 5163—1995）完成。X射线图谱定性分析采用MDI Jade 5.0软件进行；粘土矿物半定量计算用基于Biscaye（1965）方法编制的CX-AN计算软件（林西生、江超华，2000，石油勘探开发研究院（北京）内部软件）进行，采用了计算机模拟多重峰分离技术将伊利石（1.0nm）剥离出来定量（Lanson，1992，1997）。

此次粘土矿物分析即定向片制作、XRD衍射测试及粘土矿物定性定量计算均在中国石油勘探开发研究院（北京）X衍射（XRD）实验室完成。

本次研究中部分黑色页岩的XRD定性、定量分析在国土资源部中南矿产资源监督检测中心和浙江大学地球科学系分析测试中心完成。

6.3 黑色页岩粘土矿物学研究

6.3.1 黑色页岩中主要矿物成分特征

根据对遵义松林、开阳大坪、息烽及织金等22个样品X射线衍射分析结果（表6-1～表6-3），可得出黑色页岩中不同的矿物组成。

遵义松林地区黑色页岩中主要粘土矿物成分为伊利石、绿泥石，含量占11.8%～57.1%，其他矿物主要为石英，含5%～15%的黄铁矿。

镍钼矿中黄铁矿含量占55%，表明了镍钼矿和黄铁矿为紧密共生关系。石英含量明显降低，为10%～12%（图6-13）。

表 6-1 黑色页岩粘土矿物 X-射线衍射分析结果

分析号	原编号	产 地	室内编号	岩 性	层 位	粘土矿物相对含量/%						混层比（%S）		伊利石结晶度（K. I.）
						S	I/S	I	K	C	C/S	I/S	C/S	
2008-4356	1：DP1	开阳大坪	p894	黑色页岩	—	—	—	76	24	—	—	—	—	0.40
2008-4357	2：DH1	开阳大坪	p895	黑色页岩	—	—	3	78	19	—	—	40	—	0.40
2008-4358	3：TR1	铜仁敖寨	p896	页岩混合样	—	5	—	92	3	—	—	—	—	0.45
2008-4359	4：SL-1d	遵义松林	p897	黑色页岩	—	51	—	38	7	4	—	—	—	—
2008-4360	5：SL-2k	遵义松林	p898	黑色页岩	—	26	—	65	3	6	—	—	—	—
2008-4361	6：ZJ1	织金戈仲伍	p899	黑色页岩	—	—	15	75	10	—	—	55	—	0.48
2008-4362	7：DP2	开阳大坪	p900	页岩块样	—	—	—	76	24	—	—	—	—	0.38
2008-4363	8：TR2	铜仁敖寨	p901	页岩粉样	—	—	—	77	23	—	—	—	—	0.32
2008-4364	9：SL3	遵义松林	p902	页岩块样	—	45	—	39	10	6	—	—	—	—
2008-4365	10：SL4	遵义松林	p903	页岩粉样	—	—	30	56	5	9	—	65	—	—
2008-4366	11：ZJ2	织金戈仲伍	p904	页岩块样	—	—	10	69	21	—	—	50	—	0.46

注：伊利石结晶度为 Kübler 指数（仅供参考）

室内编号：894-9　　标准：SY/T 5163—1995

表6-2 遵义—铜仁黑色页岩矿物X射线衍射分析结果

分析号	原编号	产地	岩性	矿物种类和含量/%						粘土矿物总量/%
				石英	长石英	白云石	黄铁矿	伊利石	绿泥石	
1	ZS-1	遵义松林	黑色页岩	25	—	—	5	20	20	57.1
2	ZS-2	遵义松林	黑色页岩	30	15	—	5	20	15	43.8
3	ZS-3	遵义松林	黑色页岩	30	15	5	5	15	15	37.5
4	ZS-4	遵义松林	黑色页岩	50	15	—	10	10	—	11.8
6	ZS-6	遵义松林	黑色页岩	25	20	—	15	10	—	14.3
11	06p433	镍钼矿	黑色页岩	12	—	—	55	15	—	18.3
12	06p434	镍钼矿	黑色页岩	10	—	—	55	10	—	13.3
14	ZK1301-5	铜仁敖寨	黑色页岩	35	15	5	20	5	—	6.3
15	ZK1301-8	铜仁敖寨	黑色页岩	45	10	—	15	10	—	12.5
16	ZK501-1	铜仁敖寨	黑色页岩	25	—	5	8	10	—	20.8
17	ZK501-2	铜仁敖寨	黑色页岩	30	—	30	30	5	—	5.3
18	3号	钒矿（铜仁）	黑色页岩	60	—	—	—	8	—	11.8
19	6号	钒矿（铜仁）	黑色页岩	50	—	—	—	5	—	9.1

注：表中数据由国土资源部中南矿产资源监督检测中心黄新耀测试。

表6-3 开阳—息烽黑色页岩矿物X射线衍射分析结果

分析号	原编号	产地	岩性	矿物种类和含量/%						粘土矿物总量/%
				石英	高岭石	方解石	黄铁矿	伊利石	绿泥石	
1	DP-1	开阳大坪	黑色页岩	60.06	4.28	—	—	35.66	—	39.9
2	DP-2	开阳大坪	黑色页岩	63.06	5.23	—	0.74	30.98	—	36.2
3	DP-3	开阳大坪	黑色页岩	61.41	4.01	—	—	34.58	—	34.6
4	DP-4	开阳大坪	黑色页岩	73.84	0.87	—	—	25.28	—	26.2
5	YS-1	息烽用砂村	黑色页岩	42.98	44.12	—	—	12.90	—	57.0
6	KD20-1	息烽—开阳	黑色页岩	35	—	—	15	5	—	9.1
7	KD20-2	息烽—开阳	黑色页岩	25	—	—	8	10	—	23.3
8	KD20-5	息烽—开阳	黑色页岩	50	10	—	15	12	—	13.8
9	KD20-6	息烽—开阳	黑色页岩	45	10	—	10	8	—	11.0

注：表中数据由浙江大学地球科学系分析测试中心张平萍测试。

铜仁敖寨黑色页岩中粘土矿物含量较低，主要为伊利石，含量为5.3%～20.8%，黄铁矿含量为5%～10%，与黑色页岩有关的钒矿中石英含量较高，为50%～60%。

开阳大坪黑色页岩中主要粘土矿物为伊利石，含量为25.28%～35.66%，石英含量较高，为60.06%～73.84%，含有0.87%～5.23%的高岭石。息烽用砂村样品伊利石和石英的含量低于大坪，分别为12.90%和42.98%，但高岭石含量较高，为44.12%。息烽—开阳等地磷矿开采坑道中所取样品分析结果表明，黑色页岩中主要粘土矿物为伊利石，两个样品中也含有高岭石，非粘土矿物主要为石英（25%～45%），其次为黄铁矿（5%～12%）（图6-14、图6-15）。

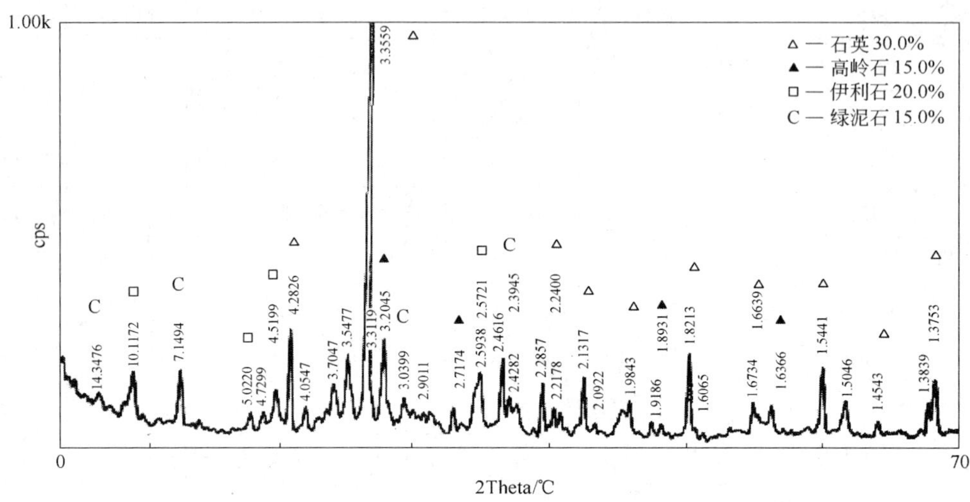

图6-13　遵义松林黑色页岩XRD图（ZS-2号样）

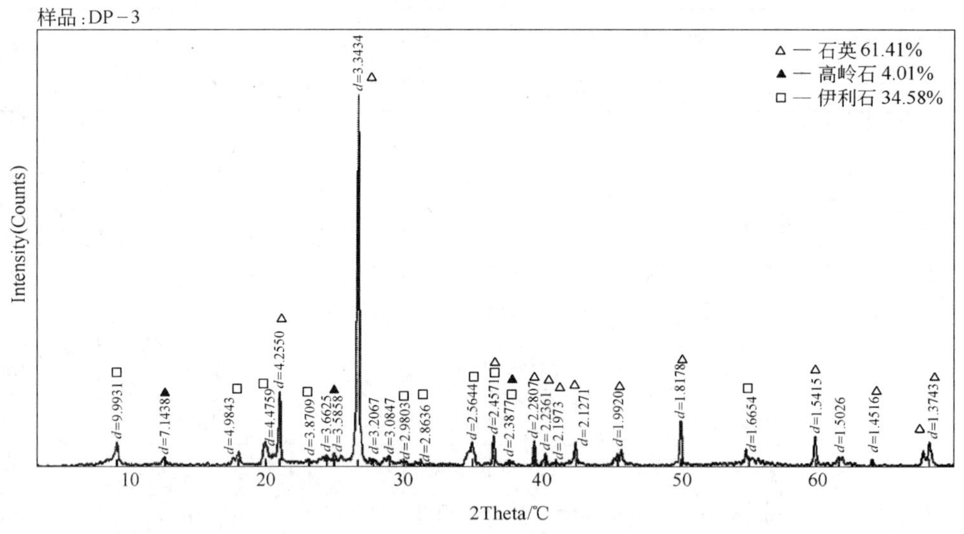

图6-14　开阳大坪黑色页岩XRD图（DP-3号样）

息烽—开阳地区黑色页岩中粘土矿物含量均低于50%，除息烽用砂村与钒矿有关的粘土矿物含量较高为57%，以高岭石为主（含量44.12%，图6-16）外，大坪剖面粘土矿物主要为伊利石，分布较为均匀，为26.2%～39.9%，高岭石含量较低，为0.87%～5.23%。息烽—开阳坑道取样分析中其伊利石分布范围在9.1%～23.3%。非粘土矿物主要为石英（25%～45%）。

黑色页岩的XRD分析结果表明了其矿物组成及含量分布特征，主要有以下特点：

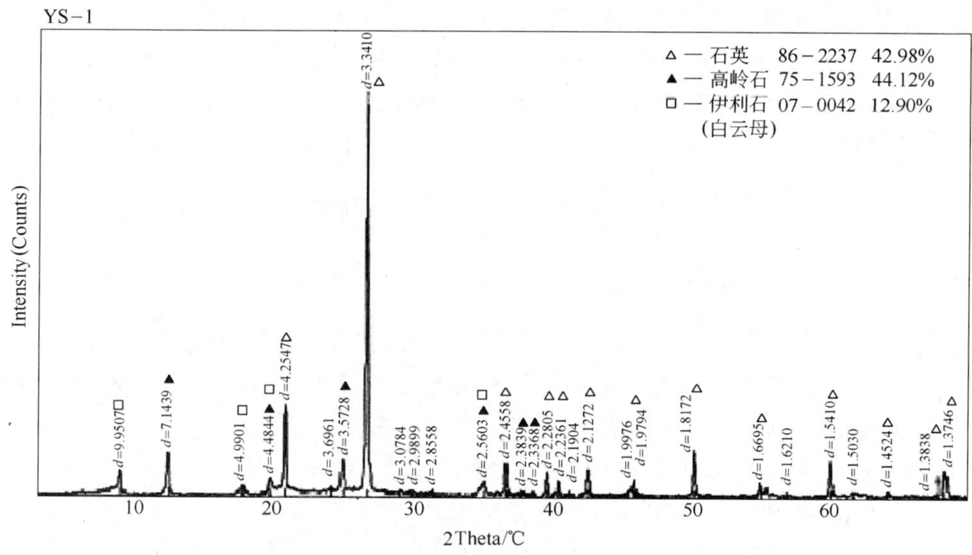

图 6-15 息烽用砂村黑色页岩 XRD 图（YS-1 号样）

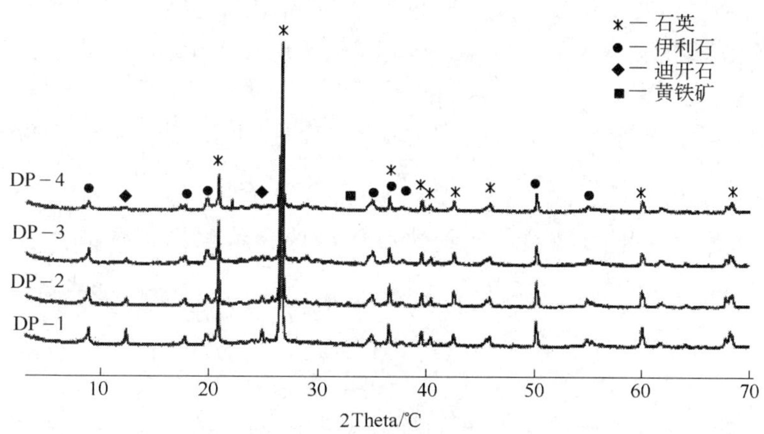

图 6-16 开阳大坪黑色页岩 XRD 图

（1）主要产出镍、钼矿的遵义松林—毛石地区，黑色页岩中粘土矿物主要为伊利石，其次为绿泥石。粘土矿物含量变化范围较大，为 11.8% ~57.1%，石英为主要非粘土矿物，其平均值明显低于开阳、息烽及铜仁含 V_2O_5 较高的黑色页岩。其次为黄铁矿，含镍、钼矿的黑色页岩中黄铁矿含量明显增高（表 6-2）。

（2）以产出 V_2O_5 为主的铜仁敖寨，主要粘土矿物为伊利石，但含量明显低于其他地区，为 6.3% ~20.8%。分析结果表明不含其他粘土矿物（表 6-2）。石英含量明显高于遵义松林地区黑色页岩。也含有不等的黄铁矿，其平均含量也高于松林地区。

（3）开阳大坪一带的黑色页岩中，石英含量明显增高，为 60.06% ~73.84%，黄铁矿含量较低。可能与取样点远离含钒矿层有一定关系。粘土矿物主要为伊利石。其次为高岭石，含量较低，为 0.87% ~5.23%。

(4) 息烽—开阳坑道取样分析中表明其伊利石为主要粘土矿物，因取样位置为含 V_2O_5 黑色页岩层，故伊利石平均含量明显低于开阳大坪剖面。部分样品中高岭石含量明显增高。同时非粘土矿物石英含量也明显低于开阳大坪（表6-3）。

综合以上分析，可以得出贵州大部分地区与镍、钼、钒有关的围岩-黑色页岩，主要粘土矿物为伊利石，其次为高岭石及绿泥石，非粘土矿物主要为石英，其次为黄铁矿。

6.3.2 黑色页岩中粘土矿物的基本类型、含量变化、晶体结构和物理化学特征

6.3.2.1 粘土矿物的主要类型及相对含量

根据样品分析结果，本次样品测试范围内主要粘土矿物种类及相对含量如下：

(1) 伊利石。遵义松林—毛石样品中伊利石含量为38%～65%，大坪剖面为76%～78%，织金戈仲伍为69%～75%，铜仁敖寨为77%～92%。

(2) 高岭石。遵义松林—毛石样品中高岭石含量为3%～10%，大坪剖面为19%～24%，织金戈仲伍为10%～21%，铜仁敖寨为3%～23%。

(3) 蒙皂石类；主要见遵义松林地区黑色页岩中，其含量为26%～51%，铜仁敖寨一个样品中见5%的蒙皂石类粘土矿物。

(4) 绿泥石类：主要见产出于遵义松林—毛石样品中，其含量为4%～9%。

测试分析结果资料显示，黑色页岩主要组成粘土矿物为伊利石，其次为高岭石，蒙皂石类和绿泥石主要见于遵义松林—毛石镇样品。粘土矿物中，伊利石相对含量较高，除松林两个样品含量稍低为38%～39%外，其余为56%～92%，粘土矿物中伊利石占据绝大多数含量。

6.3.2.2 黑色页岩中主要粘土矿物的晶体结构和物理化学特征

贵州大部分地区与镍、钼、钒有关的黑色页岩，主要粘土矿物为伊利石，其次为高岭石及绿泥石。

A 伊利石[61～63]

伊利石是一种类似云母的、有层状结构的粘土矿物。伊利石的片状或条状的晶体非常细小，一般呈现土状。伊利石因含有杂质，一般为黄、褐、绿等颜色，纯度高则应为白色。伊利石具有富钾、高铝、低铁及光滑、明亮、细腻、耐热等优越的化学、物理性能。

伊利石的工业用途极为广泛，可用于制作钾肥、高级涂料及填料、陶瓷原料、陶瓷配件、高级化妆品、喷镀及防辐射、土壤调整剂、家禽饲料添加剂、高层建筑的骨架配料和水泥配料、核工业的污染净化和环境保护。其中微量元素可制作航天飞机的外层涂料。特别是在造纸、化妆品、陶瓷三大行业中，伊利石有着极大的应用价值。

a 伊利石晶体结构与性质

伊利石是一种层状硅酸盐云母类粘土矿物，又称为水白云母，含有结构水和大量的吸附水，化学式为 $KAl_2[(Al,Si)Si_3O_{10}(OH)_2 \cdot nH_2O]$。

层状结构的硅酸盐矿物的基本单元是硅氧四面体通过三个公共氧（即桥氧）构成的向二维空间无限延伸的六节环的硅氧层（图6-17）。

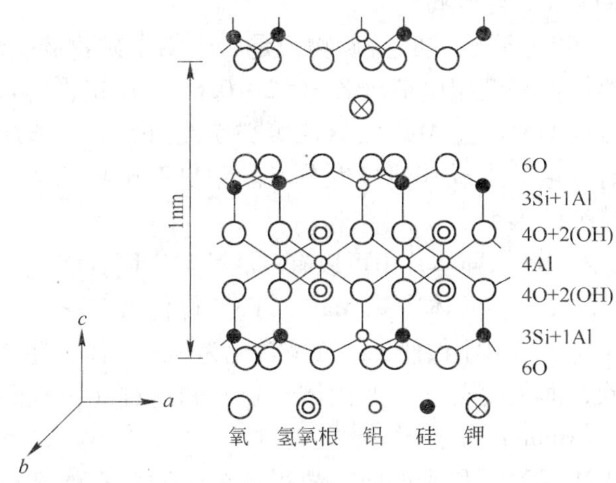

图6-17 伊利石的晶体结构
（郑水林，2007）

b 伊利石成分

伊利石理想化学组成为 $K_{0.75}(Al_{1.75R})[Si_{3.5}Al_{0.5}O_{10}](OH)_2$。晶体属单斜晶系的含水层状结构硅酸盐矿物。式中，$R^{2+}$ 代表二价金属阳离子，主要为 Mg^{2+}、Fe^{2+} 等。晶体结构与白云母的基本相同，也属于2∶1型结构单元层的二八面体型。晶体有1M、2M、1Md和3T等多型变体。与白云母不同的是，层间 K^+ 的数量比白云母少，而且有水分子存在。因此伊利石也称为水白云母，还有人把它作为水云母的同义词[63]。

伊利石的主要化学成分是 SiO_2、Al_2O_3 和 K_2O，SiO_2 的含量范围为 38.18% ~ 56.91%，Al_2O_3 含量在 15.88% ~ 34.64% 之间，K_2O 含量在 6.00% ~ 9.0% 之间。除 SiO_2、Al_2O_3 和 K_2O 之外，伊利石矿物还含有 FeO、MgO、CaO 和 TiO_2。K_2O 含量是伊利石矿物的重要鉴定标志。

c 伊利石形态特征

伊利石（图6-18）常呈极细小的鳞片状晶体，透射电子显微镜下呈不规则的或带棱角的薄片状，有时也呈不完整的六边形和板条状形态，通常呈土状集合体产出。纯的伊利石粘土呈白色，但常因杂质而染成黄、绿、褐等色。

伊利石的形态主要有片状、花瓣状等（图6-27、图6-28）。

d 伊利石物理化学性质

伊利石底面解理完全。摩氏硬度为1 ~ 2。相对密度为2.6 ~ 2.9。伊利石是常见的一种粘土矿物，常由白云母、钾长石风化而成，并产于泥质岩中，或由其他矿物蚀变形成。它常是形成其他粘土矿物的中间过渡性矿物。

图6-18 伊利石照片
（资料来源：baidu 百科）

B 蒙皂石（Smectite）类矿物[61]

蒙皂石矿物属2∶1层型层状硅酸盐矿物，是一个粘土矿物族，粒径一般集中在1μm以下。整个蒙皂石矿物族都是低层电荷（$Z=0.2\sim0.6$）。在正常湿度状态下含有层间水，层间阳离子是水化度较高的Ca^{2+}、Mg^{2+}、Na^{+}等交换性阳离子，具有丰富的可交换性，因此，蒙皂石层间吸附有大量的水或其他极性分子。蒙皂石矿物的2∶1层以无序堆积为特征，一般不具备明显特征的多型。

蒙皂石矿物的四面体片和八面体片中可以有广泛的类质同象替代，四面体中的Si^{4+}可以被Al^{3+}甚至P^{4+}和Ti^{4+}替代，八面体中除Mg^{2+}、Fe^{3+}替代Al^{3+}之外，还可以有Fe^{2+}、Zn、Ni、Li等阳离子替代Al^{3+}，结果不仅使二八面体转化为三八面体，还会引起层电荷的改变。

蒙皂石有两个亚族，即蒙脱石（二八面体）亚族和皂石（三八面体）亚族。

a 蒙脱石（Montmorillonite）

蒙脱石最早发现于法国蒙脱利龙地区，故得此名。蒙脱石的理论化学通式为$Al_2O_3\cdot 4SiO_2\cdot nH_2O$（$n$通常大于2）。它的晶体构造式是$Al_4(Si_8O_{20})(OH)_4\cdot H_2O$。

蒙脱石的颗粒较小，一般小于0.5μm，结晶程度差。它具有很强的吸水性，吸水后体积膨胀。膨润土是以蒙脱石为主要成分的细粒粘土，吸水后的体积可膨胀10~30倍。在水中呈悬浮和凝胶状，具有良好的结合性和阳离子交换特性。

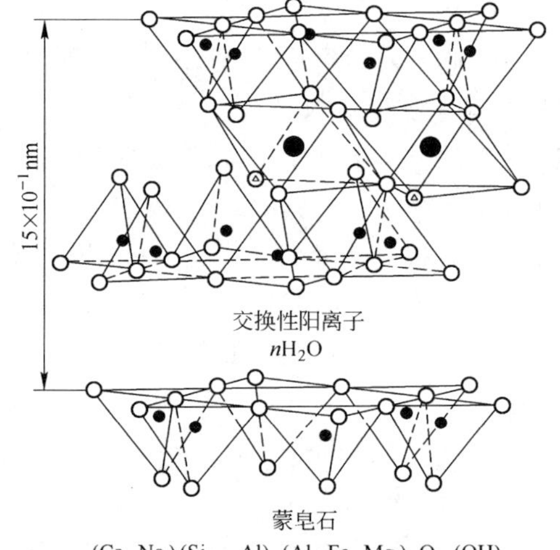

图6-19 蒙皂石矿物的晶体结构图（Orim，1953）

蒙脱石和伊利石一样属于2∶1型层状结构硅酸盐矿物，即两层硅氧四面体中间夹一层铝氧八面体层（见图6-20 蒙脱石的晶体结构（郑水林，2007）[34]。由上下两个硅氧四面体片中间夹一层铝氧八面体片，硅氧四面体的尖顶朝向铝氧八面体，铝氧八面体片和上下两层硅氧四面体片通过共用氧原子和氢氧联结形成紧密的晶层，因此称为2∶1型[61]（图6-19）。

化学式为$(M_x\cdot nH_2O)(Al_{2-x}Mg_x)[Si_4O_{10}](OH)_2$。

在铝氧八面体层中，大约有1/3的Al^{3+}被Mg^{2+}离子所取代，为了平衡多余的负电价，Na^{+}和Ca^{2+}离子以水化阳离子的形式进入结构单位层之间。蒙脱石中，硅氧四面体的Si^{4+}很少被取代，水化阳离子和硅氧四面体中O^{2-}离子的作用力较弱，因而，这种水化阳离子在一定条件下容易被置换出来。

在铝氧八面体中，部分Al^{3+}被Mg^{2+}或Fe^{2+}取代，四面体中的Si^{4+}也有少量被Al^{3+}取代，显负电性，这种现象称为晶格取代现象。因此，吸附较多阳离子，有较强的离子交换能力（图6-20）。

同时，蒙脱石晶层上下皆为氧原子层，各晶层间以分子间力联结，联结力弱。蒙脱石是极易水化、分散、膨胀的粘土矿物。晶层间氧层与氧层联系力小，故水或其他极性分子容易进入晶层中间，引起C轴方向膨胀。另外，由于层间吸附了许多水化了的氧离子团，所以层

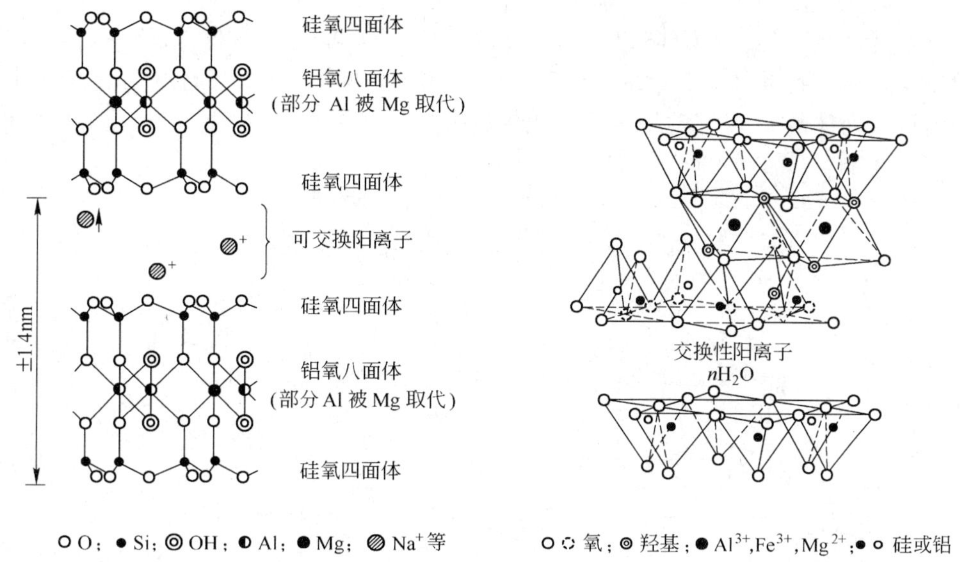

图 6-20 蒙脱石的晶体结构

间结合力极弱，易于解理碎裂，所以颗粒极细，相应地可塑性好，干燥强度高，故常用蒙脱石来提高制品成形时的可塑性和增强生坯强度，但用量过多将引起干燥收缩过大。由于蒙脱石中铝的含量较低，又吸附了其他氧离子，故烧结温度较低，烧后色泽较差。

蒙脱石矿物在我国分布很广，辽宁黑山膨润土、江苏祖堂山泥、浙江宁海粘土等，都是以蒙脱石为主要矿物的粘土。

b 皂石类矿物

皂石亚族是三八面体蒙皂石矿物。皂石亚族矿物的八面体阳离子主要是 Mg^{2+}，其次是 Fe^{3+} 和 Al^{3+}，也可以是 Zn、Cu、Ni、Ti、Mn、V 等，其含量有时较高。

皂石是典型的三八面体蒙皂石。成分为 $(Ca,Na)_{0.33}(Mg,Fe)_3(Si,Al)_4O_{10}(OH)_2 \cdot 4H_2O$，晶体为单斜晶系的层状结构硅酸盐，属蒙皂石（Smectite）族。层间电荷来自于四面体中 Al^{3+} 对 Si^{4+} 的替代。形成于碱性环境的皂石基本上属纯镁变体，铁质火山岩蚀变而成的皂石含有较多的替代八面体阳离子 Mg^{2+} 的 Fe^{2+}、Fe^{3+}，故称为铁皂石。还见锂皂石、锌皂石、铜皂石等。

蒙皂石族矿物的一个重要特征是结构单元层间充填了水分子和可交换性的阳离子，并能吸附有机分子。

皂石常呈肥皂状的块体。白色或浅黄、浅灰绿、浅红、浅蓝色。柔软可塑、可切割、有滑感。干燥时性脆。解理完全。摩斯硬度为 1，相对密度为 2.24 ~ 2.30。产于蛇纹岩中。蒙皂石族矿物可在提炼和纺织品生产中作杂质的吸附剂，在橡胶、肥皂、化妆品及造纸生产中作填料，在钻探中用作泥浆等。

C 高岭石[64]

高岭石族矿物属层状硅酸盐类矿物，共有高岭石、迪开石、珍珠石、0.7nm 埃洛石、1.0nm 埃洛石五种，高岭石族矿物的化学成分相似，仅是单位构造层的堆叠方式和层间水分的含量略有不同。

高岭石的基本结构层由一个［SiO_4］四面体层与一个 $AlO_2(OH)_4$ 八面体层连接而成，层间为氢氧键连接，是二八面体的1∶1型层状构造硅酸盐（郑水林，2007）。其基本结构单元沿晶体 c 轴方向重复堆叠组成高岭石晶体，相邻的结构单元层通过铝氧八面体的OH与相邻硅氧四面体的O以氢键相联系，晶体常呈假六方片状，易沿（001）方向裂解为小的薄片（图6-21）。

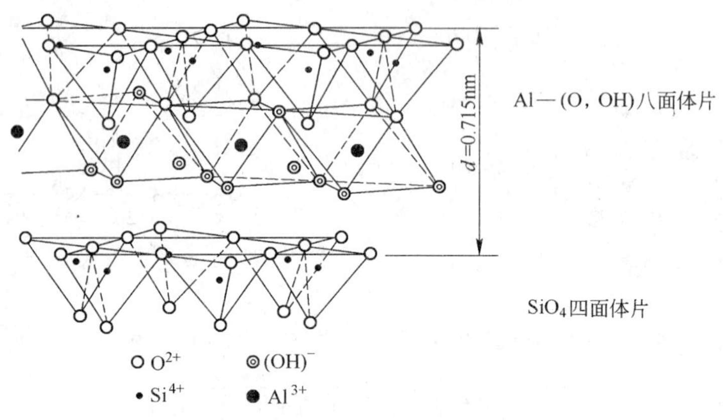

图6-21　高岭石的晶体结构

在不同煅烧温度下的化学反应为：

$$\underset{\text{高岭石}}{Al_2O_3 \cdot 2SiO_2 \cdot 2H_2O} \xrightarrow{450 \sim 750℃} \underset{\text{偏高岭石}}{Al_2O_3 \cdot 2SiO_2} + 2H_2O$$

$$\underset{\text{偏高岭石}}{2(Al_2O_3 \cdot 2SiO_2)} \xrightarrow{925 \sim 980℃} \underset{\text{硅铝尖晶石}}{2Al_2O_3 \cdot 3SiO_2} + SiO_2$$

$$\underset{\text{硅铝尖晶石}}{2Al_2O_3 \cdot 3SiO_2} \xrightarrow{1050℃} \underset{\text{似莫来石}}{Al_2O_3 \cdot SiO_2} + 2SiO_2$$

D　绿泥石[61]

绿泥石是由三层型晶层与一层水镁石交替组成的。水镁石层有些 Mg^{2+} 被 Al^{3+} 取代，因而带正电。于是三层型晶层与水镁石层间以静电相吸联结，同时还有氢键存在，因此遇水不膨胀。对酸敏感。一般分子式为 $X_mY_4O_{10}(OH)_8$，其中，X指Li、Al、Fe、Mg、Mn等阳离子，$m=5\sim6$；Y代表Si、Al、Ti、Cr等离子（潘兆橹等，1994）。晶体属单斜、三斜或正交（斜方）晶系，是一族层状结构的硅酸盐矿物的总称。因层间OH基连接，膨胀性较差，而吸附能力较强（Faure，1991）。绿泥石的形成与低温热液交代作用、浅成变质作用和沉积作用有关，其来源矿物常为基性、超基性、中性岩浆岩中的黑云母、钠长石等。

通常所称的绿泥石是富含镁铁质的绿泥石。晶体呈假六方片状或板状，薄片具挠性。集合体呈鳞片状、土状。浅绿至深绿色。玻璃光泽或珍珠光泽，透明至不透明。一向最完全解理。莫氏硬度为2～2.5，密度为2.6～3.3g/cm^3。

6.3.3 黑色页岩中粘土矿物定量分析结果对比分析

XRD分析数据及图像表明，黑色页岩中主要粘土矿物有伊利石、高岭石、蒙皂石、蒙托石、绿泥石、伊-蒙混层矿物等。

伊利石：自然定向片上见1.00nm、0.50nm、0.33nm峰，经乙二醇饱和处理和高温处理后（60℃烘箱中，乙二醇蒸气饱和7.5h），各衍射峰保持不变。

高岭石：自然定向片中见0.72nm、0.357nm峰，乙二醇饱和处理后各峰值不变。在897样品中，见高岭石+绿泥石峰（0.72nm+0.71nm）。经高温处理后（550℃、2.5h），峰值保持不变。

绿泥石：自然定向片见有1.43nm、0.71nm、0.48nm峰，乙二醇饱和后峰位和峰值变化不大。部分样品见有0.353nm尖锐峰，并和高岭石的0.357nm峰构成双峰形态。

蒙脱石：897样品自然定向片见有1.43nm、0.71nm、0.48nm峰，乙二醇饱和片上见有1.69nm峰，成尖锐峰状，与乙二醇饱和处理后结构层层间距增加有关[63]。

伊-蒙混层矿物：依据乙二醇饱和片衍射图谱上2θ值在5°左右的衍射峰值变化来判断，其中如该峰为1.70nm左右尖锐单峰，为纯蒙皂石；无峰平坦则为纯伊利石，而呈现衍射峰从尖锐到平缓再到消失，显示有不同混层比的伊-蒙混层矿物存在（Reynolds R C and Hower J，1970；SY/T 5163—1995）。

乙二醇饱和片见伊-蒙混层矿物$d=1.70$nm峰值，见明显的宽缓峰状，显示有伊-蒙混层矿物的存在。

经中国石油勘探开发研究院专用XRD定量软件CXAN对衍射数据和图谱的计算分析，得到粘土矿物的相对含量，见表6-1。

粘土矿物中各种矿物含量范围及平均含量分别为：研究范围内伊利石平均含量为67.36%，其中遵义松林含量范围为38%~65%，平均含量为49.5%，织金含量范围为69%~75%，平均含量72%，开阳大坪含量范围为76%~78%，平均含量为77%，铜仁敖寨含量范围为77%~92%，平均含量为84.5%。

高岭石：研究区平均含量为13.55%，其中遵义松林含量范围为3%~10%，平均含量为6.25%，开阳大坪含量范围为19%~24%，平均含量为22.3%，铜仁敖寨含量范围为3%~23%，平均含量为13.0%，织金含量范围为10%~21%，平均含量为15.5%。

绿泥石：平均含量为6.25%（4个样平均），按11个样统计，其平均值为2.27%。

蒙脱石：平均含量为31.35%（4个样平均），11个样平均值为11.55%。

伊-蒙混层矿物：平均含量为12.75%（4个样平均），11个样平均值为5.27%。

数据表明，黑色页岩中伊利石含量平均值为最高，其次为高岭石。蒙脱石在黑色页岩中总体平均分布量较低，主要集中在遵义松林黑色页岩（3个样平均含量为40.67%）和铜仁敖寨（5%），其余地区黑色页岩中未检测出含蒙脱石。绿泥石在黑色页岩中含量最低，主要集中产出于遵义松林地区，平均含量为6.25%，其余地区未检出。

伊-蒙混层矿物主要见织金（平均12.5%）、松林（一个样含量为30%）及开阳大坪（一个样含量为3%），变化范围为3%~30%。伊-蒙混层比（I/S）平均为52.5%S（即蒙皂石单元晶层的百分含量）。“有序”与“无序”具有特定的含义，主要指I/S中S层与I层沿C轴堆垛情况。混层比（%S）分布在100~50范围，混层类型为无序[63]。I/S变化特征说明本区主要以无序化混层为主。应属二八面体伊利石与二八面体蒙皂石的1∶1规则混层（图6-22～图6-26）。

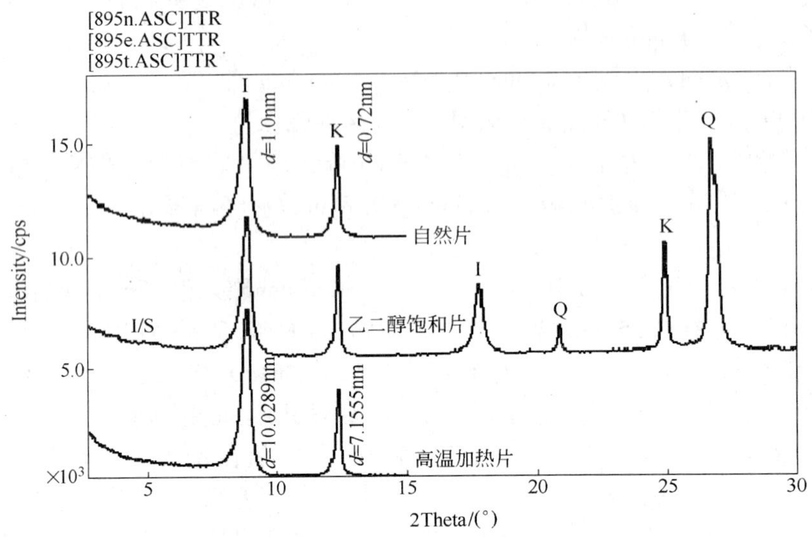

图6-22 开阳大坪黑色页岩中粘土矿物典型XRD衍射曲线图（以DH1号样品为例）
I/S—伊-蒙混层矿物；I—伊利石；K—高岭石；Q—石英

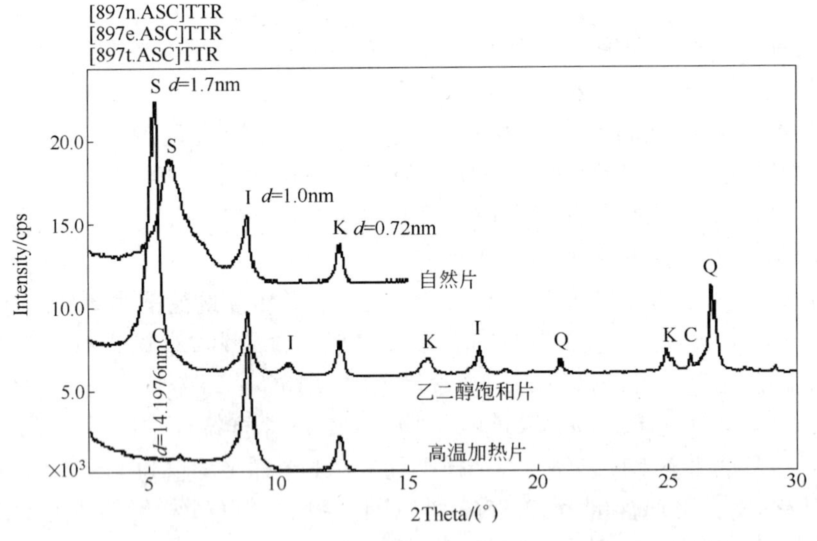

图6-23 遵义松林黑色页岩中粘土矿物典型XRD衍射曲线图（以SL-1d号样品为例）
S—蒙脱石；I—伊利石；K—高岭石；C—绿泥石；Q—石英

综合以上分析，可以得出以下结论：

（1）遵义松林黑色页岩主要以伊利石、蒙脱石为主，高岭石含量较低（6.25%），含少量绿泥石。一个样品中含有伊-蒙混层矿物，含量为30%。

（2）开阳大坪黑色页岩主要以伊利石、高岭石为主，伊利石占多数，含量分布较均匀。其中含极少量伊-蒙混层矿物，不含绿泥石。

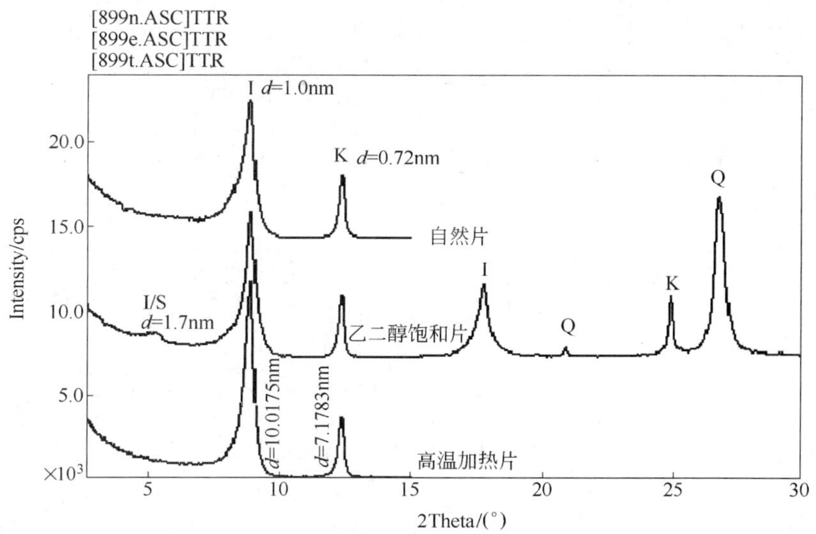

图 6-24 织金戈仲伍黑色页岩中粘土矿物典型 XRD 衍射曲线图（以 ZJ1 号样品为例）

I/S—伊-蒙混层矿物；I—伊利石；K—高岭石；Q—石英

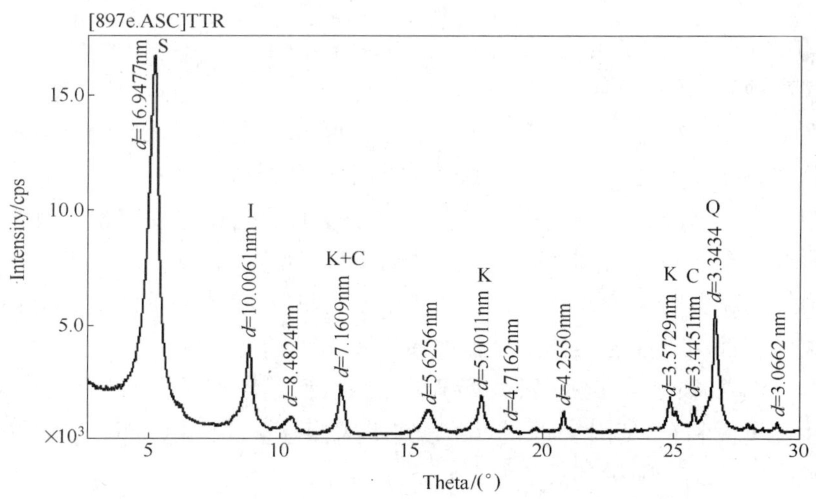

图 6-25 遵义松林黑色页岩中粘土矿物典型 XRD 衍射曲线图（乙二醇饱和片）

S—蒙脱石；I—伊利石；K—高岭石；C—绿泥石；Q—石英

（3）织金戈仲伍黑色页岩中以伊利石为主，含少量高岭石，伊-蒙混层矿物含量为 10% ~15%，不含绿泥石。

（4）铜仁敖寨黑色页岩主要以伊利石为主，高岭石平均含量为 13.0%，但含量变化较大，一个样含高岭石仅为 3%，一个较高为 23%。一个样含蒙脱石为 5%，未检出绿泥石等。

6.3.4 粘土矿物中伊利石结晶度及微形貌特征

产出与地表及地壳各类型岩石中伊利石，因所处环境不同而在成分和结构上表现为不

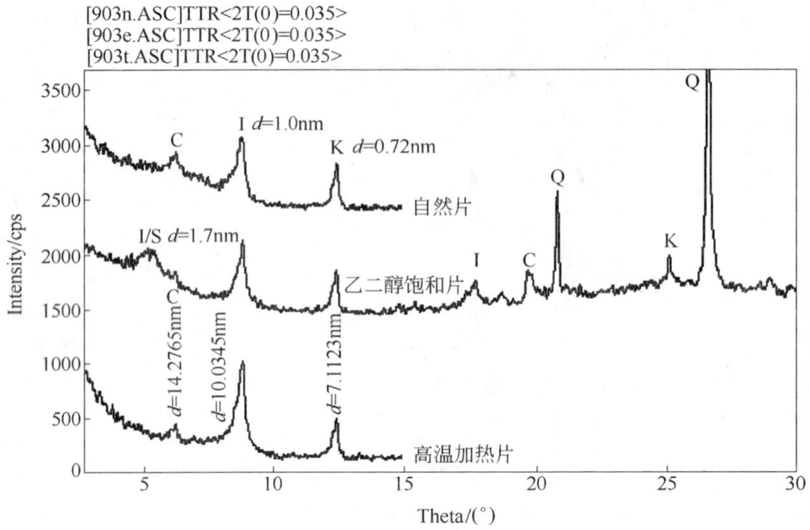

图 6-26　遵义松林黑色页岩中粘土矿物典型 XRD 衍射曲线图（以 SL4 号样品为例）

I/S—伊-蒙混层矿物；I—伊利石；K—高岭石；C—绿泥石；Q—石英

同的伊-蒙（伊利石-蒙脱石）混层-伊利石-云母演化系列，并可向其他粘土矿物转变，如形成蒙脱石、高岭石、绿泥石等[65,66]。

伊利石在成分和结构上的变化常被人们用来判断其所处的环境或演化阶段，如伊利石结晶度是划分岩石变质程度（甚低级—低级）的定量分析数据之一。

伊利石结晶度的研究，应该包括晶体的完整程度的研究和这种完整程度在三维空间上的延续性的研究。在此，可简称为晶体的完整性与大小。而研究方法，则应从衍射现象的清晰度或衍射峰的宽缓与尖锐程度（通称形态）着手。只有能够反映这种晶体的完整性和大小的参数才能够被用于描述晶体的结晶程度[67]。

Weaver[68]通过观察伊利石 X 射线衍射峰的锐度提出了“伊利石结晶度”的概念。Kübler[65]应用测量伊利石（001）峰的半高宽来度量伊利石结晶度。K. I. 越小，表明伊利石的结晶度越高，相反，则伊利石的结晶度越低。

伊利石结晶度的高低，通常用 X 射线衍射图上伊利石（001）反射峰（10×10^{10} nm）的形状来测定。伊利石的结晶度越高，该反射峰的峰形越窄、对称性越好；反之该反射峰变得宽而不对称。

本次研究范围内粘土矿物伊利石结晶度（K. I. ）由中国石油勘探开发研究院（北京）X 衍射（XRD）实验室通过计算得出，见表 6-1。

研究区内黑色页岩中伊利石的结晶度指数 K. I. 值分布如下：开阳大坪为 0.38 ~ 0.40Δ°(2θ)，织金戈仲伍为 0.46 ~ 0.48Δ°(2θ)，铜仁敖寨为 0.32 ~ 0.45Δ°(2θ)。

伊利石结晶度依次降低，为：织金戈仲伍→开阳大坪→铜仁敖寨→遵义松林。

遵义松林黑色页岩中伊利石因结晶程度较差未计算出结晶度指数，也与蒙脱石含量较高有直接关系。

Ehrmann（1998）给出了结晶度分类，伊利石：结晶程度极好（<0.4Δ°(2θ)）、结晶程

度好(0.4～0.6Δ°(2θ))、结晶程度中等（0.6～0.8Δ°(2θ))、结晶程度差（>0.8Δ°(2θ))。反映黑色页岩总体上属结晶度好。

目前许多学者认为在沉积盆地和浅变质岩区，伊利石结晶度的高低主要取决于生长环境的温度、压力、钾含量和生长时间[61,62]，其中温度的作用最为重要。伊利石的结晶度随着温度的增高而变大。

Kübler[69]提出：成岩带伊利石的Kübler指数大于0.42Δ°2θ，它相当于成岩阶段环境；在近变质带，伊利石的Kübler指数在0.42～0.25Δ°2θ之间，相当于埋藏变质条件；而在浅变质带，伊利石的Kübler指数小于0.25Δ°2θ，近变质带与浅变质带的转变以绿片岩相矿物组合的出现为标志。Kübler的上述划分标准被以后（特别是20世纪90年代以来）大量近变质-浅变质带泥质岩的研究证实是可行的，被国际上承认并广泛应用[71]。

综合上述可得出：本次研究中的黑色页岩中伊利石结晶度指数分布范围近于成岩阶段环境和近变质阶段环境之间，织金戈仲伍黑色页岩中伊利石结晶度指数特征预示着其属成岩阶段环境，而开阳大坪伊利石则处于近变质带环境，铜仁样品中表现出二阶段的交替性。

遵义松林黑色页岩中伊利石因结晶程度较差，蒙脱石含量较高，含少量绿泥石，则表明处于蒙脱石向伊利石转化成岩阶段中。松林地区多金属富集层以胶状镍、钼矿富集为特征，伴随产出含量较高胶状黄铁矿，也能证明其环境属处于还原条件下的成岩阶段。

通过扫描电子显微镜获得矿物形貌特征相关资料。扫描电子显微镜是利用扫描电子束扫描固体表面，得到反射电子图像，在阴极摄像管荧光屏扫描成像。利用扫描电子显微镜（SEM，型号为S-503，厂家为日本日立，分辨率为1nm）观察伊利石形态，见有以下特征：

伊利石粒径0.2～3μm，个别粒径大于3μm。形态主要为浑圆状、花瓣状等，偶见六方体片。见伊利石定向排列，显示受应力作用影响（图6-27～图6-32）。

伊利石和绿泥石的形状和边缘清晰的磨蚀轮廓都表明其陆源成因（石学法等，1995），本次研究中见伊利石多为边缘清晰的浑圆形态，表现出一定的磨蚀痕迹，显示了其来源为陆源特征。

图6-27 遵义松林黑色页岩SEM图
（伊利石团粒状，表面平整，样品号：ZV）

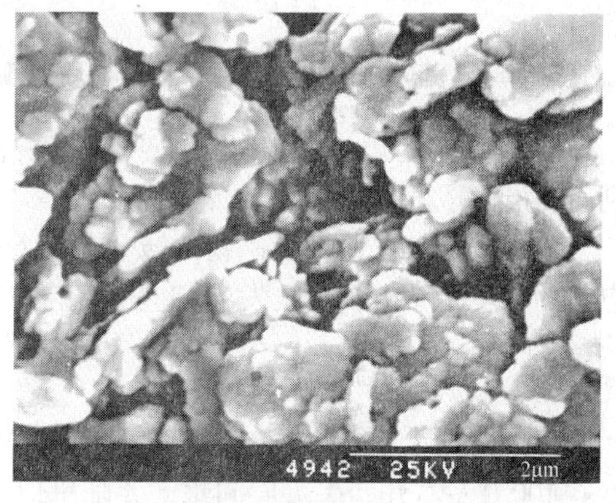

图6-28 遵义松林黑色页岩中伊利石SEM图
（伊利石定向排列，原矿样，样品号：Zly-3）

图 6-29 黑色页岩原加温 650℃后 SEM 图
（伊利石烧后表面较平整，粒径 1 ~ 2μm，
团粒片定向排列，样品号：Zly-3-650）

图 6-30 伊利石 SEM 图
（团粒片定向排列，样品号：Zly-3-650）

图 6-31 黑色页岩中粘土矿物伊利石 SEM 图
（样品号：Zly-1）

图 6-32 黑色页岩中伊利石 SEM 图
（样品号：Zly-1b）

6.3.5 黑色页岩中粘土矿物成因及物质来源分析

有关研究表明，沉积岩和浅变质岩系中分布最广的伊利石主要是通过原始蒙皂石的伊利石化所形成的。

成岩作用过程中粘土矿物的转化：随着埋藏深度的增加，温度升高、压力增大，为适应新的环境，粘土矿物也发生相应的变化，出现下列粘土矿物转变系列：

蒙皂石(S) → 伊利石(I)-蒙皂石(S) 混层矿物 → 伊利石(I)

这个系列主要是二八面体蒙皂石的转变系列。首先是蒙皂石在 1000 ~ 1500m 深度，温度在 100℃左右开始失去层间水，并随机地有 K^+ 离子进入层间而出现伊利石类，这样便开始形成 I/S 混层矿物。随着深度和温度的增加，伊利石类扩大，蒙脱石类减少，伊-蒙混层比发生变化，伊利石逐渐增多，蒙脱石逐渐减少。如果环境中有足够的 K^+ 离子存在，则可以全部转变为伊利石[62]。

黑色页岩形成过程中产生的伊-蒙混层矿物，是二八面体-三八面体蒙皂石在埋藏-成岩过程中，随温度和压力的增大逐渐向伊利石转变的产物。在温度和压力增大的同时，若其中有足够的 K^+ 离子存在，蒙皂石就可以全部转变为伊利石[61]。

研究资料表明，古老页岩中的原生蒙皂石和高岭石早已成岩相变成伊利石和绿泥石。蒙皂石向伊利石的成岩转化是页岩中的最重要的成岩化学变化、一系列的伊利石/蒙皂石间层矿物是这一转化过程的中间产物，随着温度（埋深）的增加，伊利石/蒙皂石间层矿物中的蒙皂石层含量（S%）逐渐减少，伊利石层含量（I%）逐渐增加，直至所有的蒙皂石层全部变为伊利石。蒙皂石向伊利石转化所必需的 K^+ 阳离子，可能主要是来自含钾矿物碎屑（主要是细粒钾长石）的溶解[61,62]。

成岩作用过程中，如果孔隙水介质中富含 Fe^{3+} 和 Mg^{2+} 离子，蒙皂石就会向绿泥石转化，绿泥石/蒙皂石间层矿物是蒙皂石-绿泥石转化过程的中间产物。高岭石的情况与蒙皂石类似。高岭石在酸性孔隙水介质中稳定，随着埋深（温度）增加，如果水介质变得偏碱性和富 Mg^{2+} 离子，高岭石就会向绿泥石转变，如果水介质富 K^+ 离子，高岭石就会向伊利石转变[61]。

火山活动产生的凝灰质火山灰转变为蒙脱石，也是其产生的来源之一。美国大平原和墨西哥湾沿岸的白垩纪建造含有大量的蒙脱石和蒙脱石页岩，火山活动产生的火山灰转变为蒙脱石，是这些沉积物中大量蒙脱石产生的原因。

高岭石在特定的风化条件下形成，吸附碱土金属等向云母类转变，古代沉积物中高岭石含量也会较低，但其转变过程会比蒙脱石向云母类转变缓慢得多。因蒙脱石与高岭石在年代较长的沉积物中有消失的倾向，故古老的沉积物中主要由伊利石绿泥石组成。

粘土矿物在一般条件下沉积是非常困难的，但可以通过端-面结合产生絮凝、电性中和作用、淤积等使其快速沉积[62]。

综合上述，可以得出以下认识：

贵州下寒武黑色页岩主要为伊利石粘土岩，分布较广。其矿物成分以伊利石为主，也含有其他粘土矿物高岭石和石英、长石和云母等非粘土矿物及重矿物，蒙脱石、绿泥石只是在遵义松林地区出现。黑色页岩常含有较高的有机质。

伊利石、蒙脱石、高岭石可以来源于大陆岩石风化、搬运到深水相环境，通过端-面结合产生絮凝、电性中和或淤积等作用沉积下来。成岩作用过程中随着埋藏深度的增加，温度升高、压力增大，为适应新的环境，粘土矿物发生相应的变化。粘土矿物的定向排列显示了其成岩过程中的应力作用。原生沉积过程中的蒙皂石、高岭石发生成岩相变形成伊利石，主要为蒙皂石→伊-蒙混层矿物→伊利石和绿泥石的转变，高岭石也发生向伊利石的转变。但随着黔中隆起的抬升，蒙脱石等粘土矿物相变作用减缓，导致形成本类目前黑色页岩矿物组成中的粘土矿物等构成。其中遵义松林地区蒙脱石含量相对较高，表现较为典型，高岭石、蒙脱石失水向伊利石转化减缓，导致蒙脱石、伊利石、高岭石和绿泥石共存。

7 黑色页岩矿物材料制备与性能研究

矿物材料指能直接利用其物理性质、化学性质的天然矿物和岩石，或天然矿物和岩石经过加工、改造等改变原有性质而形成的新材料。矿物材料通常指无机的非金属材料。矿物材料学主要指研究从矿物材料到加工利用直至形成产品的过程中，矿物组分变化规律的学科。矿物材料学是现代材料学的组成部分，也是矿物学与材料科学相结合的新兴边缘科学。

7.1 黑色页岩制备陶粒

7.1.1 陶粒及其主要用途

陶粒是一种人造轻质粗集料[72]。外壳表面粗糙而坚硬，内部多孔。由页岩、煤矸石等粘土质材料先破碎到一定粒度，或用粘土、粉煤灰掺粘土等先做成球（或小圆柱），再在高温（一般为1050～1300℃）下烧胀或烧结而成。陶粒的堆积密度约为500～1000kg/m^3；筒压强度（压入40mm）约为40～100kg/m^3；24h吸水率约为5%～15%（粉煤灰陶粒吸水率较高，1h可达15%～20%）。化学和热稳定性好。按照生产用原材料可分为粘土陶粒、页岩陶粒、粉煤灰陶粒等。

粘土陶粒：以粘土、亚粘土等为主要原料，经加工制粒，烧胀而成的，粒径在5mm以上的轻粗集料。

粉煤灰陶粒：以工业废渣粉煤灰为主要原料，加入一定量的胶结料和水，经加工成球，烧结而成的，粒径在5mm以上的轻粗集料。

页岩陶粒：也称膨胀页岩，以粘土质页岩、板岩等经破碎、筛分或粉磨成球，烧胀而成的，粒径在5mm以上的轻粗集料称为页岩陶粒。页岩陶粒按其工艺方法分为两类：经破碎、筛分、烧胀而成的称为普通型页岩陶粒；经粉磨成球、烧胀而成的称为圆球形页岩陶粒。

陶粒的主要用途如下：

（1）建筑材料：国内外90%以上的陶粒用于建材，主要包括三个方面：配制保温轻集料混凝土，配制结构保温轻集料混凝土，配制结构轻集料混凝土。

（2）耐火保温隔热材料：用陶粒制作的耐火砖或砌块等，用于加热炉衬里、隧道窑的窑车、屋顶和外墙的保温板，也可以直接用作填料充填在空心墙或窑的衬层中隔热保温。

（3）过滤材料：用陶粒做过滤介质用以净化污水或过滤其他液体，如重油脱水等。

（4）农业：可以作为无土栽培的介质或作为土壤的调节剂。

（5）吸声材料：陶粒板材，吸声频率范围宽（300～1200Hz），吸声系数可以达到70%。

7.1.2 黑色页岩制备陶粒的主要性能特征

研究资料表明[72～79]，要使陶粒得到最佳胀烧效果，陶粒原料的化学成分应控制在如下范围：SiO_2 48% ~68%，Al_2O_3 12% ~18%，Fe_2O_3 5% ~10%，CaO + MgO 3% ~6%，$K_2O + Na_2O$ 2.5% ~7%。硅、铝含量过高，则烧胀温度高；钙、镁不能高，高了易黏结；Fe_2O_3、K_2O、Na_2O 含量高，对烧胀有利。

织金黑色页岩中 SiO_2 含量为53.33%，在48% ~68%范围内；Al_2O_3 含量为16.61%，在12% ~18%范围内；Fe_2O_3 含量为6.61%，在5% ~10%范围内；CaO + MgO 值为4.00%，在3% ~6%范围内；$K_2O + Na_2O$ 值为4.61%，在2.5% ~7.0%范围内。可见织金页岩化学成分符合页岩陶粒组成。

可塑性：我国陶粒用页岩以伊利石类、蒙脱石类页岩为主，多为塑性指数6以上中等可塑性和大于15的高可塑性为主。贵州织金黑色页岩主要粘土矿物为伊利石，可塑性适中。

烧胀性：原料的化学成分是影响陶粒焙烧膨胀的主要因素。主要影响成分为 Fe_2O_3、FeO、C 及有机质等。其主要反应式如下：

$$2Fe_2O_3 + C \longrightarrow 4FeO + CO_2\uparrow$$

$$3Fe_2O_3 + CO \longrightarrow 2Fe_3O_4 + CO_2\uparrow$$

$$Fe_3O_4 + C \longrightarrow 3FeO + CO\uparrow$$

伊利石页岩化学成分分析中的烧失量主要反映岩石中所含碳或有机质的质量分数（包括水等）。如果烧失量指标太小，则样品焙烧后产生的气体太少而不能膨胀。岩石的烧失量多小于8%，而矿石的烧失量均多大于8%。贵州织金页岩烧失量为12.57%，$K_2O + Na_2O$ 之和为4.61%，小于6%，所以贵州织金页岩具有良好的烧胀性。

物理性能：伊利石页岩颗粒越细越好，含砂量越少越好。可塑性指数应大于8，越高则陶粒的密度越低，两者呈反比关系。耐火度以1050 ~1150℃为宜，太高热塑时黏度大，对烧胀不利；太低易造成黏结。软化温度范围宜大不宜小，大对烧胀、操作有利。气体反应发生在软化温度范围内对烧胀最有利。焙烧制度对制品的性能及能否烧制成功也起着决定性作用。通过研究，织金黑色页岩是一种优质的烧胀页岩，适合烧制陶粒。

7.1.3 黑色页岩制备陶粒试验和产品性能测试

7.1.3.1 试验条件

试验在以下单位进行：贵州大学资源环境工程学院矿床学实验室，贵州大学矿业学院实验室，贵州大学材料学院实验室，贵州省建材勘查设计研究院实验室。

主要试验设备如下：

（1）烘干设备：干燥箱。型号为202-0型电热恒温干燥箱；温度调节范围为0 ~300℃；干燥箱的作用为把刚刚成形的陶粒坯料球干燥至恒重，即完全除去料球中的自由水。

（2）预热设备：可控温箱式电阻炉。型号为 SX_2-5-12型箱式电阻炉；温度调节范围为0 ~1200℃；预热炉的作用：用于料球的预热。

（3）焙烧设备：立式电炉。型号为KSS-1400℃立式电炉；温度调节范围为0 ~1400℃；焙烧炉的作用：用于料球的焙烧。

在试验的过程中，如果没有特别的说明，所有的试验均采用相同的烘干工艺在(105 ± 5)℃下烘干不小于2h，以使生料球在烘干阶段，尽可能地除去料球内的自由水，以防止料球在进行预热工艺时发生爆裂现象。

7.1.3.2 试验方法

A 实验室烧成陶粒的膨胀倍数试验[80~83]

每个试验系列陶粒膨胀倍数的试验均做三组相同的试验，每组试验陶粒的颗粒数均不小于50粒，测量每一粒陶粒的焙烧前的周长和焙烧后的周长（均取每一粒陶粒的最小周长值），根据式7-1求得每一粒陶粒的体积膨胀倍数，然后对每一组陶粒的体积膨胀倍数取平均值，再取三组试验的平均值为最后该系列陶粒的体积膨胀倍数值。

$$e = (d_2/d_1)^3 \tag{7-1}$$

式中 e——体积膨胀倍数；

d_1——焙烧前的周长；

d_2——焙烧后的周长。

B 陶粒的颗粒密度和堆积密度试验

每个系列陶粒的颗粒密度和堆积密度试验，均要做三组相同试验，每组试验陶粒的颗粒数均不小于50粒，测量每一粒陶粒焙烧后的周长（取每一粒陶粒的最小周长值）以及焙烧后的颗粒质量，根据式7-2求得每一粒陶粒的颗粒密度，然后对每一组陶粒的颗粒密度取平均值，再取三组试验的平均值为最后该系列试验陶粒的颗粒密度值。陶粒的堆积密度根据资料按照式7-3求得。

$$\rho = 6\pi^2 m/d_2^3 \tag{7-2}$$

式中 ρ——陶粒的颗粒密度；

m——焙烧后陶粒的质量；

d_2——焙烧后的周长。

$$P = \rho(1 - \theta) \tag{7-3}$$

式中 ρ——陶粒的堆积密度；

P——陶粒的颗粒密度；

θ——空隙率，取40%。

C 陶粒的颗粒强度试验

陶粒颗粒强度是送样到浙江大学测定的。见陶粒的测试部分。

D 陶粒筒压强度试验

陶粒的强度和原材料的化学成分有很大关系[84~88]，可以用一个线性方程来表示：

$$f_k = 1.1013 - 0.026\,SiO_2 + 0.1272(Fe_2O_3 + FeO) + 0.0746Al_2O_3 + 0.0065\rho \tag{7-4}$$

式中 f_k——陶粒的筒压强度，MPa；

ρ——陶粒的堆积密度，kg/m^3；

SiO_2，Fe_2O_3，…——页岩的化学成分。

由公式7-4可见，增加 SiO_2 的含量将导致陶粒强度降低，增加 Al_2O_3 和铁化物的含量可使其强度提高。

E 陶粒的常压吸水性能试验

陶粒的常压吸水试验是在常压下测定陶粒的吸水率随时间变化的情况。先将陶粒置于烘箱中烘干至恒重，称取1kg陶粒为一组，放入盛水的容器中，按照试验要求，浸水一定的时间后将其倒入筛子中，用拧干的湿毛巾擦去表面多余的水分，然后称重。陶粒的吸水率按式7-5计算。

$$W_c = (g_1 - g)/g \times 100 \tag{7-5}$$

式中 W_c——陶粒的吸水率,%；

g_1——浸水试样重，kg；

g——烘干试样重，kg。

7.1.4 陶粒的研制

下面原材料细度试验。

试验所用原料破碎成三种细度：（1）通过0.6mm筛的筛下物；（2）通过160目（0.096mm）筛的筛下物（-160目）；（3）通过（0.074mm）筛的筛下物（-200目，0.074mm）。手工成球，即将磨细后的细料或掺入外加剂的混合料，充分拌匀，以四分法取对角线部分，试烧样取100~200g（小试样1000g），再以15%~21%的自来水搅拌成泥团，手工搓成10~15mm粒径料球，放入（105±5）℃[88]烘干2h，然后取出样品，自然冷却。

（1）小于0.6mm页岩粉末，可塑性较差，成球稍困难。经干燥、预热与焙烧后，所成陶粒的强度等性能较差。所以后续试验没有采用该细度的原料。

（2）-160目页岩粉末，细度较0.6mm的细度有了较大提高，可塑性得到较好改善，容易成球。经烧制成陶粒，其性能较好。后续试验均采用这一细度的原料。

（3）-200目（-0.074mm）页岩粉末，细度较-160目（0.096mm）有了提高，进一步改善了页岩的可塑性，更容易成球，所烧成陶粒性能较好。但进一步的细磨所耗能量较大，而陶粒的性能没有明显提高，所以对未来生产不利。后续试验也没有采用该细度原料。分别用粗细料制作的页岩陶粒形貌见附图17、附图19。

小结：把页岩粉磨至-160目（0.096mm）细度能较好地适合本试验。

7.1.5 页岩的烧胀性试验

一个地区的页岩是否能烧制陶粒，在对其化学成分分析符合要求之后，还要进行烧胀性试验[84]，具有烧胀性才可烧制页岩陶粒。膨胀优等可生产轻陶粒；膨胀差一些可生产一般轻质陶粒。所以测试原料的烧胀性是评价陶粒原料性能好坏的关键。

试烧陶粒是分别在预热电炉与焙烧电炉两个加热炉中进行的。把干燥至恒重的陶粒料球放入预热炉中，设定到预定的温度开始预热，当样品在预热温度下达到预热时间，立即从预热炉中取出，并随即放入已达焙烧温度的高温炉中焙烧，达到焙烧温度开始计时，到达焙烧时间后即刻取出。用两个高温炉分别预热与焙烧，一是料球由预热到焙烧有受热突变环境，易充分烧胀；二是热工制度与生产中回转窑焙烧相近似。若在一个高温炉中完成预热与焙烧，则料球受热是一个渐变的过程，多数烧胀不充分。

将试验用黑色页岩磨至 -160 目（0.096mm），成球，干燥至恒重，放入600℃预热炉中预热10min，焙烧温度从1050~1200℃，焙烧时间从5~30min，最终的制品从大量的没有膨胀，直到后期试验的膨胀良好。从坯料到成品系列制品见附图11~附图20。

经实验证明织金牛蹄塘组页岩具有良好的烧胀性能，可以成为页岩陶粒的优质原材料。

7.1.6　烧制陶粒热工参数试验

7.1.6.1　第一组试验

烧制陶粒热工参数试验是本课题的核心试验。热工参数选用是否合适，关系着研制陶粒的成败。在吸收了多位研制陶粒工作者经验[86~88]的基础上，进行织金页岩陶粒研制试验。经过大量的页岩膨胀性试验，对织金页岩烧制陶粒的热工参数做了奠基性实验积累。在此基础上，制定陶粒热工参数正交试验表（表7-1）进行试验。

表7-1　陶粒热工参数正交试验表（一）

因素 / 试验号	预热		焙烧		陶粒外观质量	颗粒密度 /g·cm⁻³	结果评判
	温度/℃	时间/min	温度/℃	时间/min			
1	350	5	1120	5	未膨胀	—	—
2	350	10	1140	8	未膨胀	—	—
3	350	12	1160	10	膨胀，皮薄	—	预热不足
4	350	15	1180	12	膨胀，皮薄	354	过烧
5	350	20	1200	15	焦化塌陷	—	—
6	450	5	1140	15	未膨胀	—	—
7	450	10	1160	5	胀差	—	焙烧不足
8	450	12	1180	8	膨胀，皮薄	—	预热不足
9	450	15	1200	10	焦化塌陷	—	—
10	450	20	1120	12	未膨胀	—	—
11	550	5	1160	12	胀良	976	可采用
12	550	10	1180	15	膨胀好	—	可采用
13	550	12	1200	5	焦化塌陷	—	—
14	550	15	1120	8	未膨胀	—	—
15	550	20	1140	10	未膨胀	—	—
16	650	5	1180	10	胀良，部分黏结	533	可采用
17	650	10	1200	12	焦化塌陷	—	—
18	650	12	1120	15	未膨胀	—	—
19	650	15	1140	5	未膨胀	—	—
20	650	20	1160	8	胀良，皮厚	—	预热过渡
21	700	5	1200	8	焦化塌陷	—	—
22	700	10	1120	10	未膨胀	—	—
23	700	12	1140	12	胀差	—	—
24	700	15	1160	15	胀好，皮厚	354	预热过渡
25	700	20	1180	5	胀好，皮厚	—	预热过渡

严格按照试验数据表（表7-1）设定的参数进行试验，从试验结果看来，出现以下几种情况：

（1）欠烧。表现为陶粒表壳色浅（如砖红色、土黄色），膨胀差，表明焙烧温度过低或焙烧时间太短（附图15、附图18）。

（2）适烧。一般陶粒颜色为棕红色或铁灰色，断面的内孔大小均匀，表明焙烧温度、时间适中（附图14、附图17、附图19、附图20）。

（3）过烧。陶粒呈灰黑、铁黑色，膨胀好的表皮极薄，断面有烧焦现象，表明焙烧温度过高或焙烧时间过久（附图21）。

（4）预热不足。陶粒表壳呈棕红色，有裂纹路，表层较厚，表明预热温度略低且预热时间也短（附图20）。

（5）焙烧不足。陶粒表壳厚，中部膨胀不多，则是热工参数不匹配，主要是焙烧温度不够（附图18）。

适烧（热工参数选用合适）的陶粒从外观来看，表面光滑，成球度高。剖开陶粒内部用肉眼进行观察可以看到，其内部有大量蜂窝状、未连通孔隙，外表面有一圈土黄色、致密的外壳，壳厚大多数从0.1~2.5mm不等。陶粒核心部分呈铅灰色或黑色，有不连通的孔隙和微孔，即为蜂窝状结构。蜂窝状孔隙肉眼可见，微孔借助放大镜或扫描电镜等其他仪器方可观察到，这说明陶粒膨胀较大，使陶粒具有轻质特性（相对坯料球而言）。

从试验过程中得到经验，要想使陶粒在相同的热工参数下得到更好的膨胀，就要在烧制陶粒时采用快速升温的方式。

从烧制结果可以看出，陶粒内部孔洞细小均匀，热工参数合适；虽然有些陶粒膨胀好，但内孔大小不均，应调整热工参数，主要是预热温度与时间。

试验小结：烧制陶粒要采取快速升温方式，方能得到膨胀充分的陶粒。

7.1.6.2 第二组试验

总结了前一组试验结果，为了进一步测试出更接近贵州织金页岩烧制陶粒的最佳热工参数，在前一组试验的基础上，调整了部分热工参数值，制定出陶粒热工参数正交试验表（表7-2）进行试烧。

表7-2 陶粒热工参数正交试验表（二）

试验号 \ 因素	预热		焙烧		陶粒外观质量	颗粒密度 /g·cm^{-3}	结果评判
	温度/℃	时间/min	温度/℃	时间/min			
1	450	10	1140	8	胀差	—	—
2	450	10	1160	10	胀良，皮薄	1053	预热不足
3	450	15	1180	12	胀良，皮薄	610	预热不足
4	450	15	1200	15	焦化塌陷	—	焙烧过渡
5	500	15	1140	10	胀差	—	欠烧
6	500	15	1160	8	胀良	704	适烧
7	500	10	1180	15	胀良，局部黏结	696	适烧

续表 7-2

试验号＼因素	预热		焙烧		陶粒外观质量	颗粒密度 /g · cm^{-3}	结果评判
	温度/℃	时间/min	温度/℃	时间/min			
8	500	10	1200	12	焦化塌陷	—	焙烧过渡
9	550	15	1140	12	胀差	—	欠烧
10	550	15	1160	15	胀良	768	适烧
11	550	10	1180	8	胀良，少量黏结	645	适烧
12	550	10	1200	10	焦化塌陷	—	焙烧过渡
13	600	10	1140	15	胀差	—	欠烧
14	600	10	1160	12	胀良	592	适烧
15	600	15	1180	10	胀良，皮厚	694	适烧
16	600	15	1200	8	胀差，黏结严重	—	焙烧过渡

对每次烧制出来的陶粒成品进行现场观察及测试，记录并完成陶粒热工参数正交试验表（表 7-2）。烧制陶粒的最佳预热温度为 500 ~ 600℃，预热时间 10 ~ 15min，最佳焙烧温度为 1160 ~ 1180℃，焙烧时间为 8 ~ 15min。低于最佳预热温度或小于最佳预热时间，烧制的陶粒皮壳较薄，如附图 16、附图 17，直接影响陶粒制品的强度。高于最佳预热温度或大于最佳预热时间，烧制的陶粒皮壳太厚，如附图 19，陶粒内部可膨胀的部分就少。由于实验室电炉与生产的回转窑有较大差别，回转窑相对密封性好，实际焙烧的温度要低于实验室焙烧温度，并且回转窑处于运动状态，其内烧制的陶粒也在不断地翻动，这样受热均匀不会出现实验室用电炉烧制的表皮厚薄不均匀陶粒（附图 16、附图 20），并且陶粒黏结的情况会大大减少。

研究区黑色页岩中除粘土矿物外，伴生的非粘土矿物以细小晶粒及其集合体分散于页岩中。这些矿物有石英、长石、云母等，其他还有铁质及钛质矿物，碳酸盐等。本区页岩中含碳量很高，致使页岩的颜色呈灰-黑色。在烧制的氧化还原过程中可以起到发泡剂与还原剂的作用。页岩中的非粘土矿物特别是碱金属（$K_2O + Na_2O$）矿物含量较高时（>2%），烧结温度较低，烧结范围较窄[88]，而本区页岩 $K_2O + Na_2O$ 可达到 6. 172%，所以烧结温度较低，烧结范围较窄。

通过研究得出烧制陶粒的最佳条件为：

（1）贵州织金牛蹄塘组页岩烧制陶粒的最佳预热温度为 500 ~ 600℃，预热时间 10 ~ 15min，最佳焙烧温度 1160 ~ 1180℃，焙烧时间 8 ~ 15min。

（2）研究区页岩中的非粘土矿物特别是碱金属（$K_2O + Na_2O$）矿物含量较高时（>2%），烧结温度较低，烧结范围较窄，而本区页岩 $K_2O + Na_2O$ 可达到 6. 172%，所以烧结温度较低，烧结范围较窄。

7.1.7　产品性能测试与物质成分检测

陶粒的强度测试按国家标准 GB/T 17431—1998《轻集料及其测试方法》中关于筒压强度的测试要求，要求陶粒数量较大，实验室小试的陶粒成品数量远远达不到其测试要求，所以我们按 7.1.3 节中试验方法以及公式 7-1 ~ 公式 7-4 测试陶粒的膨胀倍数、颗粒密度、堆积密度和筒压强度，并送部分样品到浙江大学进行单颗陶粒抗压强度测试，测试结果如图 7-1 ~ 图 7-3 所示。

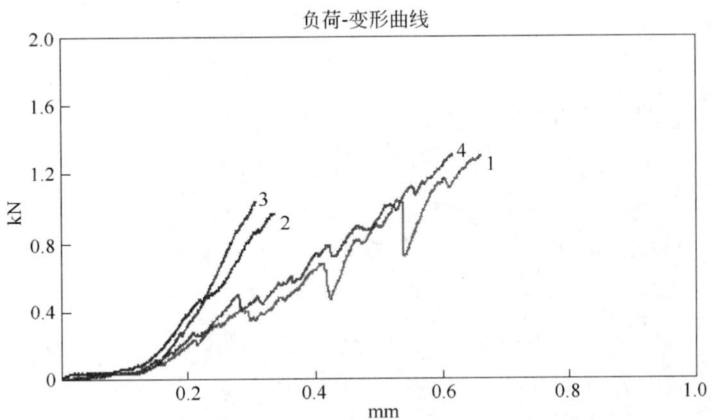

图 7-1 16 号陶粒样品的抗压力测试结果
（检测单位：浙江大学）

试样号	压缩弹性模量 E_c/MPa	抗压强度 σ_{bc}/MPa	最大压缩力 F_{bc}/kN
1	1237.4	16.60	1.30
2	2842.1	12.30	0.97
3	3155.9	13.21	1.04
4	1371.9	16.69	1.31
平均值	2151.8	14.70	1.15

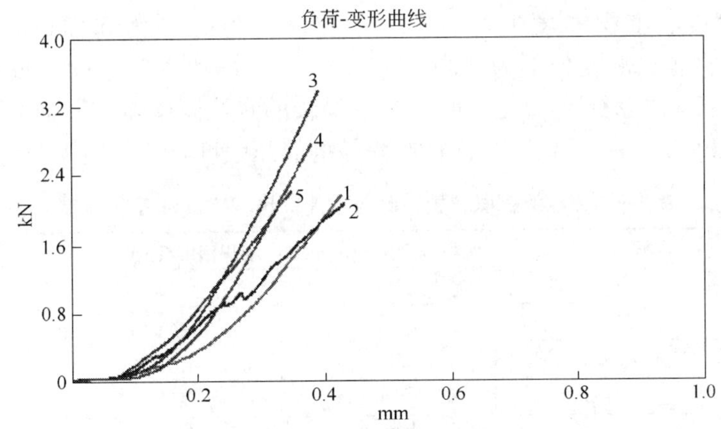

图 7-2 28 号陶粒样品的抗压力测试结果
（检测单位：浙江大学）

试样号	压缩弹性模量 E_c/MPa	抗压强度 σ_{bc}/MPa	最大压缩力 F_{bc}/kN
1	3595.3	27.49	2.16
2	3405.6	26.33	2.07
3	7167.5	43.06	3.38
4	6040.1	35.08	2.76
5	4663.5	28.06	2.20
平均值	4974.4	32.00	2.51

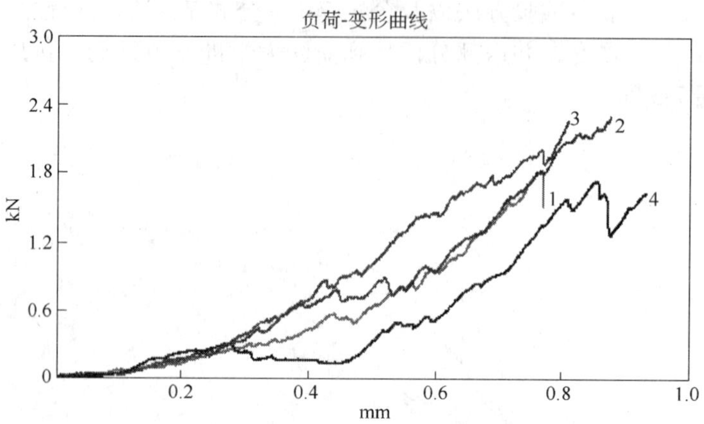

图 7-3 36 号陶粒样品的抗压力测试结果
（检测单位：浙江大学）

试样号	压缩弹性模量 E_c/MPa	抗压强度 σ_{bc}/MPa	最大压缩力 F_{bc}/kN
1	1210.6	23.15	1.82
2	1282.5	29.33	2.30
3	2004.3	28.88	2.27
4	643.5	22.19	1.74
平均值	1285.2	25.89	2.03

从陶粒的膨胀倍数、颗粒密度、堆积密度和筒压强度测试结果（表 7-3）看出，本次试验烧制的陶粒膨胀倍数 e 值变化范围为 1.27 ~ 2.33 倍，膨胀较好的陶粒样品编号为 16 号样、28 号样和 36 号样，膨胀倍数都在 2.0 以上；样品编号为 16 号样、28 号样和 36 号样陶粒的颗粒密度、堆积密度值都较小，颗粒密度值分别为 533kg/m^3、610kg/m^3 和 645kg/m^3，对应的堆积密度分别为 320kg/m^3、366kg/m^3 和 387kg/m^3，属于 400 级陶粒，对比轻集料筒压强度国家标准（表 7-4），这一等级的陶粒筒压强度大于 1.3MPa 为优质陶粒，从表 7-3 筒压强度一栏看出，本次试验陶粒的筒压强度符合优质陶粒的标准。

表 7-3 陶粒的膨胀倍数、颗粒密度、堆积密度和筒压强度

样品编号	膨胀倍数 e	颗粒密度 ρ/kg·m^{-3}	堆积密度/kg·m^{-3}	筒压强度/MPa
4	1.84	761	456	4.95
11	1.66	976	585	5.78
16*	2.33	533	320	4.06
24	2.13	590	354	4.28
27	1.27	1053	632	6.09
28*	2.10	610	366	4.36
31	1.91	704	422	4.72
32	1.73	696	418	4.69
35	1.86	768	461	4.97
36*	2.23	645	387	4.50
39	1.88	592	355	4.29
40	1.71	694	416	4.69

注：编号带“*”的样品挑样送检。

表 7-4 轻集料筒压强度国家标准[52]

密度等级（轻粗集料）	堆积密度范围 /kg·m^{-3}	筒压强度/MPa		
		优 等 品	一 等 品	合 格 品
300	210 ~ 300	0.7	0.5	
400	310 ~ 400	1.3	1.0	
500	410 ~ 500	2.0	1.5	
600	510 ~ 600	3.0	2.0	
700	610 ~ 700	4.0	3.0	

实验得出研制的陶粒膨胀较好的膨胀倍数为 2.10 ~ 2.33 倍，密度等级为 400 级，筒压强度约为 4MPa（ >1.3MPa），属优质陶粒等级。

把样品编号为 16 号样、28 号样和 36 号样陶粒，每个编号的样品送检测，从陶粒样品的抗压力测试结果中可以清晰地看出，研制的陶粒随着施加压力的增大，逐渐发生微量变形。16 号样陶粒样品最大可以承受 1.31kN 的压力，平均受力 1.15kN，发生的微量变形仅为 0.25mm，从 16 号陶粒样品的抗压力测试结果（图 7-1）得出样品的抗压强度值为 12.30 ~ 16.60MPa，4 颗陶粒样品抗压强度的平均值为 14.7MPa。28 号陶粒样品最大可以承受 3.38kN 的压力，平均受力 2.51kN，发生的微量变形约为 0.40mm，从 28 号陶粒样品的抗压力测试报告（图 7-2）陶粒样品受压变形较平稳，但陶粒样品总体上受力稳定性一致。28 号样陶粒样品的抗压强度值为 26.33 ~ 43.06MPa，样品抗压强度的平均值为 32.00MPa。28 号陶粒样品的抗压强度值比 16 号陶粒样品的抗压强度值高。36 号陶粒样品最大可以承受 2.30kN 的压力，平均受力 2.03kN，发生的微量变形约为 0.80mm，从 36 号陶粒样品的抗压力测试报告（图 7-3）看出，测试的 4 颗陶粒样品受压变形曲线类似，陶粒样品的负荷-变形曲线都稍有波动，但总体上受力稳定性一致。36 号样陶粒样品的抗压强度值为 22.19 ~ 29.33MPa，样品抗压强度的平均值为 25.89MPa。36 号陶粒样品的抗压强度值比 16 号陶粒样品的抗压强度值高，比 28 号陶粒样品的抗压强度值低。16 号样、36 号样陶粒样品的力学测试值基本代表本课题研制的陶粒力学测试水平。28 号样陶粒样品的力学测试值较高可能是由预热参数值较高导致陶粒表壳较厚引起的。

样品编号为 16 号样、28 号样和 36 号样的陶粒抗压强度测试结果显示，36 号样陶粒样品的抗压强度值为 22.19 ~ 29.33MPa，4 颗陶粒样品抗压强度的平均值为 25.89MPa。36 号样陶粒样品的抗压强度值比 16 号样陶粒样品的抗压强度值高，比 28 号样陶粒样品的抗压强度值低。

7.1.8 吸水率测试

把编号为 16 号样、28 号样和 36 号样的陶粒样品送到山东工业陶瓷研究设计院质检科进行吸水率测试，测试结果见表 7-5，对比轻集料吸水率国家标准（表 7-6），16 号陶粒样品的平均吸水率为 32.4%，大于轻集料国家标准规定的 400 级陶粒吸水率值的 20%，这是由于 16 号样陶粒的焙烧温度较高，出现陶粒黏结现象，为了分开每个陶粒，我们强行破开，损坏了陶粒的表壳，使陶粒的蜂窝状孔隙暴露出来，导致吸水率较高。28 号样和 36 号样陶粒的吸水率平均值分别为 15.6% 和 18.2%，小于 20%，符合国家标准。

表 7-5　陶粒物理性能测试结果

样品号 \ 分析项目	吸水率/%			
	1	2	3	平均值
16	35.5	43.6	18.2	32.4
28	14.6	18.8	13.5	15.6
36	17.9	19.9	16.9	18.2

注：测试单位为山东工业陶瓷研究设计院。

表 7-6　轻集料吸水率国家标准[52]

类　别	轻集料品种	密度等级	吸水率/%
超轻集料	粘土陶粒	400	20
	页岩陶粒	500	15
普通轻集料	粘土陶粒	600～900	10
	页岩陶粒		

实验结果表明：从陶粒样品强度、吸水率、外观和断面等方面分析，36 号样陶粒样品完全可以代表本次研究的成果。颗粒密度为 387kg/m^3，筒压强度为 4.5MPa，吸水率为 18.2%。

7.1.9　成分检测

7.1.9.1　X-Ray 粉晶衍射分析

挑选多颗膨胀良好且表壳厚度适中的陶粒，敲碎移至研钵中研碎至全部通过 200 目（0.074mm）筛。搅拌均匀用四分法取对角线样品放置一旁，直至样品剩余约 20g 为止。把最后留在砧板上的这约 20g 样品装入样品袋，贴上送样标签送检。

样品在中国科学院贵阳地球化学研究所 XRD（X-Ray 粉晶衍射仪）室检测。X-Ray 粉晶衍射仪：日本理学公司生产，D/MAX-2200 型 X-Ray 衍射仪，Cuk$_\alpha$ 辐射，石墨单色滤波器，管电压为 40kV，管电流为 30mA，斜缝为 DS/SS1°，RS/RSM0.3。

分析结果见 X-Ray 粉晶衍射分析谱图（图 7-4）。

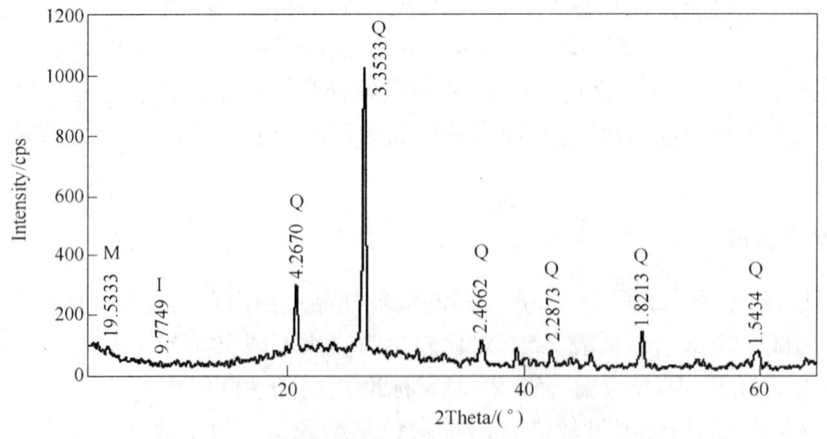

图 7-4　陶粒成品的 X-Ray 粉晶衍射分析

（测试单位：中国科学院贵阳地化所）

XRD分析结果表明：成品主要成分为石英，其次为伊利石。伊利石含量较低，反映在高温下突然冷却未能转变成其他结晶相而保留在陶粒中。样品测试结果表明成品成分中见少量莫来石，属高温相变产物。

7.1.9.2 扫描电镜（SEM）分析

将陶粒成品磨制成扫描电镜用的薄片（比光薄片稍厚），送至贵州师范大学分析测试中心分析。

A 陶粒表壳

从各种陶粒照片可以看出，陶粒的最外层都有一层致密的外壳，有的陶粒表壳薄，有的表壳厚，有些适中。但在扫描电镜下，这层致密的外壳也不是绝对致密的，它也是由存在许多微气孔的骨架组成（附图22、附图23）。

B 内部

膨胀良好的陶粒内部大量的蜂窝状封闭气孔用肉眼就可以看到。膨胀差些的陶粒内部气孔需借助仪器（放大镜、光学电镜或扫描电镜）方可清楚看到。即使内部的骨架，也是由存在许多微气孔的骨架组成。从附图17看出，膨胀好的陶粒内部气孔分布均匀、形状似蜂窝状，并且内部气孔互不连通。附图17、附图20所示图片是36号样陶粒样品的断面，是本次研究成功的陶粒样品。附图17、附图19、附图20显示16号样、28号样和36号样陶粒样品的外观及内部形貌。从陶粒的边缘（表壳）（附图17、附图19、附图20）到边缘与内部的过渡区域，再到陶粒的内部区域。

C 成分

对膨胀良好的16号样、28号样和36号样三批陶粒成品进行SEM（扫描电镜）配合X射线能谱分析，陶粒骨架的微观形貌、分析测试点位置以及对应的元素成分分析部分结果见图7-5～图7-24和表7-7～表7-16。从分析的谱图及元素含量表中可知，陶粒骨架的主

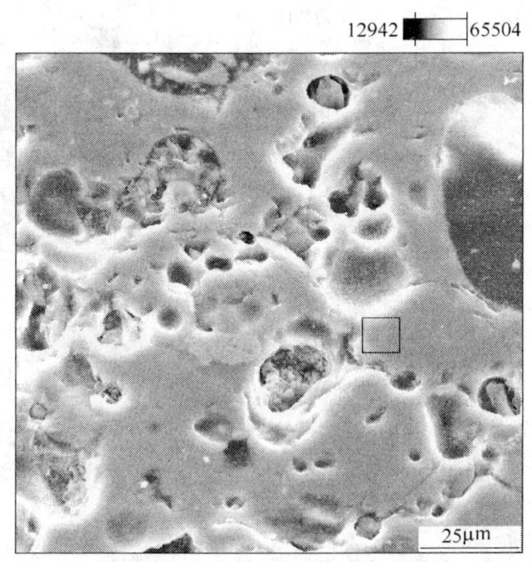

图7-5 16号陶粒SEM照片及成分分析位置（×1000）

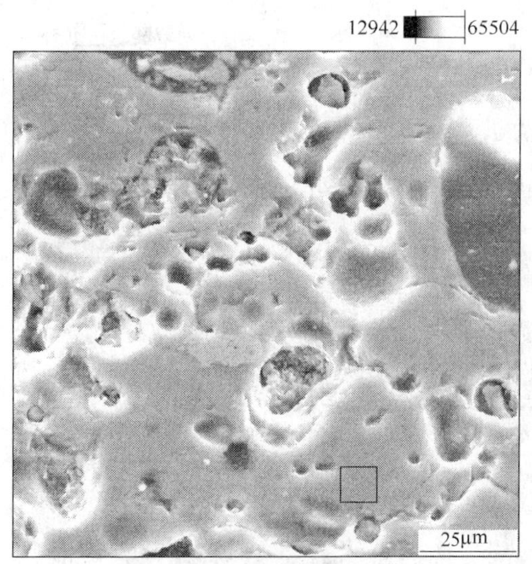

图7-6 16号陶粒SEM照片及成分分析位置（×1000）

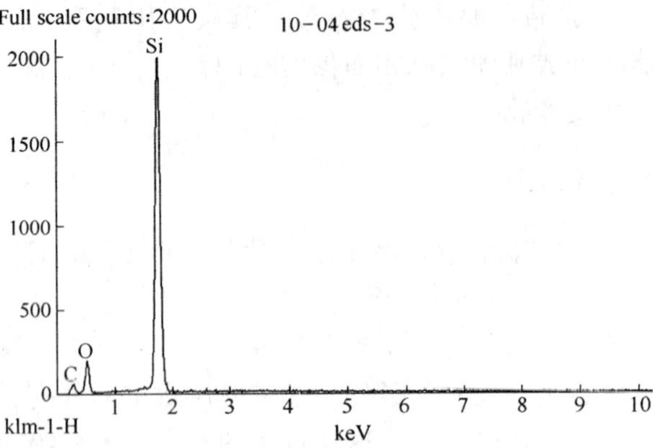

图 7-7　16 号陶粒骨架主要成分谱线图
（对应图 7-5 中分析位置）

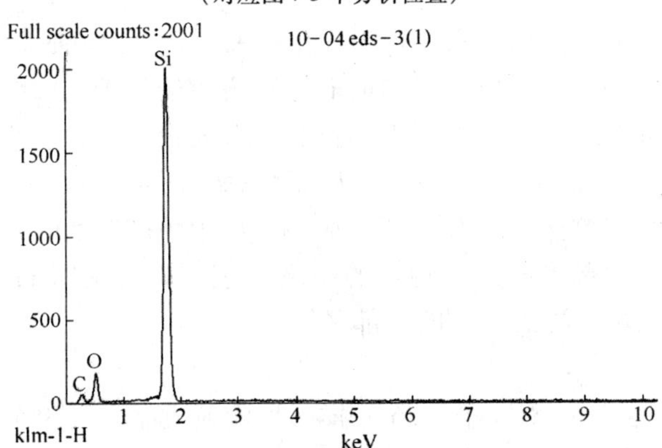

图 7-8　16 号陶粒骨架主要成分谱线图
（对应图 7-6 中分析位置）

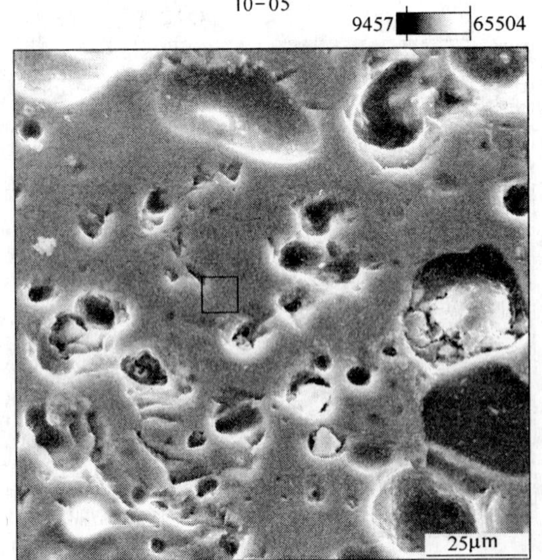

图 7-9　16 号陶粒的 SEM 照片及成分分析位置（×1000）

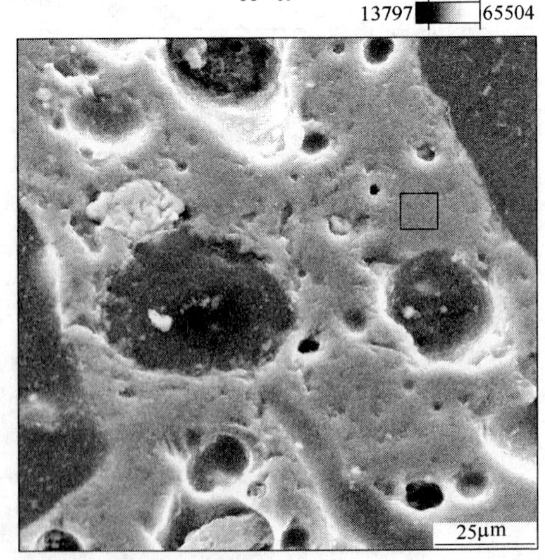

图 7-10　28 号陶粒 SEM 照片及成分分析位置（×1000）

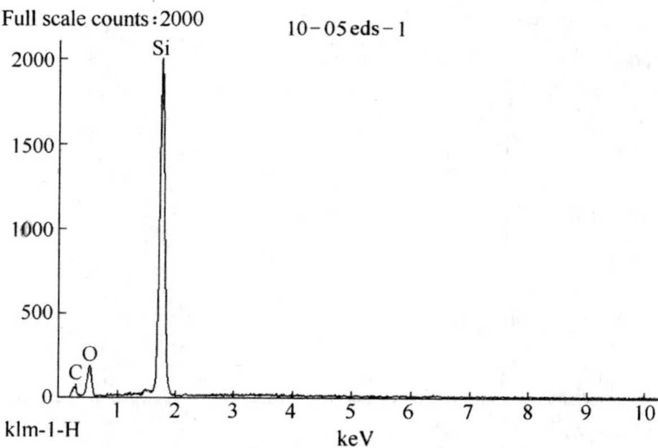

图 7-11 16 号陶粒骨架主要成分谱线图
（对应图 7-7 中分析位置）

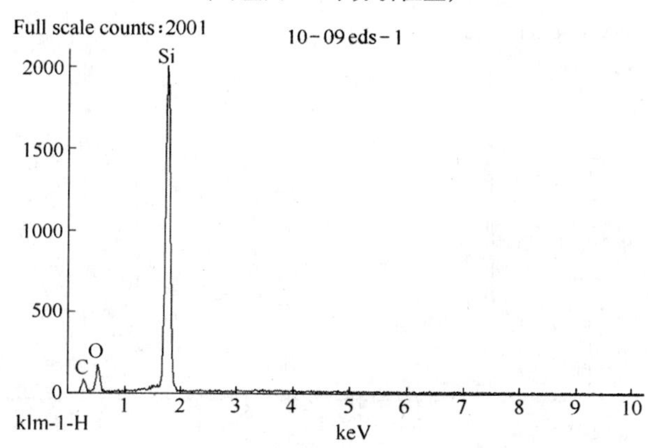

图 7-12 28 号陶粒骨架主要成分谱线图
（对应图 7-8 中分析位置）

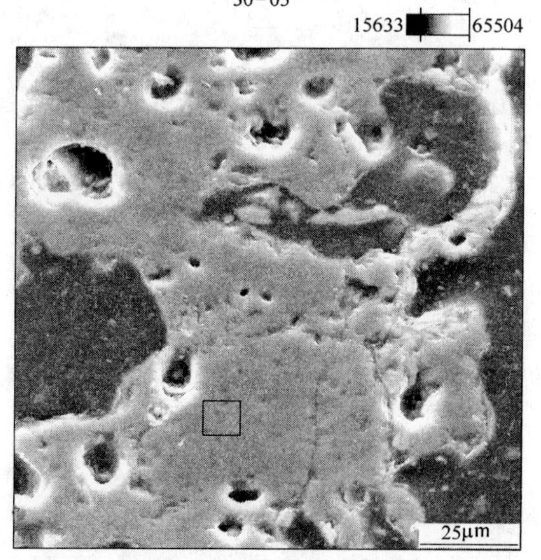

图 7-13 36 号陶粒 SEM 照片及成分分析位置

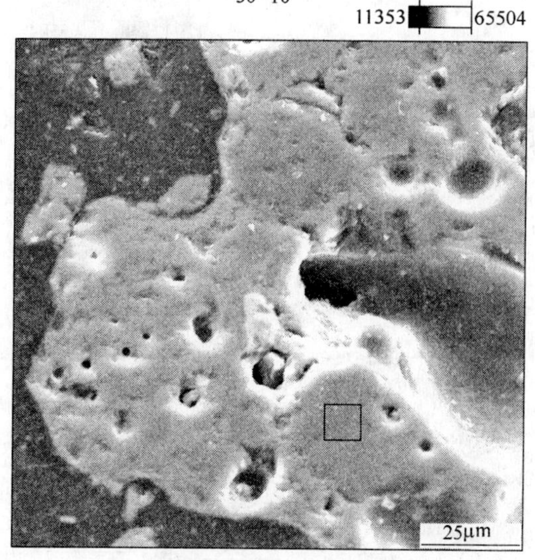

图 7-14 36 号陶粒 SEM 照片及成分分析位置

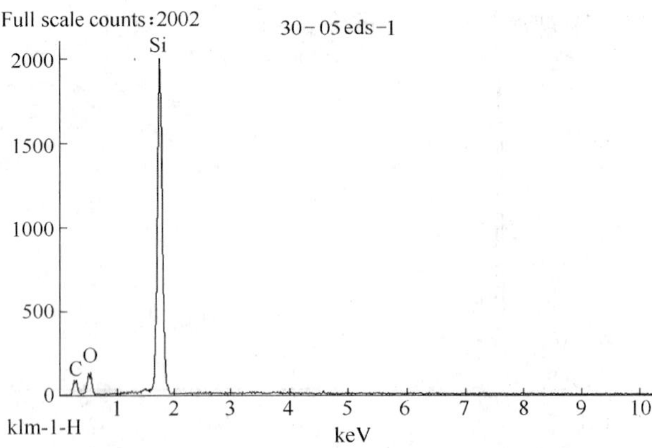

图 7-15　36 号陶粒骨架主要成分谱线图
（对应图 7-13 中分析位置）

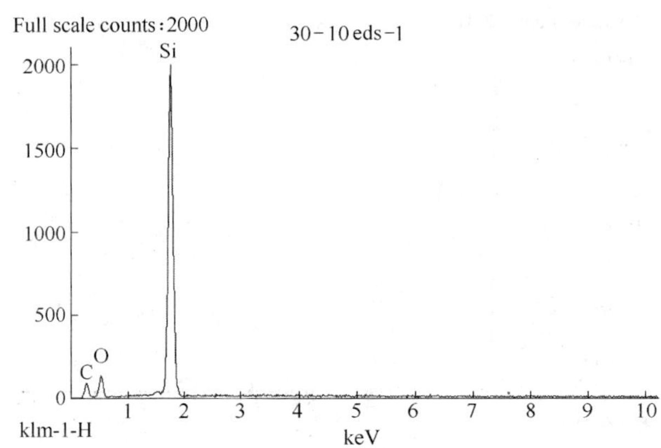

图 7-16　36 号陶粒骨架主要成分谱线图
（对应图 7-14 中分析位置）

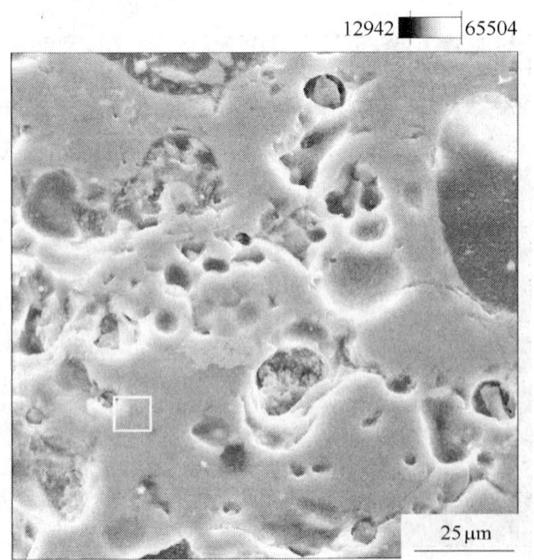

图 7-17　16 号陶粒骨架 SEM 照片及成分分析

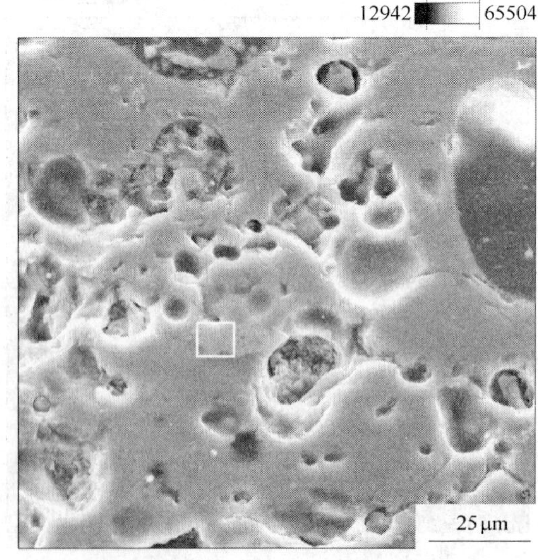

图 7-18　16 号陶粒中锐钛矿的 SEM 照片

Full scale counts: 2000
10-04eds-1
Si
Al
O
C
Mg
K
Ca
Fe
2000
1500
1000
500
0
1 2 3 4 5 6 7 8 9 10
klm-1-H
keV

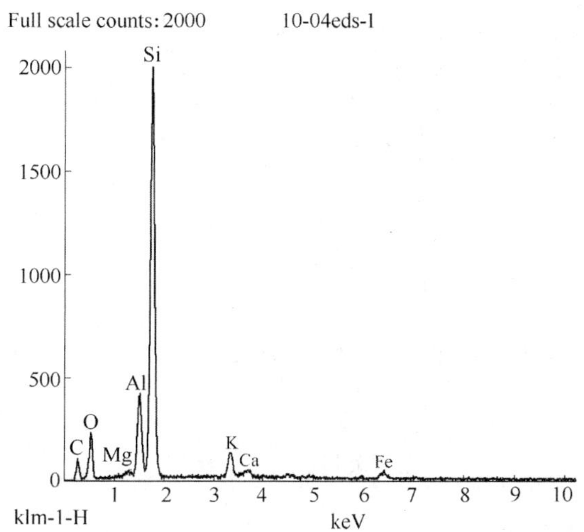

图 7-19 16 号陶粒骨架成分谱线图
（对应图 7-17 中分析位置）

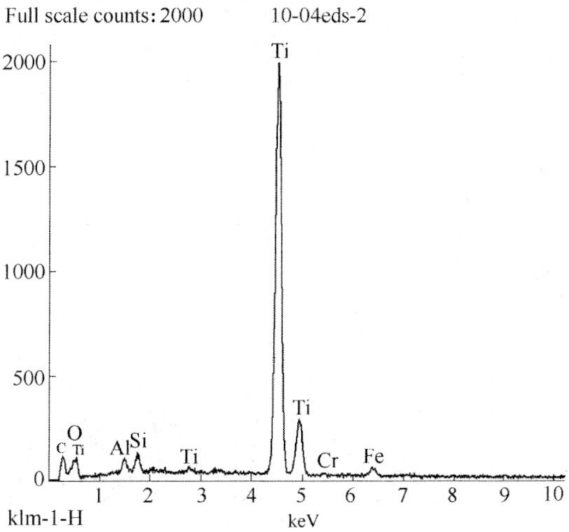

Full scale counts: 2000
10-04eds-2
Ti
O
C
Ti
Al
Si
Ti
Ti
Cr
Fe
2000
1500
1000
500
0
1 2 3 4 5 6 7 8 9 10
klm-1-H
keV

图 7-20 16 号陶粒中锐钛矿的谱线图
（对应图 7-18 中分析位置）

30-04
16116
65504
25 μm

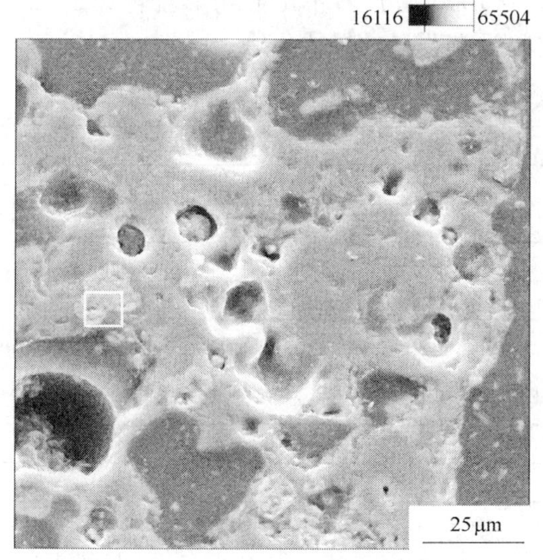

图 7-21 36 号陶粒中的铁矿物形貌

30-10
11353
65504
25 μm

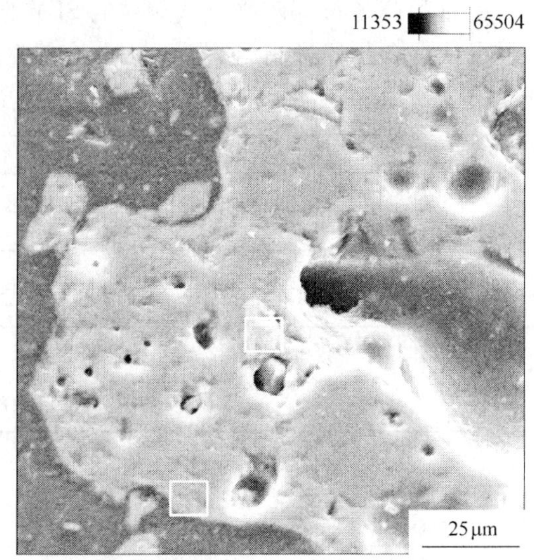

图 7-22 36 号陶粒中的锆石形貌

要元素组成（即陶粒的主要元素组成）：分别是 C、Si 和 O 三种元素。C/O 元素质量比大体上为 1∶1，O/S 元素质量比大体上为 3/5～1/2。C 元素在陶粒内较高，是由黑色高炭质页岩经高温烧制，含碳的有机质等组分被干馏等，残留在陶粒内构成骨架组分所致。O 元素多数与 Si 元素构成石英矿物晶体，少部分的 O 元素参与莫来石及其他物质的形成。部分 Si 元素在陶粒内部形成硅质玻璃，与一些由于从高温状态快速降温未来得及形成晶体矿物的成分共同构成玻璃质。

陶粒的物质成分除了 C、Si、O 外，还有其他少量却种类较多的成分。从 SEM 结果分

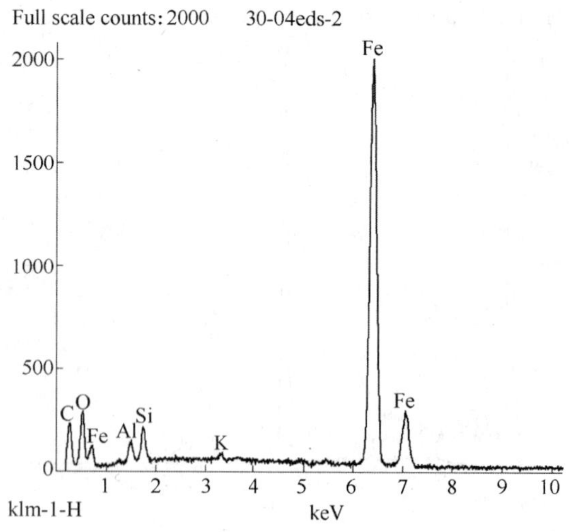

图 7-23 36 号陶粒中的铁矿物谱线图
（对应图 7-21 中分析位置）

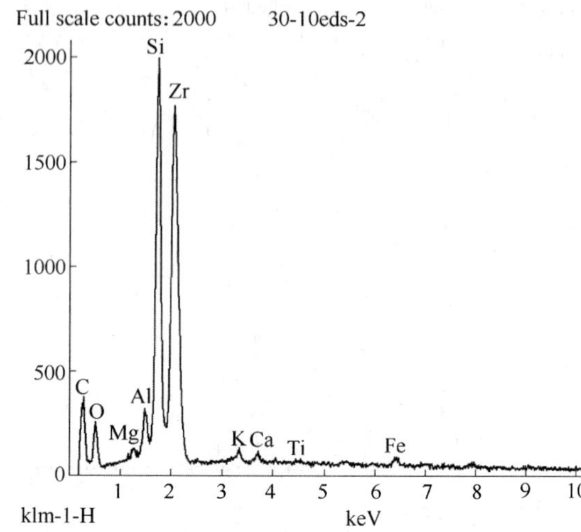

图 7-24 36 号陶粒中锆石的谱线图
（对应图 7-22 中分析位置）

析，陶粒骨架中除了含有炭质、石英和硅质玻璃外，还有伊利石、白云石、铁矿物、锐钛矿、锆石和莫来石等矿物。从陶粒的 SEM 照片（×1000 倍）看不出矿物形貌轮廓是由于多种晶体混合物经过高温共熔，因此有些矿物之间没有明显的界线边缘。

表 7-7 16 号陶粒骨架主要元素含量

元 素	含 量	误 差	相对含量/%
C K	423	+/-23	24. 15
O K	1471	+/-49	29. 09
Si K	21046	+/-162	46. 76
总 量			100. 00

注：对应图 7-5 中分析位置。

表 7-8 16 号陶粒骨架主要元素含量

元 素	含 量	误 差	相对含量/%
C K	399	+/-23	23. 44
O K	1459	+/-49	29. 23
Si K	20905	+/-163	47. 33
总 量			100. 00

注：对应图 7-6 中分析位置。

表 7-9 16 号陶粒骨架主要元素含量

元 素	含 量	误 差	相对含量/%
C K	420	+/-23	23. 72
O K	1544	+/-50	30. 02
Si K	20827	+/-162	46. 26
总 量			100. 00

注：对应图 7-7 中分析位置。

表 7-10 28 号陶粒骨架主要元素含量

元 素	含 量	误 差	相对含量/%
C K	542	+/-25	28.64
O K	1332	+/-49	26.83
Si K	20887	+/-162	44.53
总 量			100.00

注：对应图 7-8 中分析位置。

表 7-11 36 号陶粒骨架主要元素含量

元 素	含 量	误 差	相对含量/%
C K	695	+/-27	33.98
O K	1170	+/-47	24.47
Si K	19966	+/-158	41.55
总 量			100.00

注：对应图 7-13 中分析位置。

表 7-12 36 号陶粒骨架主要元素含量

元 素	含 量	误 差	相对含量/%
C K	675	+/-26	35.19
O K	971	+/-45	21.94
Si K	19920	+/-158	42.88
总 量			100.00

注：对应图 7-14 中分析位置。

表 7-13 16 号陶粒骨架元素含量

元 素	含 量	误 差	相对含量/%
C K	618	+/-27	23.18
O K	1759	+/-66	25.80
Mg K	216	+/-35	0.45
Al K	3819	+/-121	7.04
Si K	20077	+/-137	36.90
K K	1478	+/-88	3.42
Ca K	423	+/-39	1.06
Fe K	498	+/-44	2.15
总 量			100.00

注：对应图 7-17 中分析位置。

表 7-14 16 号陶粒中含锐钛矿的元素含量

元 素	含 量	误 差	相对含量/%
C K	881	+/-39	10.62
O K	748	+/-68	15.97
Al K	501	+/-80	1.12

续表 7-14

元　素	含　量	误　差	相对含量/%
Si K	932	+/-93	1.63
Ti K	30788	+/-250	67.44
Cr K	185	+/-36	0.57
Fe K	743	+/-54	2.65
总　量			100.00

注：对应图 7-18 中分析位置。

表 7-15　36 号陶粒中含铁矿物元素含量

元　素	含　量	误　差	相对含量/%
C K	1867	+/-38	18.63
O K	2338	+/-93	9.78
Al K	1032	+/-44	1.92
Si K	1685	+/-55	2.37
K K	420	+/-50	0.41
Fe K	34864	+/-319	66.88
总　量			100.00

注：对应图 7-21 中分析位置。

表 7-16　16 号陶粒中含锆石元素含量

元　素	含　量	误　差	相对含量/%
C K	2856	+/-50	31.74
O K	1597	+/-48	11.97
Mg K	272	+/-53	0.23
Al K	1799	+/-77	1.29
Si K	20700	+/-295	12.70
K K	492	+/-58	0.47
Ca K	561	+/-58	0.55
Fe K	731	+/-71	1.10
Zr K	1688	+/-153	39.67
总　量			97.71

注：对应图 7-22 中分析位置。

D　小结

把陶粒成品扫描电镜分析结果结合陶粒成品 X-Ray 粉晶衍射分析，分析认为陶粒的主要成分为 α-石英和硅质玻璃，其次有少量莫来石、伊利石、铁矿物、锐钛矿、锆石和白云石等矿物。

7.1.10　成分、结构与性能的关系

一般说来，矿物结晶晶相的强度比玻璃相要高。对于含玻璃相多的轻集料而言，轻集

料中矿物结晶晶相愈多则其强度愈高。针状莫来石晶体若呈网络状分布于玻璃相中，形成坚固的骨架结构，可增大轻集料的强度并提高其断裂强度。由于莫来石晶体的膨胀系数（$a=5.0\times10^{-6}$m/℃）和玻璃相的膨胀系数（$a=6.8\times10^{-6}$m/℃）相差不大，温度变化时不致出现大的有害应力，因而排除了轻集料内的热应力和内部裂纹[89]。所以，陶粒中所含矿物结晶晶相成分越多，强度越高。总结优质轻集料的理想结构模型为：气孔呈闭口圆球形并且气孔之间均匀分布，有针状莫来石晶体网络体生成，并且晶相成分尽可能高，轻集料表层有一层厚的致密层存在。

本次研制的陶粒以石英和硅质玻璃为主要成分，还含有少量具有针状莫来石晶体呈网络状分布于玻璃相中，从 SEM 照片（图 7-5、图 7-6 等）中看出，陶粒内部的气孔呈蜂窝状均匀分布，陶粒的外表有一层厚度适中的致密层。所以烧制的陶粒样品强度符合同等级优质陶粒的品级。

总结如下：

（1）研制的陶粒以石英和硅质玻璃为主要成分，还含有少量具有针状莫来石晶体呈网络状分布于玻璃相中，陶粒内部的气孔呈蜂窝状均匀分布，陶粒的表层有一层厚度适中的致密层外壳。所以烧制的陶粒样品具有一定的强度。

（2）因为陶粒表层有一层厚度适中的致密层外壳，所以吸水率适中，符合同等级优质陶粒的吸水率品级。

7.1.11 黑色页岩陶粒膨胀机理探讨

7.1.11.1 页岩原料对膨胀性能的影响

对页岩陶粒的膨胀发泡机理等问题，当前学术界尚有争论。一般认为，化学成分的合理范围是页岩经过高温焙烧膨胀发泡而生产出内部具有多孔结构陶粒的根本保证。在第五届全国轻骨料及轻骨料混凝土学术讨论会上，黄德俊等人提出，原料化学成分不是页岩在高温下膨胀而形成陶粒产品的决定性因素，采用拼合化学成分的方法是烧制不出页岩陶粒的。他们对京西的“陶粒页岩”进行了全面的分析，比较了不同化学成分对样品焙烧性能的影响，选取了膨胀率大于 4.9% 及小于 4.2% 的两组样品进行了对比分析，结果显示，两种样品中只有镁及高价铁的含量有微弱的差别，镁、铁含量高的膨胀性能也比较好，低者的膨胀性能差。

在页岩中含有两大类矿物成分，一类是具有成陶性的矿物，如伊利石；另一类是不具有成陶性的矿物，如长石等。只有当具有成陶性的矿物占有比较大的比例时，这种页岩矿物原料才能经过高温的焙烧而形成陶粒，即具有成陶性能的页岩。一般而言，主要的成陶矿物有伊利石（水云母）、蒙脱石等层状硅酸盐矿物，而次要成陶矿物则包括铁矿物（黄铁矿、赤铁矿和褐铁矿）、硫酸盐矿物（石膏）、碳酸盐矿物（白云石、方解石）和有机质等矿物。

主要的成陶矿物决定了页岩在高温环境下的各种物理和化学行为特征，如焙烧温度、焙烧时间和产品密度、强度等，而次要成陶矿物则主要起发泡和助熔等辅助作用。因为地域的差别，页岩的化学成分也有少许的不同。但是对具有成陶特性的页岩而言，其中的主要成陶成分大致相当，只是次要成陶成分有一定的差别，这也是不同地域页岩都能作为生产页岩陶粒的原因所在。

7.1.11.2 热工制度对陶粒膨胀的作用机理

预热：成形后的陶粒料球，其含水率一般在18%左右，应进行适当的预热。预热温度为200～600℃。预热对生料球的质量有较大的影响，如果在预热过程中生料球表面出现裂缝，则在焙烧环节中容易开裂并导致陶粒强度降低；而且由于生料球表面有裂纹，在膨胀阶段容易使膨胀气体大量逃逸，从而降低产品的膨胀性能。

焙烧：页岩陶粒的焙烧实质上是页岩矿物不断脱水并发生分解等化学反应的过程[80]。页岩陶粒焙烧过程中原料矿物基本保持为固态，主要通过水分的脱去、矿物晶格的解体和新的晶格形成而烧成陶粒产品。页岩原矿中含有水分较多，可分为吸附水、层间水、结构水等。吸附水主要是薄膜水和毛细管水，伊利石、蒙脱石心以及少量的绿高岭石内均含有含量变化很大的层间水。

研究发现，伊利石在100～160℃左右脱去吸附水，500～600℃层间水大量逸出，反应温度在620～740℃之间；结构水脱去的温度为900～1000℃，在960℃左右结构水大量脱去。

蒙脱石、绿高岭石与伊利石的脱水变化大致相当，均呈现三个吸热谷-放热峰的变化特征。三个吸热谷的温度分别是：100～300℃、500～700℃、900～1000℃。这三个不同的温度区间分别与矿物中吸附水、层间水、结构水的脱失变化相对应。放热峰一般出现在1000℃之后，并且在1050～1250℃区间内出现峰顶，如绿高岭石在1180℃时出现峰顶。放热峰的出现说明原矿物发生解体，尖晶石、钙长石等新矿物开始生成。

综上所述，利用页岩为原料来生产陶粒时，焙烧过程主要包括以下几个阶段：

（1）外来的吸附水脱去阶段，也称为页岩原料的干燥阶段；

（2）矿物内的中性层间水分子溢出阶段，也称为中温预热（烧）阶段；

（3）矿物内部的结构水离子析出阶段，也称为高温分解阶段；

（4）旧的矿物晶格解体，新的矿物晶格形成阶段，也即陶粒的形成阶段。

生料球在回转窑内高温和一定压力的环境中经过一定时间的特定化学反应而形成了最终的陶粒产品。这个复杂的反应过程既包括氧化还原反应，也包括脱水作用、脱碳酸盐作用等。为了得到内部气孔结构分布适宜的页岩陶粒产品，必须较好地控制原料坯体在高温下的反应，尤其是反应速度，控制反应速度的关键在于实现对反应温度及其变化的控制。页岩陶粒焙烧的适宜温度是1150～1200℃。

页岩原料在不同阶段的加热过程中可能气化的物质如下：

（1）游离水和物理结合水。这种水在100～200℃即会蒸发。显然，它并不会直接影响料球的膨胀。

（2）矿物及水化物的结合水。它们主要是在200～600℃逐渐逸出。其中某些化合水，甚至在长久的加热情况下（维持到900～1000℃）才能排出。由此看来，其参与膨胀的可能性是很大的。

（3）料球中有机质的干馏产物。页岩原料中的有机质混合物在400～800℃下析出挥发物和干馏产物，而在陶粒料球中有机质完全烧尽实际上是在900～1000℃，在快速升温并缺氧状态下，有机质烧尽甚至可能要到陶粒料球发生软化时的温度。所以，有机质实际上是在整个焙烧过程中都在析出挥发物及其干馏产物，其中主要的产物便是氢与碳。

（4）碳酸盐分解的气体产物。在易熔物料中一般都含有碳酸钙和碳酸镁，有时还含有少量的碳酸亚铁和碳酸锰。其中，碳酸钙的强烈分解是在850～950℃。碳酸镁是在500～600℃，碳酸亚铁是在400～500℃，碳酸锰是在500～600℃。这些碳酸盐的分解过程和加热的速度有关，也和矿物数量及其物理状态有关。当陶粒料球经焙烧已具有一定黏度，如果此时碳酸盐分解，则其分解的气体也有可能参与料球膨胀的作用。

（5）氧化铁的气体分解产物。陶粒料球中的 Fe_2O_3 在1000℃以下开始分解，但要在1350℃左右分解的限度才可以达到大气中氧的分压。料球在氧化气氛中焙烧到1300℃以下时，氧化铁的分解对料球膨胀过程所起的作用不大。陶粒料球在还原气氛下焙烧时，由于介质中氧的分压降低了，氧化铁的分解温度也会降低，从而使氧化铁分解析出的氧参与料球的膨胀作用。因为只有当焙烧介质中含有一氧化碳、氢或其他还原剂，也即对还原反应创造了很好的热工条件时，才可能使氧化铁分解，并参与料球的膨胀作用。

7.1.11.3 陶粒膨胀中的主要氧化还原反应对膨胀的作用

陶粒料球本身是一种复杂的混合物，其膨胀中的主要氧化还原反应对膨胀的作用的情况可归纳如下：

（1）陶粒料球内部气体的产生，主要的是由于气态或固态的还原剂——一氧化碳与氧化铁还原反应的结果，其反应式如下：

$$2Fe_2O_3 + C \longrightarrow 4FeO + CO_2\uparrow$$

$$3Fe_2O_3 + CO \longrightarrow 2Fe_3O_4 + CO_2\uparrow$$

$$Fe_3O_4 + C \longrightarrow 3FeO + CO\uparrow$$

（2）陶粒料球的软化范围和最优黏度主要取决于熔融体内的碱性氧化物、氧化铁以及转化为熔融体时伴随这些氧化物生成的各种成分。氧化铁被还原生成的氧化亚铁，对降低熔融温度影响很大。

（3）陶粒料球的膨胀是在物料软化时发生的。在物料软化并形成最好黏度时，由于料球内部气体的作用，从而使其产生膨胀。

因为气体要使软化了的料球膨胀起来，气体所产生的压力需要克服料球的黏度对它的阻力。当焙烧温度过低时，物料内部液相还没有形成或形成少，这时在物料内具有无数细孔通道，不能抑制气体的压力，气体很容易沿着这些物料内原有的通道，由物料内逸出，就不能使料球获得良好的膨胀。反之，若料球内液相过多、黏度过小，则液相不能抑制住气体压力，也就是说气体也容易穿过料球逸出。所以内部产生气体的压力等于或略小于料球液相的黏结力时，是料球最好的膨胀条件。当冷却时，熔融体即开始硬化，其内部形成气泡，从而使料球形成蜂窝状的多孔材料。

因此，料球在加热到一定温度条件下，所能达到的可塑状态时的黏度，具有十分重要的意义。料球的软化范围越大，则膨胀过程的条件越好。软化期的长短与料球中所含熔剂有关。在有游离 SiO_2 存在的条件下，料球中熔剂的助熔作用大小，可按下列顺序排列：

$$FeO > MgO > CaO > Na_2O > K_2O$$

这些氧化物之所以能有助熔作用，是因为它们能在较低温度下有与其他组分形成共晶混合物的能力，它们直接影响料球的耐火度及软化温度范围，部分金属氧化物及其共晶混合物的熔融温度见表7-17。

表 7-17　某些金属氧化物及其共晶混合物的熔融温度

名　称	熔融温度/℃	名　称	熔融温度/℃
SiO_2	1713	$FeO \cdot SiO_2$	1100
Al_2O_3	2050	$FeO + FeO \cdot Al_2O_3$	1305
CaO	2570	$CaO \cdot Al_2O_3 \cdot SiO_2 + CaO \cdot SiO_2 + SiO_2$	1170
MgO	2800	$Na_2O \cdot 2SiO_2$	874
Fe_2O_3	1548	$K_2O \cdot 4SiO_2$	770
FeO	1380	$K_2O \cdot SiO_2$	976
—	—	$4FeSiO_3 + CaSiO_3$	1030

从表 7-17 可以看出：这些氧化物在料球中的助熔作用是十分显著的。它们都能与 SiO_2 或 Al_2O_3 等生成结晶物质存在。这些结晶物质熔点较低，如熔点为 1713℃的 SiO_2，在高温下与 FeO 生成 FeO · SiO 共晶化合物时，其熔点只有 1100℃。这样便大大降低了料球的熔融温度。但是上述几种熔剂，对料球的软化范围有不同的作用。例如：在低于液相线时，CaO 是增加黏度的；而温度升高时，它又会起助熔作用，同时对生成液相起稀释作用，显然它的作用是缩短了软化范围。所以过量的 CaO 是非常有害的。相反，K_2O、Na_2O 则可以扩大软化范围。至于氧化亚铁，它对调节气态物质和造成适当黏度都起着良好的作用。

7.1.11.4　结论

具体如下：

（1）一般认为，化学成分的合理范围是页岩能否经过高温焙烧膨胀发泡而生产出内部具有多孔结构陶粒的根本保证。

（2）主要的成陶矿物决定了页岩在高温环境下的各种物理和化学行为特征，如焙烧温度、焙烧时间和产品密度、强度等，而次要成陶矿物则主要起发泡和助熔等辅助作用。

（3）预热对膨胀的影响。成形后的陶粒料球，其含水率一般在 18% 左右，应进行适当的预热。预热温度为 200～600℃。预热对生料球的质量有较大的影响，如果在预热过程中生料球表面出现裂缝，则在焙烧环节中容易开裂并导致陶粒强度降低；而且由于生料球表面有裂纹，在膨胀阶段容易使膨胀气体大量逃逸，从而降低产品的膨胀性能。

（4）焙烧对膨胀的影响。

1）页岩陶粒的焙烧实质上是页岩矿物不断脱水并发生分解等化学反应的过程。页岩陶粒焙烧过程中原料矿物基本保持为固态，主要通过水分的脱去、矿物晶格的解体和新的晶格形成而烧成陶粒产品。

2）伊利石在 100～160℃左右脱去吸附水，500～600℃层间水大量逸出，反应温度在 620～740℃之间；结构水脱去的温度为 900～1000℃，在 960℃左右结构水大量脱去。

3）生料球在炉内在高温和一定压力的环境中经过一定时间的特定化学反应而形成了最终的陶粒产品。这个复杂的反应过程既包括氧化还原反应，也包括脱水作用、脱碳酸盐作用等。为了得到内部气孔结构分布适宜的页岩陶粒产品，必须较好地控制原料坯体在高温下的反应，尤其是反应速度。所以，快烧是膨胀的保证。

（5）陶粒加热过程中可能参与料球膨胀的气体有：矿物及水化物的结合水、有机质干馏产物、氧化铁的气体分解产物等。

（6）陶粒的膨胀主要取决于在料球软化并形成适宜黏度的同时，料球内部有适量的气体产生。

7.2 黑色页岩制备多孔陶瓷

7.2.1 多孔陶瓷性能特征

以黑色页岩、黄磷渣等为主要原料、木炭粉为成孔剂和一定量的黏合剂，采用压制成形法，经配料、干燥、烧结，制备了多孔陶瓷，并通过调节造孔剂的含量、烧成温度、保温时间。制得的多孔陶瓷的气孔率达29.03%～51.46%，吸水率达20.02%～39.28%，体积密度为1.15～1.89g/cm^3，抗压强度为2.07～9.86MPa。开展了成孔剂用量、烧成温度、黏结剂及其用量、成形压力、保温时间等因素对制品性能的影响的探讨。采用压制成形法时，最佳制备条件为：成孔剂19%～25%，成形压力为10kN，适宜的烧成温度为1100～1200℃，保温时间为180min。制品的主要矿物为钙长石、石英、羟磷灰石、白榴石等矿物。

研究表明黄磷渣在成瓷中还有许多优良的工艺性能：增加制品的强度、降低烧成温度、缩短烧成周期、减小坯体收缩、黄磷渣的拉长的晶形以及由它们组成的坯体中粘土含量较少，有利于压制成形时的排气，不易产生叠层等[89]。

7.2.2 多孔陶瓷制备实验与分析

本实验的技术路线如图7-25所示。

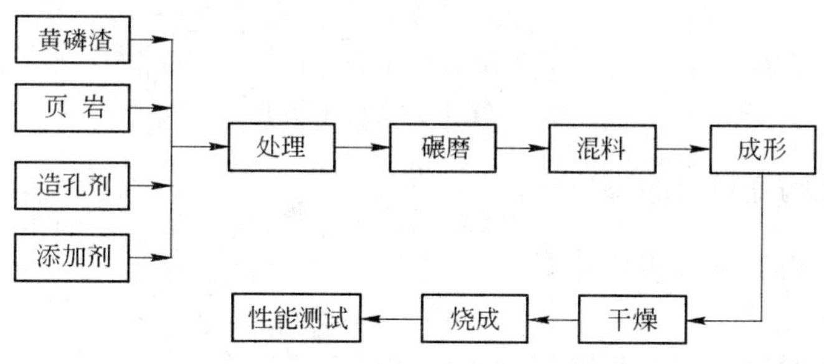

图7-25 多孔陶瓷的工艺流程图

7.2.2.1 原料的处理

A 黄磷渣的预处理

对黄磷渣预处理的目的主要是消除硫化物、焦炭、烧失量对制品质量的影响。本实验所采用的方法是高温煅烧，反应机理如下：

$$C + O_2 \longrightarrow CO_2 \uparrow (500 \sim 600℃)$$

为确保磷渣中的焦炭充分氧化分解，将磷渣碾磨至0.1～0.2mm。称取200g，均匀铺于匣钵内。在硅碳棒炉中煅烧，打开炉门鼓入空气，以保证焦炭充分氧化。

B　黑色页岩的预处理

对黑色页岩预处理的目的主要是消除硫化物、烧失量对制品质量的影响。本实验所采用的方法是：首先通过跳汰法选出部分黄铁矿，后通过高温煅烧，使 FeS_2 氧化分解，转变成 Fe_2O_3，最后用磁选法将杂质铁除去，Fe_2O_3 不仅影响热膨胀，还影响烧成工艺。Fe_2O_3 过少，烧成范围过窄，生产有困难，超过过多，则制品起泡。SO_2 反应机理如下：

$$FeS_2 + O_2 \longrightarrow FeS + SO_2 \uparrow (350 \sim 450^\circ C)$$

$$4FeS + 7O_2 \longrightarrow 2Fe_2O_3 + 4SO_2 \uparrow (500 \sim 800^\circ C)$$

为确保页岩中的 FeS_2 充分氧化分解，将页岩碾磨至0.1～0.2mm，称取200g，均匀铺于匣钵内，在硅碳棒炉中煅烧，打开炉门鼓入空气，以保证 FeS_2 充分氧气，煅烧温度设定为800℃。在设定温度下保温15min。用肉眼观察其煅烧后的颜色取出少许煅烧过的试样放入烧杯中，加入少量的稀盐酸，通过检验是否有臭鸡蛋气味判断硫化物氧化分解程度。黄色粉末状，浓烈臭鸡蛋；浅黄绿粉状，有臭鸡蛋气味；松散白色块状，没有气味，表明硫化物已经分解完全。冷却后磁选。

7.2.2.2　造孔剂的选择

造孔剂的作用主要是使基体成孔。利用它在坯体中占据一定的空间，然后经过烧结过程，造孔剂离开基体而成气孔来制备多孔陶瓷。采用造孔剂工艺的关键在于造孔剂种类和用量的选择[89~93]。造孔剂加入的目的在于促进气孔率增加，它必须满足下列要求：(1) 在加热过程中易于排除；(2) 排除后在基体中无有害残留物；(3) 不与基体反应。而添加量则依具体应用而定。

根据定义渗透度 K 由 Darcy 定律给出：

$$Q = KA \times \Delta P/(I\mu)$$

式中　K——多孔陶瓷材料的渗透度，$K = \frac{\phi}{B}$；

ϕ——多孔陶瓷材料的孔隙率；

B——常数；

Q——流体的流速（在标准温度、标准压力下）；

I——测试样品的厚度；

μ——流体的黏度；

A——测试样品的面积；

ΔP——样品两端的压差。

由上式可知：流体流经多孔陶瓷材料时的流速正相关于多孔陶瓷材料的渗透度，而渗透度正相关于其孔隙率，因而增大多孔陶瓷材料的孔隙率可以明显提高流体流经多孔陶瓷材料时的体积流速，从而使许多过程大大提高。增大孔隙率的一个重要手段就是加入造孔剂，本实验选用易于获取、价格低廉的木炭作为造孔剂，其在高温下，易于燃尽、不留杂质、不与基体反应。

7.2.2.3 黏合剂的选择

本实验所选用的原料之一黄磷渣为瘠性原料，塑性差，它的掺入导致坯料塑性降低，随磷渣掺入量的增加，坯料的塑性指数逐渐降低。所以在坯体成形中必须加入黏合剂才可压制成形，黏合剂可以在成形时提供黏合作用，同时可使试样具备一定干燥强度，有利于后续操作，一是为了增加石英瘠性原料颗粒之间的黏结作用、减少颗粒间及粉料与模壁之间的摩擦，降低成形时的压力损失，从而提高坯体强度，便于成形、脱模。二是为了便于混料。在实验中，选用了两种黏合剂：一种是有机的聚乙烯醇溶液（在实验室用固体聚乙烯醇制备），一种是无机的水玻璃。实验中发现，聚乙烯醇的缺点：在烧成过程中需排除聚乙烯醇产生的气体，从而使烧成时间变长，烧成制度更复杂。所以最终选用水玻璃做黏合剂。其加入量为原料干重的0.8%（水玻璃先加入到原料干重10%的水中，混匀后再加入）。

7.2.2.4 原料的制备

A 黄磷渣的制备

黄磷渣 → 预处理 → 破碎 → 碾磨 → 在105℃电干燥箱中干燥24h → 过160目（0.096mm）筛 → 陈腐24h → 备用。

B 黑色页岩的制备

黑色页岩 → 预处理 → 破碎 → 碾磨 → 在105℃电干燥箱中干燥24h → 过160目（0.096mm）筛 → 陈腐24h → 备用。

C 炭粉的制备

木炭 → 破碎 → 碾磨 → 干燥 → 过80目（0.175mm）筛 → 备用。

7.2.2.5 配方的确定

骨料采用黄磷渣、黑色页岩为主要原料，经配料、碾磨、干燥及烧成而成。所用原料的化学组成如表7-18、表7-19所示。多孔陶瓷样品配方如表7-20、表7-21所示，据传统陶瓷生产原料中的SiO_2、CaO含量以及所用骨料的性质，分别计算黄磷渣及黑色页岩骨料配方。

表7-18 实验用黄磷渣的化学组成（质量分数） （%）

成分 样品	SiO_2	TiO_2	Al_2O_3	Fe_2O_3	MnO	MgO	CaO	Na_2O	K_2O	P_2O_5	烧失量
黄磷渣	34.22	0.095	5.01	0.85	0.078	1.49	46.17	0.35	1.32	3.11	7.06

表7-19 黑色页岩的化学组成（质量分数） （%）

成分 样品	SiO_2	Al_2O_3	Fe_2O_3	FeO	CaO	MgO	K_2O	TiO_2	MnO	S	P_2O_5	烧失量
黑色页岩	53.33	16.11	6.61	1.74	1.81	2.19	4.52	0.66	0.049	5.71	0.22	12.57

表7-20 骨料配方（质量分数） （%）

样品	黄磷渣	黑色页岩
含量	59.52	40.48

表 7-21 配方的组成（质量分数） （%）

实验号	骨料	成孔剂
1号	90	10
2号	85	15
3号	81	19
4号	74	26
5号	69	31

7.2.2.6 混料

本实验所采用的造孔剂为炭粉，其相对密度小于陶瓷原料的相对密度，因此难以使其均匀混合。经过多次实验研究，采用两种不同的混料方法解决了上述问题。一种方法是，如果陶瓷粉末很细，而造孔剂颗粒较粗或造孔剂溶于黏结剂中，可以将陶瓷粉末与黏结剂混合造粒后，再与造孔剂混合。另一种方法是将造孔剂和陶瓷粉末按一定比例混合制成料浆，然后喷雾干燥，烧成制品的孔洞分布情况见图 7-26，从图 7-26 中可以看出其的孔洞分布极不均匀。由于本实验所用骨料粒度较细，而造孔剂粒度较粗，而且两者的相对密度相差很大，采用第一种方法混料，烧得制品的孔洞分布较均匀（图 7-27）。

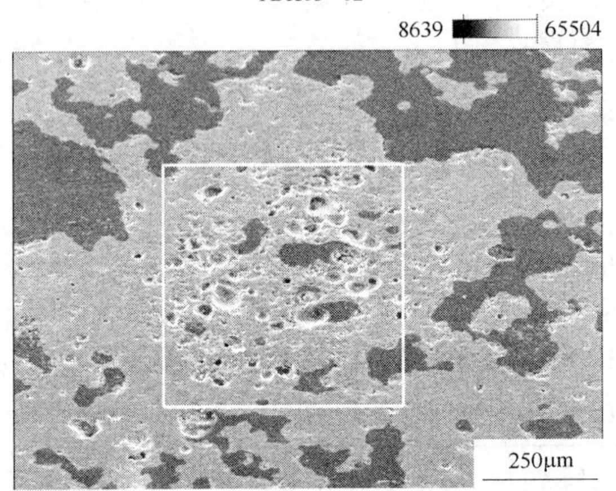

图 7-26 制品的孔洞分布不均匀

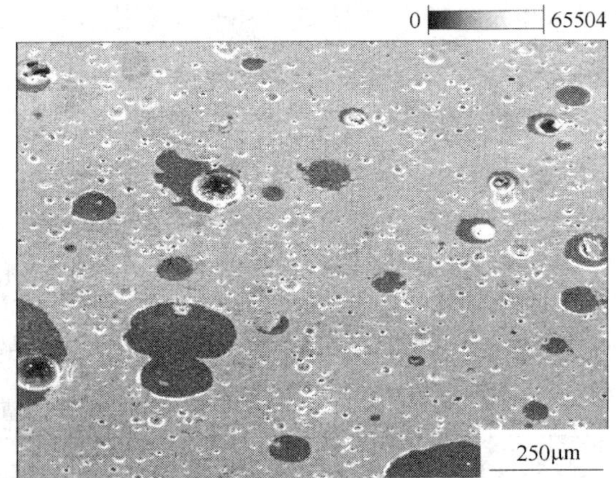

图 7-27 制品的孔洞分布较均匀

7.2.2.7 成形

半干压法成形中的三个最重要的因素是：成形压力，加压方式，加压速度和时间，在本实验中，加压方式则限于实验条件，采用单面加压，加压过程中采用缓慢加压，重复 2 次加压。影响成形的因素还有粉料含水量和颗粒形状。如果含水量过低，压制时颗粒间及颗粒与模壁间的摩擦力大，制品不易压实，且模具易磨损；含水量太高，也不易压实和脱模，同时在干燥和烧成过程中会给坯体带来太大收缩，导致制品出现缺陷的可能性增大。实验中，通过加入水的方式将含水量控制在 5% 左右，压制的试样在干燥和烧成过程中均没有出现裂纹。因为粉料的塑性较差，为了提高成形性能，粉料加入黏合剂，实验采用单向模压成形法（半干压法）。模压成形的最大优点是简单方便，如果制品的质量要求不高，较小的片状、块状或管状多孔陶瓷都可用模压成形的方法。而素坯的密度与成形压力成正相关关系，压力太小则不能有效地排除空气，压力太大则容易分层和妨碍制品气孔率。因此，成形的压力要适中。所以实验成形压力定为 3 ~ 13kN，保压时间为 20 ~ 30min。将制备好的骨料、成孔剂和黏结剂充分混匀后称取适量放入模具中压制而成（图 7-28）。

图 7-28 多孔陶瓷坯体

7.2.2.8 干燥

干燥目的是使黏结剂固化，以使坯体获得必要的强度。由于本实验是采用半干压法成形，必须十分注意升温速率，以防止坯体开裂（图 7-29、图 7-30）、弯曲变形。坯体先放阴凉处，室温下干燥 24h 后，电干燥箱中在 105℃下干燥 8h 后方可烧成。

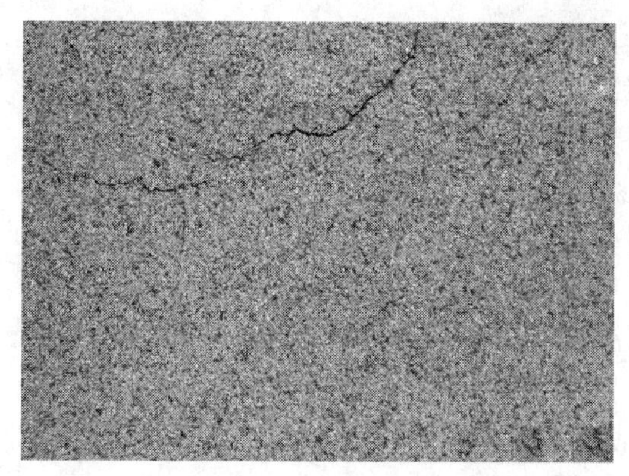

图 7-29 坯体表面开裂

图 7-30 坯体断面开裂

7.2.2.9 烧成与冷却

为了获得所要求的使用性能，必须对成形后经干燥的陶瓷坯体进行高温处理，即烧成。坯体在烧成过程中发生一系列的物理化学变化——膨胀、收缩、气体的产生、液相的出现、旧晶相的消失、新晶相的析出等变化过程。这些变化在不同温度阶段中进行的程度与状况决定了瓷器的质量与性能。只有掌握了坯体在烧成过程中的物理化学变化规律，才能制定合理的烧成制度，烧制出满足要求的产品。本实验中的烧成过程主要是为了排除添加的炭粉，获得所要的多孔结构，同时也是为了使产品获得一定的强度。烧成过程中最重要的一个步骤就是制定合理的烧成制度。烧成制度取决于坯体的组成和性质、坯体的造型、大小和厚度等因素。在综合考虑气孔率和强度两个因素的前提下，本研究经一系列的烧成制度的试验，最后确定压制成形的坯体的烧成温度为 1140℃，保温 3h，后随炉冷却。

由于骨料的烧失量较大、黏结剂、成孔剂挥发排出时体积收缩，并且该实验是采用半干压法成形的，在烧成的开始阶段，坯体吸收热量用来排除机械水和吸附水，是一种纯物理现象，排除水后留下的空隙被空气代替，使坯体的气孔率有所增加，此时固体颗粒也有所靠拢，会有微量的收缩，所以升温速率不宜太快，如果快速升温，会使制品开裂或变形。在烧成过程中，升温速度应控制在3～10℃/min。图7-31是本实验的烧成温度曲线[94～96]。

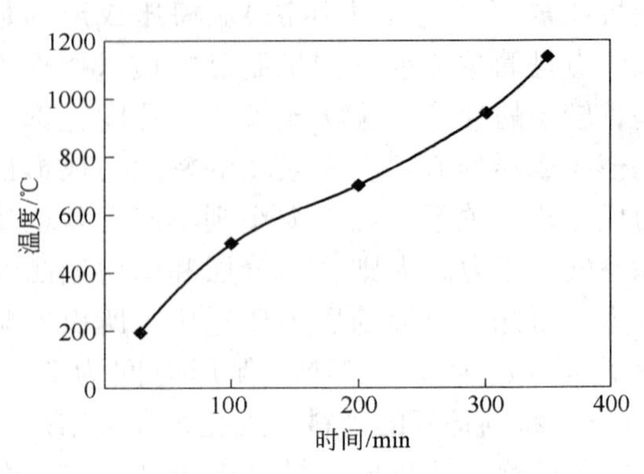

图7-31 烧成温度曲线

7.2.3 分析与讨论

7.2.3.1 关于压制成形制备多孔陶瓷工艺

采用添加造孔剂压制成形法制备多孔陶瓷的工艺流程与普通的陶瓷工艺流程相似，这种方法的关键在于混料、压制和烧结。

为使多孔陶瓷制品的气孔分布均匀，混料的均匀性非常重要。本研究所采用的造孔剂为木炭粉，其密度小于陶瓷原料的密度，难以使其很均匀混合。经过多次试验研究，采用两种不同的混料方法解决了上述问题。一种方法是如果陶瓷粉末很细，而造孔剂颗粒较粗或造孔剂溶于黏结剂中，可以将陶瓷粉末与黏结剂混合造粒后，再与造孔剂混合。另一种方法是将造孔剂和陶瓷粉末按一定比例混合制成料浆，然后喷雾干燥。本实验采用第一种方法。

7.2.3.2 关于黄磷渣在成瓷中的作用

它的突出作用在于能提高制品强度，降低烧成温度，缩短烧成周期。

A 增加制品的强度

一般说来，制品的强度主要来源于坯体内的玻璃相及结晶的新生骨架。因此，影响或改变玻璃相和结晶骨架的组成及数量，都将会影响或改变制品的强度。掺入坯料中的磷渣所引入的P_2O_5、CaO等，使坯体中液相提前出现并增加液相量，也即增加了制品体内起黏结作用的玻璃相比例，即提高了制品的强度。黄磷渣中的SiO_2有部分是游离状态，易于与钙质胶凝材料水化反应析出的钙离子发生化学反应，重新结合，改变原结构，形成化学胶结，从而增强了矿渣制品的强度。另外粒状磷渣加热至850℃左右时析出β-硅灰石，而硅灰石所具有的针状晶形能使坯体中易形成交织连锁结构，也会使制品的强度得以提高。

B 降低烧成温度

黄磷渣质陶瓷的烧成温度一般较传统陶瓷的温度低。这种作用主要由下列因素引起：

（1）其坯体在生成钙长石的固相反应温度较低（1000～1180℃），而传统坯体中Si-Al体系原料烧成结晶好，形成莫来石时固相反应温度较高（1200℃以上）。因此，黄磷渣有利于以固相反应为特点的固相烧结。

（2）粒化电炉磷渣主要由玻璃相组成，在玻璃体中还含有大量的极微小的活性$CaSiO_3$晶体。这些微小的$CaSiO_3$晶体在低温下很容易与坯料中的氧化硅、氧化铝共熔，降低了坯体中某些组分的熔点，即降低了体系的最低共熔点。

（3）缩短烧成周期。黄磷渣有利于缩小陶瓷坯体的烧成周期，这是因为黄磷渣本身不含结晶水、有机物和少量的挥发性气体。此外，黄磷渣拉长的晶形（针状、柱状）提供了水分逸出的通道，使干燥速度加快。所有这些都有利于陶瓷坯体的快速升温。

（4）减小坯体收缩。黄磷渣减小坯体收缩的作用主要是，黄磷渣质坯体中粘土矿物含量较少，由粘土矿物颗粒周围较厚水膜中水的逸失所造成的干燥收缩较小。一方面，瓷化产品中残余的针状硅灰石晶体形成紧密的骨架结构，有利于阻止坯体的烧成收缩。另一方面，这可能与体系中离子相互置换所引起的体积变化有关。

掺入坯料中的磷渣在烧成过程中易生成一些强度矿物（钙铝硅酸盐矿物），这样大大减少焙烧过程中砖坯的翘曲、开裂和分层等现象。黄磷渣的拉长的晶形以及由它们组成的坯体中粘土含量较少，有利于压制成形时的排气，不易产生叠层。当然也存在不利的影响。例如：黄磷渣常使陶瓷坯体的烧结范围变窄。造成这种不利影响的原因在于：玻璃相中的CaO量多，致使玻璃相黏度随温度提高而急剧下降，因而烧成范围较小，容易过烧而变形。

7.2.4 影响多孔陶瓷性能的因素

7.2.4.1 造孔剂与多孔陶瓷性能的关系

木炭粉的主要成分是碳，在300~600℃燃尽：

$$C + O_2 = CO_2 \uparrow$$

$$2C + O_2 = 2CO \uparrow$$

$$C + CO_2 = 2CO \uparrow$$

多孔陶瓷的气孔率、吸水率及容重均与多孔陶瓷内部的孔隙有密切关系，因此当添加剂炭粉在烧成过程中烧失并产生孔隙时，性能就会发生明显改变。表7-22列出了气孔率、吸水率及体积密度随炭粉加入量的变化数据。根据表7-22，作出气孔率和吸水率、体积密度、抗压强度与炭粉加入量的关系曲线图（图7-32~图7-34）。

表7-22 造孔剂不同含量下制品的各项性能

木炭含量/%	10	15	19	26	31
气孔率/%	29.34	32.10	36.74	40.21	46.78
吸水率/%	21.43	25.61	27.31	29.14	32.17
体积密度/$g\cdot cm^{-3}$	1.74	1.52	1.43	1.29	1.15
抗压强度/MPa	9.86	6.53	5.00	4.08	3.27

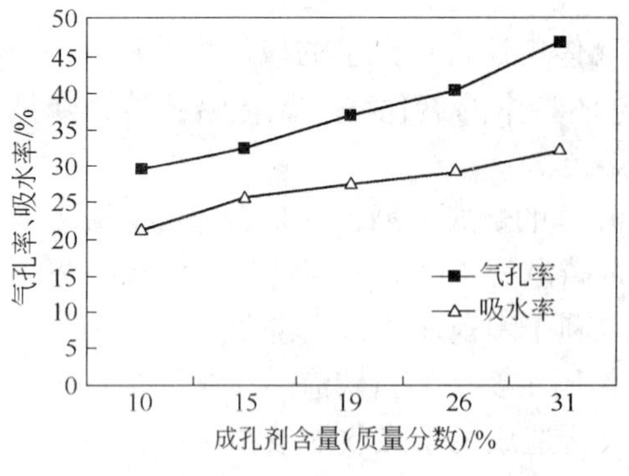

图 7-32　气孔率、吸水率与成孔剂含量的关系

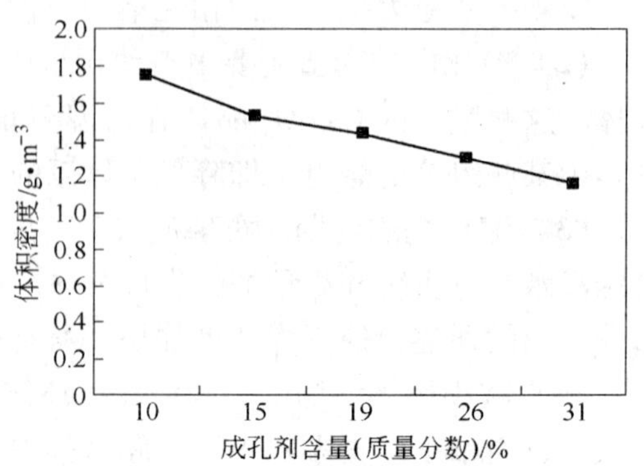

图 7-33　体积密度与成孔剂含量的关系

图 7-32 是气孔率、吸水率与成孔剂含量（W_P）的关系曲线图。从图 7-32 中可以看出，随着成孔剂的加入量增加，多孔陶瓷的气孔率、吸水率也随之升高。这是因为，成孔剂在制品烧结中燃尽，留下空隙，同时这些孔洞会与其他相邻的孔洞连通起来，形成孔道。随着炭粉加入量的增加，其燃尽后留在坯体中的空隙总体积也增加，结果气孔率、吸水率提高。另外不同造孔剂粒径对多孔陶瓷的气孔率、吸水率也有影响，随着造孔剂粒径的增大而变大。当造孔剂的粒径较大时，其燃烧后留下的气孔就大，使得颗粒堆积不紧密，在烧成过程中就留下更多的空隙，因此气孔率、吸水率就会上升[96,97]。

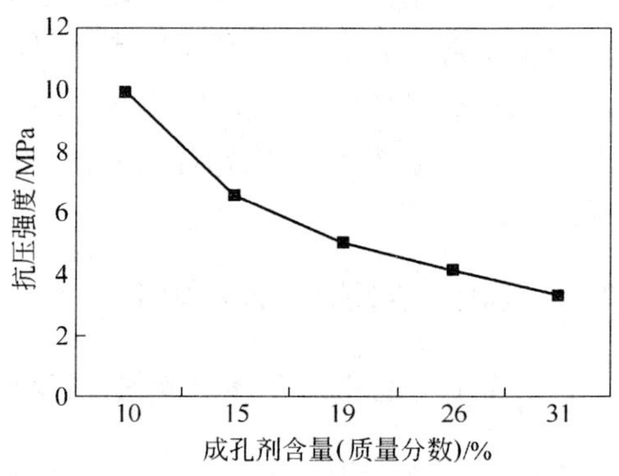

图 7-34　抗压强度与成孔剂含量的关系

图 7-33 是成孔剂含量（W_P）与制品的体积密度的关系曲线。从图 7-33 中可以看出，随着炭粉加入量的增加，当其进一步完全燃烧时，炭粉留下的孔洞就越多，孔径大小也增大，同时孔径分布变宽，这样制品的体积密度就会随之下降。

由多孔陶瓷的气孔率与强度的经验公式以及图 7-34 可知，随成孔剂加入量的增加，试样的抗压强度降低：

$$\sigma = \sigma_0 \exp(-nP)$$

式中　σ_0——致密试样的强度；

σ——多孔陶瓷试样的强度；

P——气孔的体积分数，$P = 0.03 \sim 0.6$；

n——约为 4 ~ 7。

由此可见，强度随气孔率的上升而下降。因此，引入成孔剂的量越多，颗粒的结合程度下降，从而大幅度地降低样品的强度，甚至使骨架成形时难以连成一体而散开解体。所以成孔剂的加入量不能过多。

7.2.4.2 烧成温度、保温时间的影响

本实验中成形压力均为10kN，烧成温度在900℃时，坯体尚未烧结；当烧结温度达到1000℃时，样品已经开始烧结，并具有一定的强度；1100℃时，样品已经达到烧结状态，强度有明显提高；1200℃时，样品明显地显示过烧，气孔率下降。实验的主要目的是要获得较高的气孔率，烧成温度控制在样品开始烧结，但尚未进入完全烧结状态是最理想的。因此烧成温度应该控制在1100～1120℃范围内。图7-35～图7-37（图7-36书后有彩图）是制品在不同温度下的照片。

图7-35　多孔陶瓷成品（1000℃）

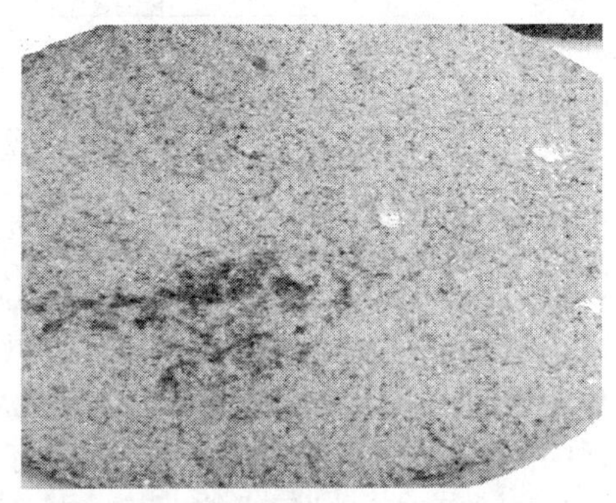

图7-36　多孔陶瓷成品（1140℃）

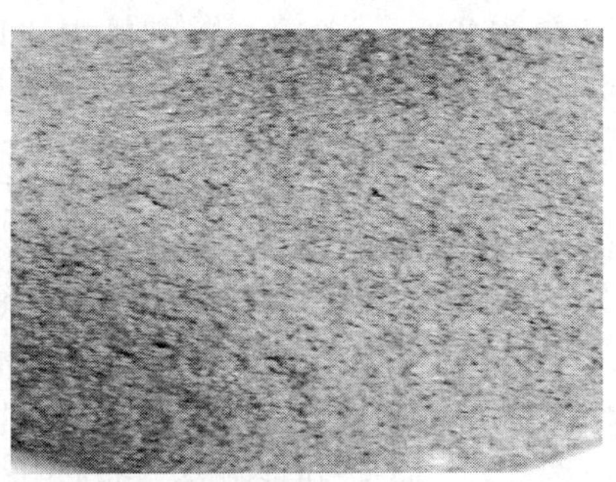

图7-37　多孔陶瓷成品（1180℃）

从表7-23及图7-38、图7-39中可以看出，在900℃以上时，进入烧结温度范围，此过程中会有液相的生成及固相的溶解、结晶的成长等反应发生。当温度由900℃提高到1160℃时，样品的气孔率和吸水率都相应降低、体积密度增大，当烧成温度由1000℃提高到1160℃时，气孔率由47.10%降低到29.03%，吸水率由34.26%下降到20.02%。与此同时，体积密度由1.19g/cm³提高到了1.83g/cm³。这是由于烧结温度的提高，物料之间生成更多的液相，填充到低温形成的气孔中，并且液相的润湿使得制品的收缩量增大，从而使得样品的结构致密化，气孔数量减少，微气孔封闭，并且木炭

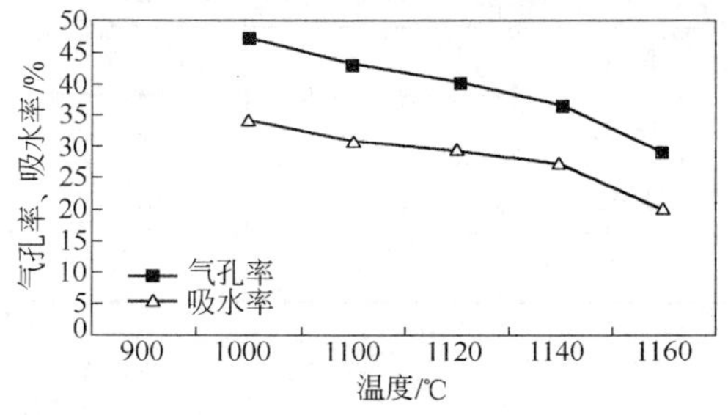

图7-38　气孔率、吸水率与温度的关系

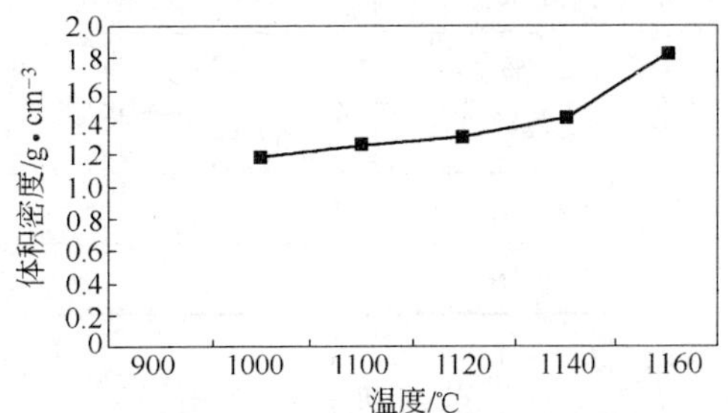

图7-39　体积密度与温度的关系

粉属于低温成孔剂，在远低于陶瓷烧结温度下挥发，在较低的温度下形成的孔，可能有一部分，特别是较小的气孔会在高温下封闭，导致试样的吸水率和气孔率都下降，而到1160℃时，其气孔率和吸水率明显降低，可能是制品过烧的因素。因此，确定适宜的烧成温度是制备微孔陶瓷的关键之一。

表 7-23　不同温度下制品的各项性能

温度/℃	900	1000	1100	1120	1140	1160
气孔率/%	—	47.10	43.24	40.07	36.74	29.03
吸水率/%	—	34.26	30.79	29.33	27.31	20.02
体积密度/g·cm^{-3}	—	1.19	1.27	1.32	1.43	1.83
抗压强度/MPa	制品有掉粉	2.07	3.68	4.46	5.00	制品局部熔化

注：其中有“—”符号的表示该制品的强度较低而此性能没有测定。

从图 7-40 中可以看出，随着温度的升高，样品的强度增大，因为烧成温度升高，样品逐步充分烧结，坯体进一步致密化，玻璃相的黏度下降，液相量大增，流动性增加，试样中的更多连通孔洞被堵塞，增加了颗粒之间的结合程度，样品收缩明显，从而提高了样品的强度。

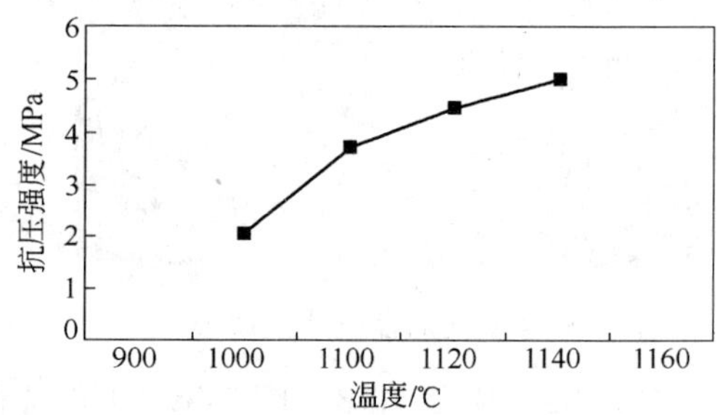

图 7-40　抗压强度与温度的关系

在 1140℃ 下烧成，分别保温 90min，120min，150min，180min，210min，研究保温时间对多孔陶瓷孔特性的影响。

从表 7-24 及图 7-41、图 7-42 可以看出，随保温时间的延长，制品的气孔率和吸水率都降低，体积密度增大。这是因为随着保温时间的延长，物料反应更加完全，液相数量增多，样品收缩大，气孔的孔径变小，更多的开气孔变成了闭气孔，因而气孔所占的空间变小，导致气孔率下降。既要保证样品有高的气孔率，又要稳定性好，因此保温时间不宜过长，一般 3h 比较合适，当保温时间为 210min 时，制品开始出现变形、局部开裂、甚至熔化。另外，保温时间的长短还与坯体的厚度、成形时压力的大小等有关，如果样品越薄、越均匀，保温时间就越短。

表 7-24　不同保温时间制品的各项性能

保温时间/min	90	120	150	180	210
气孔率/%	51.46	46.81	40.38	36.74	30.75
吸水率/%	39.28	35.03	31.27	27.31	25.33
体积密度/g·cm^{-3}	1.19	1.40	1.42	1.43	1.89
抗压强度/MPa	1.29	2.87	4.76	5.00	5.34

7.2.4.3　成形压力的影响

随着成形压力的增大，粉料颗粒充填孔隙，制品的气孔率和吸水率减小，体积密度和

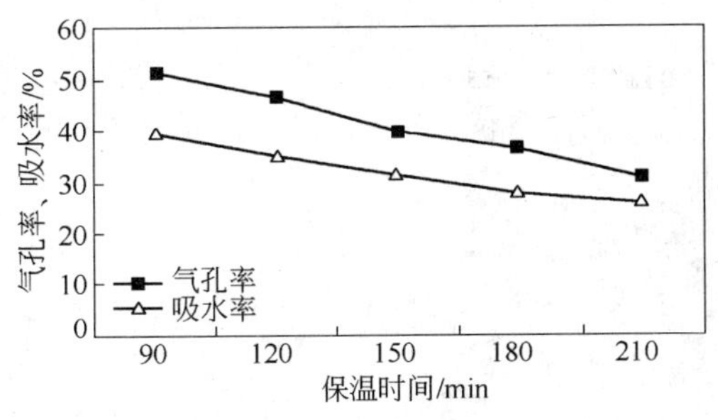

图 7-41 气孔率、吸水率与保温时间的关系

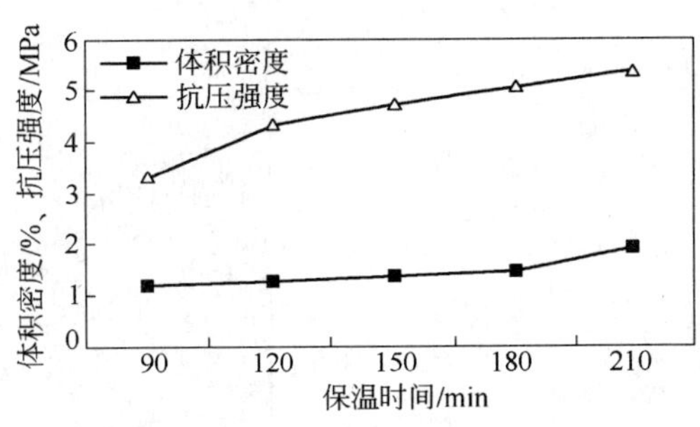

图 7-42 体积密度、抗压强度与保温时间的关系

强度都增大。所以在保证达到制品性能要求的条件下，成形压力越小，样品的气孔率越高。

7.2.4.4 样品的矿物组成分析

由 XRD（图 7-43）分析结果、扫描电镜及能谱分析（图 7-44 ~ 图 7-51、表 7-25 ~ 表 7-28）及伊利石与硅酸钙在大于 1000℃化学反应的生成物可知，样品中晶相主要是钙长石、石英、羟磷灰石、白榴石等矿物。

$$\underset{\text{伊利石}}{KAl_2(AlSi_3O_{10})(OH)_2} + \underset{\text{环硅灰石}}{CaSiO_3} \longrightarrow \underset{\text{钙长石}}{CaAl_2Si_2O_8} + \underset{\text{白榴石}}{KAlSi_2O_6} + H_2O$$ [48]

$$\underset{\text{伊利石}}{KAl_2(AlSi_3O_{10})(OH)_2} + \underset{\text{硅酸钙}}{Ca_8Si_5O_{18}} \longrightarrow \underset{\text{钙长石}}{CaAl_2Si_2O_8} + \underset{\text{白榴石}}{KAlSi_2O_6} + H_2O$$ [48]

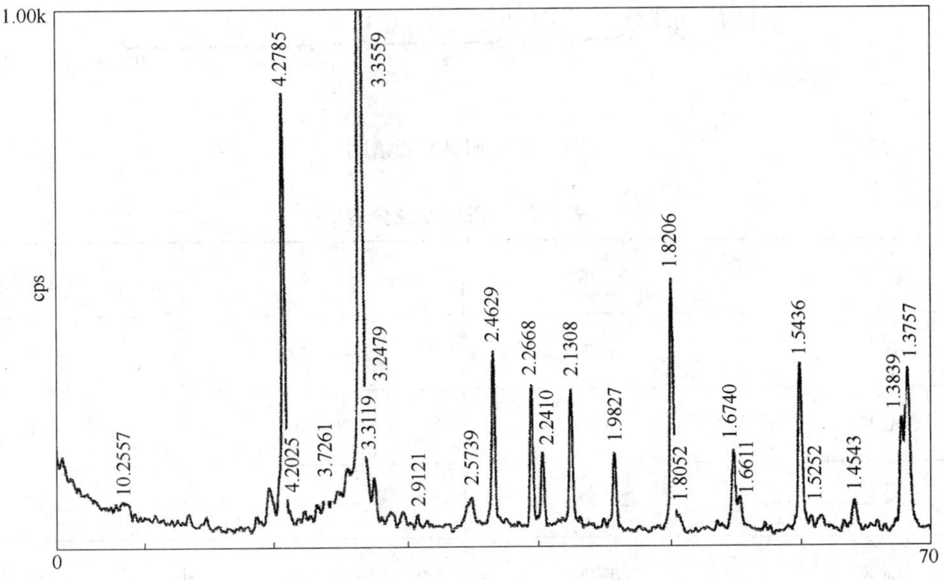

图 7-43 制品的 X 射线衍射图谱

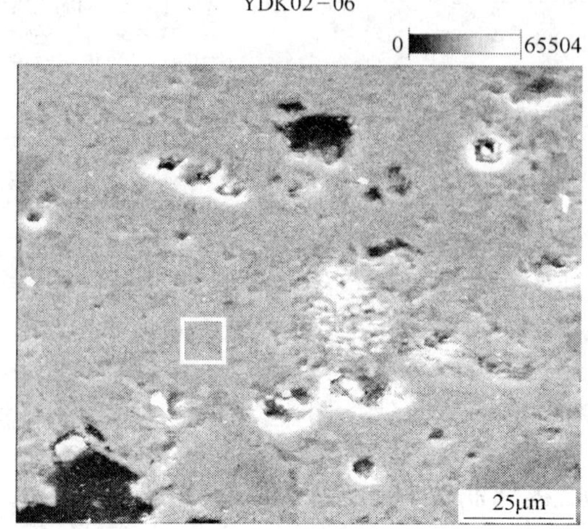

图 7-44　制品的扫描电镜图

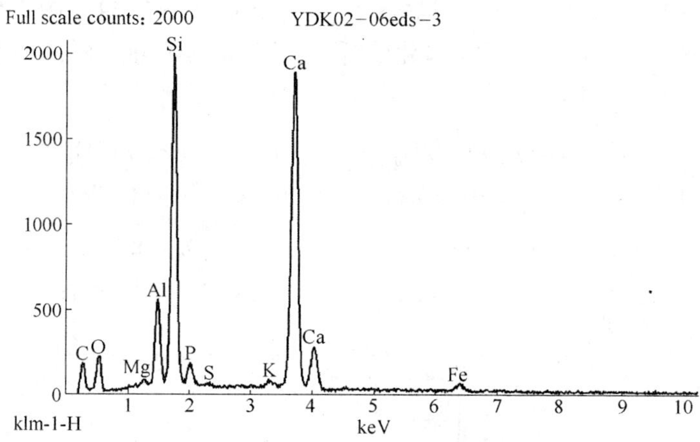

图 7-45　EDAX 能谱图

表 7-25　EDXA 成分表

元　素	含　量	误　差	相对含量/%
O K	1697	+/-73	19.76
Al K	4594	+/-148	5.03
Si K	20187	+/-145	20.11
Ca K	26475	+/-175	31.80

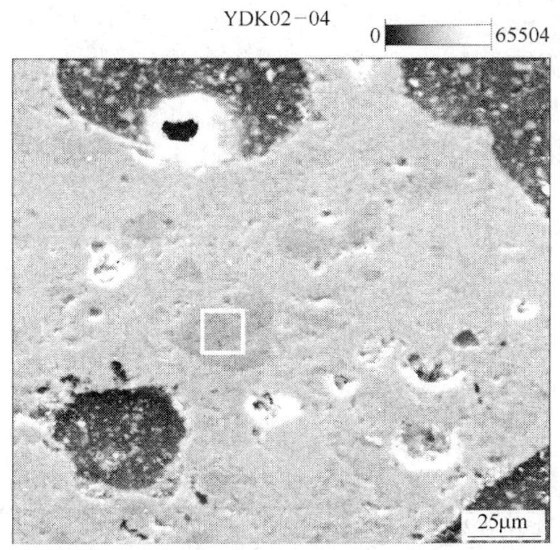

图 7-46 制品的扫描电镜图（SEM）

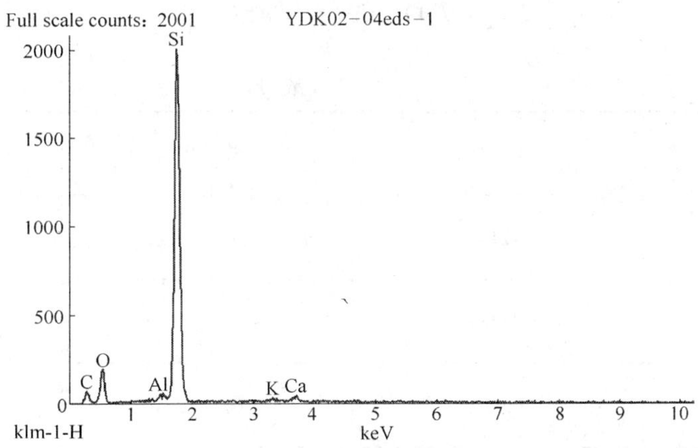

图 7-47 EDAX 能谱图

表 7-26 EDXA 成分表

元 素	含 量	误 差	相对含量/%
O K	1508	+/-51	29.41
Si K	20592	+/-163	45.07

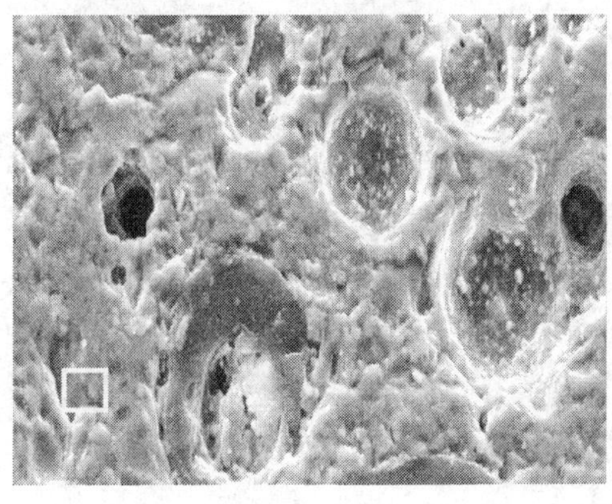

图 7-48 制品的扫描电镜图（SEM）

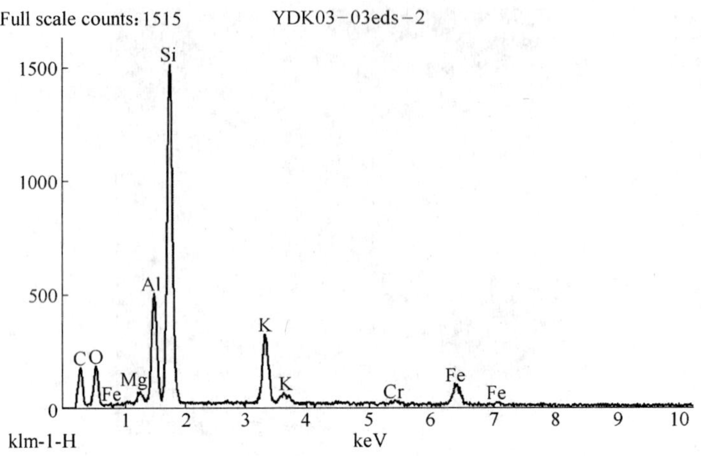

图 7-49　EDAX 能谱图

表 7-27　EDXA 成分表

元　素	含　量	误　差	相对含量/%
O K	1214	+/-74	17.56
Al K	4711	+/-72	7.68
Si K	15976	+/-122	25.83
K K	3870	+/-68	7.23

图 7-50　制品的扫描电镜图（SEM）

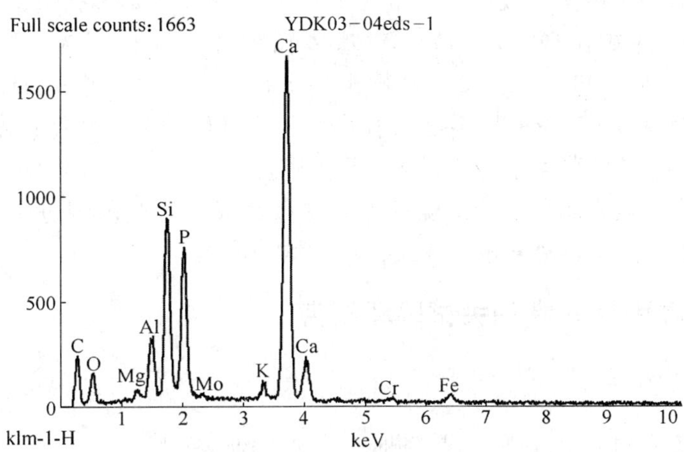

图 7-51　EDAX 能谱图

表 7-28　EDXA 成分表

元　素	含量/t	误差/t	相对含量/%
O K	933	+/-78	13.40
Al K	2918	+/-63	3.57
Si K	9175	+/-103	9.95
Ca K	22430	+/-241	30.49
P K	8260	+/-108	10.43

7.2.5　结论

本项研究是利用黄磷渣的化学成分和含量、矿物组成以及它与粘土的固相反应等特性与天然硅灰石有许多相似之处，设计并制备能够代替硅灰石用于陶瓷的生产。

通过实验，在以下方面取得一些认识和成果：

(1) 以黄磷渣、页岩为主要原料、木炭粉为成孔剂和一定量的黏合剂，采用压制成形法，在 1140℃下可制得多孔陶瓷，且随着成孔剂含量的提高，气孔率增加，强度和体积密度均降低。

(2) 以黄磷渣、页岩为主要原料，经配料、干燥、烧结，制备多孔陶瓷，并通过调节造孔剂的含量、烧成温度、保温时间，制得的多孔陶瓷的气孔率达 29.03% ~51.46%，吸水率达 20.02% ~39.28%，体积密度为 1.15 ~1.89g/cm^3，抗压强度 2.07 ~9.86MPa。

(3) 研究了成孔剂用量、烧成温度、黏结剂及其用量、成形压力、保温时间等因素对制品性能的影响。采用压制成形法时，最佳制备条件为：成孔剂含量为 19%，成型压力为 10kN，烧成温度为 1140℃，保温时间为 180min。制品的主要矿物为钙长石、石英、羟磷灰石、白榴石等矿物。

(4) 黄磷渣在成瓷中还有许多优良的工艺性能：增加制品的强度、降低烧成温度、缩短烧成周期、减小坯体收缩、黄磷渣的拉长的晶形以及由它们组成的坯体中粘土含量较少，有利于压制成形时的排气，不易产生叠层等。

（5）黄磷渣基多孔陶瓷（成孔剂含量为19%）与高岭土基多孔陶瓷[98]（成孔剂含量为16.7%）的各项性能比较：1）黄磷渣基多孔陶瓷：气孔率为36.74%，吸水率为27.31%，体积密度为1.43g/cm^3；2）高岭土基多孔陶瓷：气孔率为45.79%，吸水率为31.21%，体积密度为1.47g/cm^3。除了气孔率之外，其他的两项性能相接近。说明可用黄磷渣来代替部分传统多孔陶瓷原料，制备多孔陶瓷。

（6）用黄磷渣和页岩制备多孔陶瓷的主要缺点是成瓷温度范围过于狭窄，难以控制。由于木炭粉的密度较骨料的密度相差较大，难于均匀混料。

7.3　黑色页岩提取钾元素有关试验和研究

7.3.1　试验内容及方法

含钾页岩矿样取自贵州开阳、息烽地区，矿样制备时，首先把初始粒度约为 -150mm 的矿石经手锤破碎至粒度约为 -5mm，然后磨细至 -200 目（0.074mm）、-160 目（0.096mm）、-100 目（0.147mm）备用（谢广元等，2001）。主要的矿样制备流程如图7-52所示。

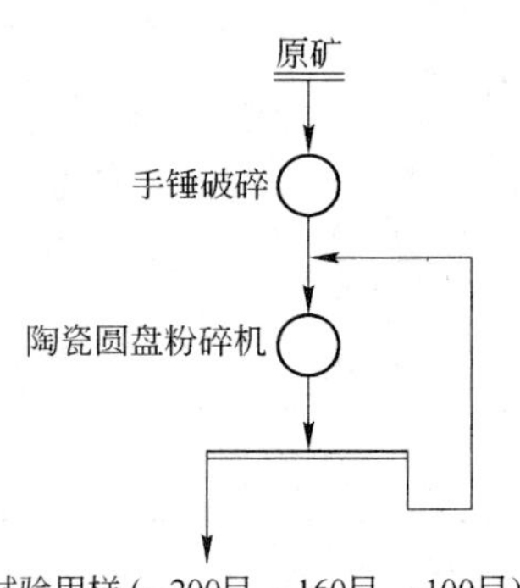

图7-52　矿样的破碎流程

本试验中用到的主要化学试剂见表7-29，本试验中主要设备及仪器见表7-30。

下面具体介绍试验内容及方法。

表7-29　主要试验用化学试剂

药品名称	分子式	相对分子质量	药品纯度	药品产地
硫　酸	H_2SO_4	98.08	分析纯	遵义师范学院化学试剂厂
盐　酸	HCl	36.46	分析纯	重庆川江化学试剂厂
硝　酸	HNO_3	63.01	分析纯	重庆川江化学试剂厂
氢氧化钠	$NaOH$	40	分析纯	重庆川江化学试剂厂
氢氧化铝	$Al(OH)_3$	78	分析纯	天津市化学试剂六厂三分厂
氨　水	NH_3	17.03	分析纯	重庆川江化学试剂厂
碳酸钙	$CaCO_3$	100.09	分析纯	天津市瑞金特化学品有限公司
无水碳酸钾	K_2CO_3	138.21	分析纯	天津市化学试剂六厂三分厂
无水氯化钙	$CaCl_2$	110.9	分析纯	成都金山化学试剂有限公司
氯化钠	$NaCl$	58.44	分析纯	重庆川江化学试剂厂
氯化钾	KCl	74.55	分析纯	上海化学试剂总厂
四苯硼钠	$NaB(C_6H_5)_4$	342.22	分析纯	上海化学试剂有限公司
溴酚蓝	$C_{19}H_{10}Br_4O_5S$	669.97	分析纯	湖南省南化化学品有限公司
三氯甲烷	$CHCl_3$	119.38	分析纯	天津市瑞金特化学品有限公司
乙二胺四乙酸二钠	$C_{10}H_{14}N_2O_8Na_2 \cdot 2H_2O$	372.24	分析纯	重庆川江化学试剂厂
乙酸铵	CH_3COONH_4	77.08	分析纯	天津市致远化学试剂有限公司
十六烷基三甲基溴化铵	$C_{19}H_{42}BrN$	364.47	分析纯	北京化学试剂公司
甲醛溶液	CH_2O	30.03	分析纯	成都市科龙化工试剂厂
无水乙醇	CH_3CH_2OH	46.07	分析纯	成都市科龙化工试剂厂

表 7-30 主要试验用仪器设备

仪器名称	设备型号	生产厂家
箱式电阻炉	SX2-5-12	泸南电炉烘箱厂
实验电炉	SX-8-16	武汉亚华电炉有限公司
快速节能箱式电阻炉	SGM2853Q	洛阳市西格马仪器制造有限公司
颚式破碎机	SP100×60	贵阳探矿机械厂
三头研磨机	XPM-ϕ120×3	武汉探矿机械厂
陶瓷圆盘粉碎机	SP-ϕ150	贵阳探矿机械厂
上皿电子天平	FA2004	上海天平仪器厂
恒温磁力搅拌器	JB-2A	上海雷磁新泾仪器有限公司
电热鼓风干燥箱	101-4ABS	北京永光明医疗仪器厂
振动磨样机	XZM-100	武汉探矿机械厂

7.3.1.1 含钾页岩中可溶性钾的检测

以0.5mol/L NaOH 溶液为浸提剂，钠离子与矿样中的钾离子进行交换，连同水溶性的钾离子一起进入溶液。测定步骤：称取 -200 目（0.074mm）风干样 50g 于 250mL 烧杯中，加入0.5mol/L NaOH 溶液 150mL，室温下浸泡 1h，用滤纸过滤，测定滤液中钾含量即为原矿样中可溶性钾的含量。

7.3.1.2 矿石中缓效钾和速效钾的含量的测试

A 速效钾的测定（1mol/L NH_4AC 浸提）

以中性 1mol/L NH_4AC 溶液为浸提剂，铵离子与矿样中的钾离子进行交换，连同水溶性 K^+一起进入溶液。测定步骤：称取 -200 目（0.074mm）风干样 5.0g 于 200mL 塑料瓶中，加 1mol/L NH_4AC 溶液 50mL，加塞振荡 30min，用滤纸过滤，测定滤液中钾的含量即为速效钾的含量[99]。

B 缓效钾的测定（1mol/L 硝酸煮沸浸提）

以 1mol/L HNO_3 溶液煮沸释出矿样中的缓效钾。测定步骤：称取 -200 目（0.074mm）风干样 5.0g 于 200mL 高型烧杯中，加 1mol/L HNO_3 溶液 50mL，盖上表面皿，在电炉上煮沸 10min，趁热过滤于 250mL 容量瓶，用 0.1mol/L HNO_3（或热水）洗涤 4～5 次冷却后定容。测定钾的含量减去速效钾的含量即为缓效钾的含量。

7.3.1.3 含钾页岩的提钾试验

在不同酸碱溶剂条件下，分析含钾页岩中钾浸出率的试验内容。

根据溶剂的选择分析，选用 H_0、HCl、H_2SO_4、H_3PO_4、NaOH 等作溶剂，对原矿样进行溶解，测定含钾页岩中 K_2O 的浸出率。

主要内容为：将含钾页岩磨成小于 200 网目的颗粒，分别称取 100g 样品于 500mL 烧杯中，加 H_0、HCl(2mol/L)、H_2SO_4(2mol/L)、H_3PO_4(2mol/L)和 NaOH(2mol/L)等分别 300mL 进行浸出试验，浸出时间为 2h，浸出温度为 90℃，过滤，留液，测其 K_2O 的含量，

从而得出原矿样中 K_2O 的浸出率。

7.3.2 不同焙烧条件下，分析含钾页岩中钾浸出率的试验内容

本试验主要由预试验、两组正交试验和后期的优化试验组成。

7.3.2.1 预试验

因为对于本含钾页岩的研究只处于探索阶段，对于原矿样的焙烧条件根本就没有经验数据可遵循，只能参考类似的岩石焙烧条件，并且结合差热分析结果和红外分析结果，首先进行探索性的试验。具体内容为：根据红外分析结果，样品的红外光谱中有硅氧键和磷氧键的特征吸收基团，可认定其为硅酸盐与磷酸盐的混合物，所以焙烧分解温度应该相对较高[100~104]；根据样品的热分析，在683.8℃有明显的吸收峰，且在879.1~893.6℃之间有一个明显的热降差，疑似为玻化温度范围，因此，原矿样的提钾焙烧温度的最佳范围应该在683.8~879.1℃。

因此，先选取氯化钙（$CaCl_2$）作助熔剂，原矿样与助熔剂之比为1.0∶1.5，混合，分别在700℃和750℃温度下进行焙烧，固定反应时间为1h，以 H_0 作为浸出剂，浸出时间为1h，测定含钾页岩 K_2O 的浸出率，确定大体的焙烧温度和原料配比，为后面的试验作准备。

7.3.2.2 不同焙烧条件下的正交试验

将含钾页岩磨成小于200网目的颗粒，称12g（目的是便于送样检测）矿样于坩埚中，根据预试验，按不同比例加入选定的几种助熔剂（$CaCl_2$、$CaCO_3$、NaCl等），混匀后放入马弗炉内进行焙烧，焙烧温度和焙烧时间则需在预试验的基础上进行设定。焙烧后的熟料置于干燥器中冷却至室温称重，经磨碎后放入 H_0 中，在确定的浸出时间（1h）条件下浸出钾，过滤，留液，定容于250mL的容量瓶中，以便用实验室分析法测定钾的含量；滤渣105℃干燥，放在干燥器中冷却至室温，称重后送样，用原子吸收分光光度计测定其钾含量，原矿钾含量与残渣钾含量差值即为矿样中钾的浸出量。从而确定较佳的焙烧实验条件。焙烧试验流程见图7-53。

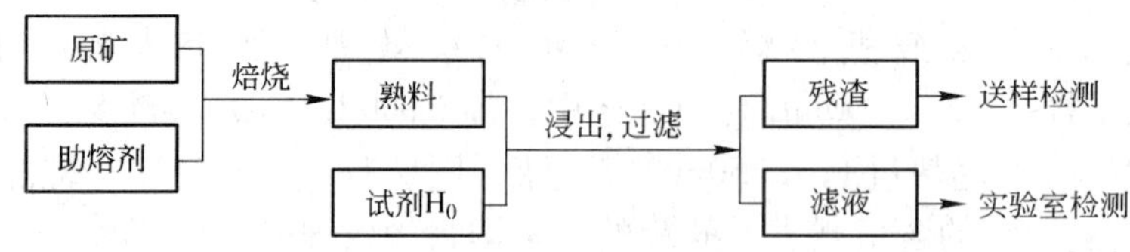

图7-53 焙烧试验流程

7.3.2.3 焙烧后，不同浸出条件下的正交试验

在确定了较佳的助熔剂及用量、焙烧温度及焙烧时间等因素的第一组试验基础上，将含钾页岩磨成－60目（0.246mm）、－100目（0.147mm）和－160目（0.096mm）等不同粒级，选取试剂 H_0、盐酸（1mol/L）和硫酸（1mol/L）作浸出剂，采取不同的浸出温度和浸出时间，进行浸出试验，过滤，留液，留渣，试验流程（除将沸水换成其他浸出

剂）和检测方法同7.3.2.2节，从而确定较佳的浸出实验条件。

7.3.2.4 优化实验

根据上面两组正交试验的结果可确定较佳的含钾页岩提钾的工艺路线，但如果想进一步提高工艺路线在实际操作的可行性，提高钾的产率，就必须对上面的工艺路线结果进行优化实验。其方法如下：

（1）根据对正交试验的极差分析，确定各因素对含钾页岩中钾（K_2O）的浸出率的影响情况，分清主要因素和次要因素；对于主要因素，一定要按有利于钾的浸出率的要求选取最好的水平，而对于不重要的因素则可以根据节约、方便等多方面的考虑任取一个水平。

（2）根据对因素-指标图的观察，看哪些因素的水平适合再作进一步的探索性试验，进一步提高钾（K_2O）的浸出率，降低成本。找到这些因素，在控制其他因素水平不变的前提下，改变这些因素的水平，做单因素优化试验。

7.3.2.5 钾肥制作工艺初探

在含钾页岩焙烧试验和浸出试验的基础上，向提出的可溶性钾的溶液中，有针对性地加入其他试剂，除去对农作物不利或有害的物质，得到钾的复合肥，并送样检测。可以预测的是，根据添加剂的不同，所得钾复合肥种类也不会相同。

7.3.3 钾含量的测试方法

7.3.3.1 实验室滴定法

对于浸出液（滤液）中钾的测定，选用四苯硼钠滴定法（钙镁磷钾肥统一分析方法HG 1-1384-81）。其原理是：钾离子与四苯硼钠作用，生成白色的四苯硼钾沉淀，此沉淀在碱性溶液中能定量地析出。过量的四苯硼钠在达旦黄指示剂存在下，与季铵盐反应生成沉淀。具体反应式如下：

$$K^+ + [B(C_6H_5)_4]^- \longrightarrow KB(C_6H_5)_4\downarrow$$

$$[(CH_3)_3C_{16}H_{33}N]^+ + [B(C_6H_5)_4]^- \longrightarrow (CH_3)_3C_{16}H_{33}N\cdot B(C_6H_5)_4\downarrow$$

若待测溶液中有NH_4^+干扰，可加入中性甲醛，使之生成六次甲基四铵，消除干扰。

$$4NH_4^+ + 6HCHO + 6H_2 \longrightarrow (CH_2)_6N_4 + 4H^+ + 6H_2O$$

Ca、Mg、Al、Fe等盐类与四苯硼钠不起反应，但因在碱性条件下进行滴定，上述离子生成氢氧化物沉淀，对四苯硼钠有吸附作用，可加入EDTA（乙二胺四乙酸二钠）消除干扰，加入EDTA还能增加滴点的稳定性。

7.3.3.2 光谱分析法

本实验采用了光谱分析中的发射光谱和吸收光谱。仪器采用的是等离子发射光谱仪（IRIS Intrepid Ⅱ S-92）和GGX-9型原子吸收分光光度计（S-14）。原理是根据物质的原子或分子的特定能级之间的跃迁而产生的特征光谱的波长及强度进行定性和定量分析。

本实验同时采用两种测定钾的方法是为了相互佐证，以实现实验结果较高的准确度，节省检测周期时间。

7.3.4 实验结果与分析

为了更好地了解含钾页岩中钾的主要赋存状态，对含钾页岩矿样的性质进行了研究和分析，确定了其主要化学成分和物相组成。为下一步提钾试验提供参考依据。

7.3.4.1 含钾页岩化学成分分析

本实验中所用含钾页岩的化学全分析结果如表7-31所示。

表7-31 含钾页岩的化学全分析

化学成分	SiO_2	Fe_2O_3	Al_2O_3	K_2O	Na_2O	CaO	MgO	合计
含量/%	58.47	2.56	15.65	3.57	0.05	0.06	0.80	81.16

注：样品由贵州省地质矿产中心实验室检测。

由表7-31结果可知，本含钾页岩多硅，钾含量虽然没有达到一般富钾岩石的标准（8%以上），但因矿物总量大，具有一定的提钾研究价值。同时，本矿物还含有微量的可直接利用的Na^+、Fe^{3+}、Ca^{2+}、Mg^{2+}等离子。

7.3.4.2 含钾页岩红外光谱分析结果

由红外光谱（图7-54）可知，在图中1200～850cm^{-1}和500～400cm^{-1}有两个强吸收带，这体现出原矿物中明显有硅氧键的特征吸收基团，因此可以认定本矿物为硅酸盐矿物[109]。

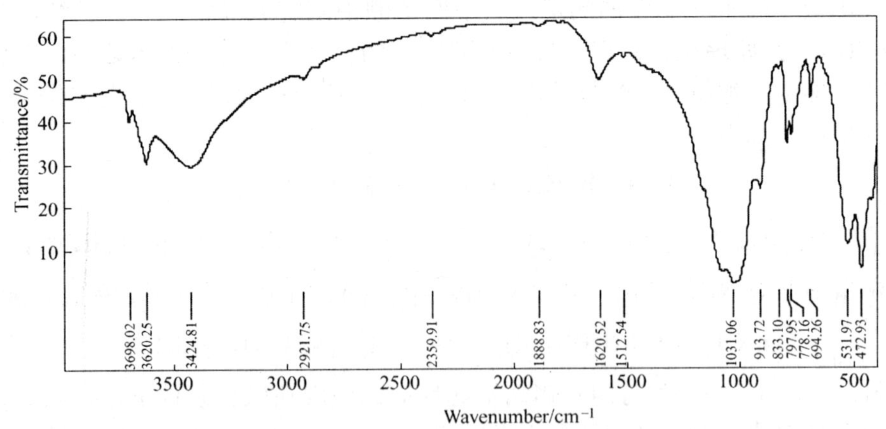

图7-54 含钾页岩的红外光谱

通过分析可知：

（1）在3620cm^{-1}左右，OH伸缩振动v_{OH}为一窄的尖锐谱带，强度中等，Si—O伸缩振动在1000cm^{-1}左右，分别是1072与1030cm^{-1}左右，在1030cm^{-1}处，峰较尖锐，其高频一侧1072cm^{-1}有明显的吸收肩，在910cm^{-1}左右，有一个弱吸收峰，在图7-54中可见范围内，在 528cm⁻¹和 432cm⁻¹左右，有两个强带，是 Si—O 弯曲振动与 M—O 振动、OH 平移相互耦合，这些都是伊利石的典型特征，所以可以判定，原矿中含有伊利石。

（2）在 $3700cm^{-1}$和 $3620cm^{-1}$左右：有两个比较尖锐的吸收带，属 OH 振动；Si—O 伸缩振动在 $1000cm^{-1}$左右，分别是 $1104cm^{-1}$、$1030cm^{-1}$和 $1003cm^{-1}$左右，在 $910cm^{-1}$左右，有一个弱吸收峰，在 850 ~ $600cm^{-1}$范围内，有两个弱吸收（$795cm^{-1}$和 $695cm^{-1}$左右），属 Si—O 伸缩振动；在图 7-54 中可见范围内，在 $528cm^{-1}$和 $432cm^{-1}$左右，有两个强带，是 Si—O 弯曲振动与 M—O 振动、OH 平移相互耦合，从这些特征数据可以判定，原矿物中含有高岭石。

7.3.4.3 含钾页岩粉晶 X 射线衍射物相分析

通过查找、对比 JCPDS 卡片，对含钾岩石粉晶 X 射线衍射图谱（图 7-55）进行分析（叶大年等，1984），得出原硅酸盐矿物中的主要矿物成分为：石英（61.41%）、伊利石（34.58%）和高岭土（4.01%）。

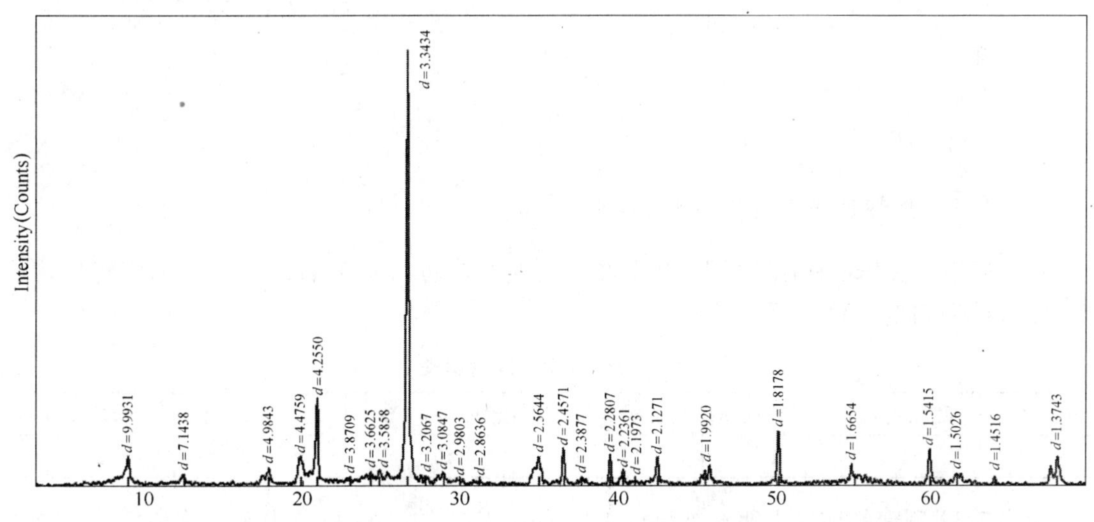

图 7-55 含钾页岩 X 射线粉晶衍射图谱

7.3.4.4 含钾页岩的热分析

从热分析曲线（图 7-56）上可知：样品有两个热失重平台，第一个在 50 ~ 125℃之间，失重率为 2.28%；第二个在 125 ~ 900℃之间，失重率为 12.28%。样品的 DTA 分析表明：样品有两个明显的放热峰，分别在 86.2℃ 和 683.8℃，还有一个吸热峰，为 131.5℃。另外在 879.1 ~ 893.6℃之间有一个明显的热落差。

通过以上分析可知：第一个失重平台是因温度升高，矿物失去吸附水、部分结晶水及有机物燃烧消失所致[103,104]；第二个失重平台是因温度升高，矿物失去剩余结晶水、层间水和全部的结构水所致，所以失重率相对较高；在 86.2℃的放热峰可认为是有机物燃烧分解放热，在 683.8℃的放热峰可认为是，矿物重新结晶形成新的晶体而放出的热量（烧结反应开始）；在 131.5℃ 的吸热峰是为了蒸发吸附水、结晶水和层间水而吸收热量；在 879.1 ~ 893.6℃之间明显的热落差是玻璃化转变温度范围。

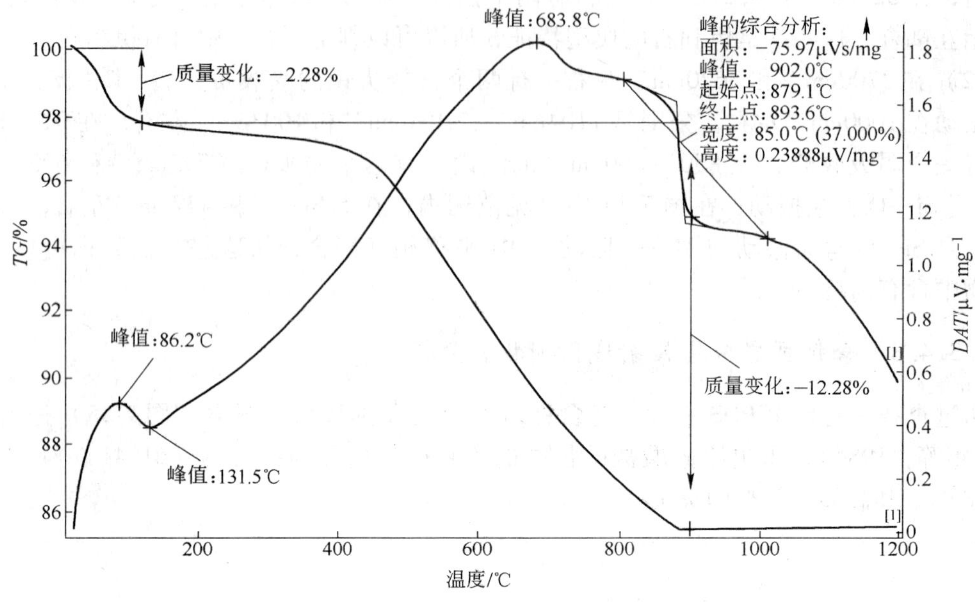

图 7-56 含钾页岩的热分析曲线

7.3.4.5 含钾页岩中可溶性钾的检测

在室温下，页岩矿样用一定量的低浓度碱性溶液进行浸泡后，定性地测定钾的浸出率。测试结果如表 7-32 所示。

表 7-32 可溶性钾测定表

药 剂	原料用量/g	反应时间/h	反应温度/℃	药剂浓度/mol · L^{-1}	药剂用量/mL	K_2O 的浸出率/%
NaOH	50	1	20	0. 50	150	0. 42

由表 7-32 测定的结果表明，被测样品中有 0. 42% 的 K_2O 被浸出来，这说明有少量的钾以可溶性钾的形式存在于页岩矿样之中。

7.3.4.6 含钾页岩中缓效钾和速效钾的测定实验

土壤中缓效钾与速效钾含量与作物需钾的前景有一定的联系。矿石的缓效钾与速效钾含量必须高于作物的需钾水平才能直接作为肥料施入土壤应用于农业生产。土壤中缓效钾和速效钾含量与作物需钾情景的关系[105~108]如表 7-33 和表 7-34 所示。页岩矿石中缓效钾和速效钾含量如表 7-35 所示。

表 7-33 土壤缓效钾水平与作物需钾情景的关系表

土壤缓效钾含量/mg · kg^{-1}	供钾水平	作物需钾情景
<70	极 低	缺钾已是当前产量的限制因素
70 ~ 170	低	已明显缺钾，将日益严重
170 ~ 330	中 下	钾素供应日渐不足，高产条件不足较为突出

续表 7-33

土壤缓效钾含量/mg·kg^{-1}	供钾水平	作物需钾情景
330～500	中	随生产水平提高，需配合使用钾肥
500～750	中 上	近期内除高产经济作物外，一般不需要钾肥
750～1160	高	近期内施用钾肥无效
>1160	极 高	不需要施用钾肥

表 7-34 土壤速效钾水平与作物需钾情景的关系表

土壤速效钾含量/mg·kg^{-1}	供钾水平	作物需钾情景
<30	极 低	缺钾肥反应明显
30～70	低	施钾后一般有效
70～125	中	在一定条件下钾肥有效，肥效大小因作物种类、与其他肥料配合、耕种制度和土壤缓效钾含量而异
125～170	高	施用钾肥无效
>170	极 高	不需要施用钾肥

表 7-35 页岩矿石中缓效钾和速效钾的含量表

种 类	原料/g	浸后钾含量/mg·L^{-1}	溶液体积/mL	提取率/mg·kg^{-1}
缓效钾	5	20.08	250	1004
速效钾	5	5.60	250	280

注：样品由贵州省地质矿产中心实验室检测。

表 7-35 结果表明，此矿样中缓效钾和速效钾的含量高于作物所需缓效钾和速效钾“高”水平，甚至是“极高”水平的要求。因此此页岩矿样可以直接破碎与农家肥混合作为肥料应用于农业生产，以提高土壤的供钾能力[110,111]。

7.3.4.7 含钾页岩的提钾试验

A 试验试剂、溶剂的选择

许多岩石和矿物易溶于酸。对硅酸盐岩石、矿物来说，各种无机酸的分解能力取决于硅酸对碱性组分的比例和金属（阳离子）的性质而定，比例小而碱性强者，可以被分解。

用酸溶解样品的最大优点是过量的酸溶剂（磷酸除外）可以蒸发除去，从而避免样品溶液中积累过多盐类（中国地质大学（北京）化学分析室，1990）。

a 盐酸（HCl）

盐酸呈强酸性，含量为 36%～38%，相对密度为 1.19，浓度为 12mol/L，最高沸点为 108℃。盐酸呈弱还原性，盐酸中的 Cl^- 具有一定的综合能力，而且大多数氯化物能溶于水，故常用作溶剂。

b 硫酸（H_2SO_4）

硫酸呈强酸性，含量为 96%～98%，相对密度为 1.835，浓度为 18mol/L，最高沸点为 338℃，热浓酸氧化性很强，有强大的脱水能力，可使有机物碳化。

热浓硫酸可用于分解许多砷、锑、锡、硒和碲的矿物，如果只是在水浴上加热或不加热至冒三氧化硫白烟，不会由于蒸发而造成损失。亦适用在分解稀土矿物上，特别是稀土的磷酸盐，如独居石、磷钇矿、磷酸钙铈矿和磷钇钍矿等。亦可以分解许多天然硫酸盐。砷酸盐矿物如砷酸铅矿、臭葱石；不常见的磷酸盐如磷铝石、磷酸钠铍石和绿松石等，皆可用硫酸加以分解。

c　磷酸（H_3PO_4）

磷酸含量为85% ~86%，相对密度为1.16，浓度为15mol/L，最高沸点为213℃。

磷酸根 PO_4^{3-} 有相当大的配合能力，当磷酸受热时，逐步失水，形成焦磷酸、三聚磷酸甚至多聚磷酸，其配合作用和分解能力也随之增强。

热浓酸对岩矿的分解能力甚强，多用来分解难溶的铬铁矿、刚玉、金红石、钛铁矿和铌铁矿等。还可分解许多硅酸盐矿物，如蓝晶石、绿柱石、硅线石、十字石、榍石、电气石及某些类型的石榴石等；稀土元素的磷酸盐；多数硫化物（辰砂和辉钼矿除外）。

除了上述酸类，还选用了 H_0（在空气中为碳酸，在本实验中使用的目的是做对比试验）和氢氧化钠对样品进行溶解。

d　氢氧化钠（NaOH）

氢氧化钠俗称烧碱、火碱、苛性钠。纯品是无色透明的晶体。密度为2.13g/cm³，熔点为318.4℃，沸点为1390℃。故其吸湿性很强，易溶于水，同时强烈放热。有强碱性、强腐蚀性。

B　焙烧条件下试剂的选择

助熔剂的选择。

适合硅酸盐分解常用的助熔剂为无水碳酸钠（Na_2CO_3）、碳酸氢钠（$NaHCO_3$）、碳酸钾（K_2CO_3）和氢氧化钠（NaOH）等，但在本试验中，它们并不适用，其理由如下。

a　无水碳酸钠（Na_2CO_3）

无水碳酸钠是碱性熔剂，熔点为851℃，是最常用的碱性熔剂，它在高温下可分解硅酸盐（如花岗岩、流纹岩、玄武岩、闪长岩和安山岩等）、硫酸盐（如重晶石和天青石）、磷酸盐（如独居石和磷钇矿）、氧化矿（如钼钙矿、钼铅矿和白钨矿）和碳酸盐等许多岩矿样品，使试样中成分皆转变为可溶性盐类。但相对于本试验来说，从试样的热分析来看，试样在683.8℃就已经开始发生剧烈的放热反应，到879.1℃时，已经开始了玻璃化转变，而无水碳酸钠的熔点已经很接近玻璃化转变温度，且温度很高，浪费大量的燃料；另一个不利因素就是，在其作熔剂时，与样品的使用比例是6∶1左右，助熔剂耗费量太大，不利于大规模使用。

还可用 $NaHCO_3$ 代替无水碳酸钠作熔剂，虽然引入的杂质较少，不到等量 Na_2CO_3 的2/3，但由于 $NaHCO_3$ 在作用过程中释放出大量的 H_2O 和 CO_2，它熔融时沸腾，有的样品甚至顶起坩埚盖外溢而使实验失败，所以适用范围比 Na_2CO_3 窄。本实验不适用。

b　碳酸钾（K_2CO_3）

碳酸钾是碱性熔剂，熔点为891℃，其应用和碳酸钠一样，但由于它吸水性较碳酸钠强，使用前必须去水。一般不常用，当某些元素（如铌）的熔融生成物（钾盐）比其相当的钠盐具有更大的溶解度的情况时，才会使用它。但同时还会引入大量钾盐，它对沉淀的沾污要比钠盐严重。

因而，从其熔点角度上看，碳酸钾就不适合在本实验中使用，况且还要在沉淀上残留较多的钾盐，更与本实验要提钾的宗旨相悖离，所以不选用它为助熔剂。

c　氢氧化钠（NaOH）

氢氧化钠是强碱性熔剂，熔点为318℃，但由于试剂中不可避免含水和碳酸盐，实际熔点可能更低。它很易吸水，在熔融时容易发生迸溅（应该在煤气灯上熔融）。在马弗炉中熔融时，由于坩埚上半部同时受热，熔融物润湿坩埚壁向上爬，甚至从坩埚外面爬到底部，使实验失败，故必须严密监视熔样的情况。

由于氢氧化钠对容器有腐蚀作用，加上试剂本身纯度较差，在熔融时容易迸溅，所以，不适合在本实验中使用。

氢氧化钾也是强碱性熔剂，其熔点为380℃，但在本实验更不能使用，其原因是它更易吸水，而且会引入大量的钾。

其他物质，如过氧化钠（Na_2O_2）有强氧化性，是最有效的碱性熔剂，但很难找到它的纯品，它很容易吸水，在460℃开始分解，其熔融温度一般使用在600~700℃之间，但用量太大，约为样品量的10倍。所以不适合本实验。

以上熔剂大都能将硅酸盐分解，但在提钾工艺上不划算，而且用量大，条件苛刻。所以本实验必须另辟蹊径。通过查阅大量资料，了解到相关的提取工艺方法中提到其他助熔剂，如NaCl、$SrCl_2$、$CaCl_2$和$CaCO_3$等。下面对这几种助熔剂分别进行考虑。

d　氯化钠（NaCl）

氯化钠是白色立方晶体或细小的结晶粉末。相对密度为2.165，熔点为801℃，沸点为1413℃，中性。从熔点和经济上考虑，它满足本实验的要求。

e　氯化锶（$SrCl_2$）

无水氯化锶密度为3.052g/cm^3，熔点为873℃。在潮湿空气中能吸湿，溶于水。因其熔点太高，已接近样品的玻化温度，所以将其排除。

f　氯化钙（$CaCl_2$）

无水氯化钙是一种白色立方晶体，相对密度为2.15，熔点为772℃，易溶于水而放出大量的热。因其熔点温度适中，在样品最高放热峰温度和玻化温度之间，且距离两者都有一定的缓冲时间，价格较低，较符合本实验要求（Rodriguez等，2005）。

g　碳酸钙（$CaCO_3$）

碳酸钙是白色晶体或粉末。密度为2.70~2.95g/cm^3。溶于酸而放出二氧化碳，极难溶于水。加热到825℃左右分解为氧化钙和二氧化碳。因其分解温度较低，且非常廉价，自然界较易得到，所以确定其为本实验助熔剂的一种。

综上所述，我们选定NaCl、$CaCl_2$和$CaCO_3$三种试剂作为本实验的助熔剂，进行正交试验。

C　浸出剂的选择

浸出是用化学试剂（包括酸、碱、盐的水溶液和有机溶剂）把矿石中的有用组分转化为可溶性化合物，并选择性地溶解的过程。通过浸出可以得到含有用组分的溶液（浸出液），实现有用组分与矿石分离，为进一步从溶液中将其回收创造条件。

浸出采用的化学试剂统称为浸出剂。常用的浸出剂主要是以水为溶剂的无机酸、碱或盐的溶液，也可以使用有机溶剂。了解浸出剂的基本化学性质，是选择浸出剂的前提。

选择浸出剂的原则，除了对矿物具有选择性浸出作用外，还需要考虑浸出剂的价格，浸出剂对设备的腐蚀性，浸出剂使用后再生的可能性和浸出剂对人体和环境的危害等。

根据对原矿样的分析，结合浸出剂的选取原则和实际实验条件，拟定试剂 H_0、硫酸和盐酸为浸出剂。

不同酸碱溶剂条件下，含钾页岩中钾（K_2O）的浸出率介绍如下。

用 H_0、HCl、H_2SO_4、H_3PO_4、NaOH 等作溶剂，对原矿样进行溶解，测定含钾页岩中 K_2O 在不同酸碱条件下的浸出率。其浸出条件和结果见表 7-36。

表 7-36　不同溶剂条件下 K_2O 的浸出率

样　号	溶剂种类	用量/mol · L^{-1}	浸出温度/℃	浸出时间/h	K_2O 浸出率/%
1	H_0	2	90	2	0.03
2	HCl	2	90	2	2.80
3	H_2SO_4	2	90	2	4.95
4	H_3PO_4	2	90	2	5.40
5	NaOH	2	90	2	0.43

注：样品由贵州省地质矿产中心实验室检测。

根据不同种类溶剂对含钾页岩中钾的浸出率结果，可作相应的溶剂和浸出率的关系图（图 7-57）。

从图 7-57 上明显可以看到：当单纯以 H_0 为溶剂时，K_2O 的浸出率极低，只有约 0.03%，这也同时证明了该含钾页岩中的钾绝大部分是以难溶性钾存在这一事实；与 H_0 相比，用酸作溶剂，钾的浸出率明显提高，尤其是当以磷酸作溶剂时，K_2O 的浸出率达到了 5.4%，硫酸次之为 4.95%，而盐酸最低是 2.8%；当用碱（NaOH）作为溶剂时，K_2O 的浸出率相对不是很高，只有 0.43%，仅仅略高于样品中可溶性钾的含量（0.42%）。

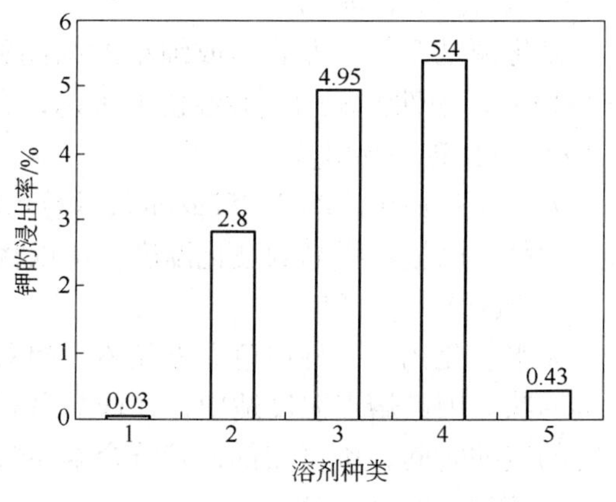

图 7-57　不同溶剂条件下 K_2O 的浸出率

D　焙烧试验条件下含钾页岩中钾（K_2O）的浸出率

对于焙烧条件的预试验，从热力学角度来说，温度是决定反应能否发生的主要因素。根据红外分析结果，样品的红外光谱中有硅氧键和磷氧键的特征吸收基团，可认定其为硅酸盐与磷酸盐的混合物，从 X 粉晶衍射结果可知，样品主要含石英、伊利石和高岭石，所以焙烧分解温度应该相对较高；通过热分析可知，在 683.8℃时，矿样放热最明显，表明该温度下分解反应最剧烈，而到 879.1℃时，则开始玻化，形成无定形的玻璃态物质；因此，提钾的温度应该在 683.8℃和 879.1℃之间为宜[112~115]。

根据以上分析，为了确定较佳的焙烧温度范围，设计了温度单因素试验，先试验性地选用 $CaCl_2$ 作助熔剂，根据前人经验，分别将配比为含钾页岩∶$CaCl_2$ = 1.0∶1.5 的混合样放入马弗炉中焙烧，选用弱酸性浸出试剂 H_0 做预试验，试验条件和结果如表 7-37 所示。

表 7-37 预试验焙烧条件下 K_2O 的浸出率

样 号	焙烧温度/℃	焙烧时间/h	浸出剂种类	浸出时间/h	K_2O 的浸出率/%
1	700	1	H_0	1	64.06
2	750	1	H_0	1	84.45

注：样品由贵州省地质矿产中心实验室检测。

从表 7-37 中可以看出，在 700℃左右时，已经明显有一定量的难溶性钾熔出并转化为可溶性的钾，溶解在浸出液中，且随着温度的逐渐升高，这种可溶性钾的量也逐渐升高，在 700℃时仅为 64.06%，而到 750℃时，已经达到了 84.45%，可见，要想继续提高钾的浸出率，必须提高温度。

结合 $CaCl_2$ 的熔点（774℃）的特点分析，随着温度升高，$CaCl_2$ 将发生熔融，并在较高温度下和原矿发生化学反应，使 K_2O 的浸出率显著上升。可见，对助熔剂的选择最主要的前提就是，它的熔点必须要在原矿烧结反应最剧烈的温度范围内。在此基础上，结合原材料的经济价值及环境因素，考虑到 $CaCO_3$ 和 NaCl 的熔点分别为 827℃和 801℃，所以本实验选用 $CaCl_2$、$CaCO_3$ 和 NaCl 作为助熔剂。焙烧温度确定在 750~850℃之间。

E 不同焙烧条件下的提钾对比实验

根据对预试验的分析，结合实验室的实际情况，本次试验的焙烧条件设定为：助熔剂选用 $CaCl_2$、$CaCO_3$ 和 NaCl；原矿物（粒度 -200 目）与其比例分别为 1∶1、1∶1.5 和 1∶2；焙烧温度分别为 750℃、800℃和 850℃；焙烧时间分别为 40min、60min 和 80min，做四因素三水平的正交试验。后期的浸出剂用沸腾状态浸取液 H_0，浸出时间均为 60min，各小组试验条件和浸出率的结果见表 7-38。

表 7-38 不同焙烧条件下 K_2O 的浸出率

样 号	助熔剂	温度/℃	时间/min	助熔剂用量	K_2O 浸出率/%
1	$CaCl_2$	750	40	1.00∶1.00	85.40
2	$CaCl_2$	800	60	1.00∶1.50	91.13
3	$CaCl_2$	850	80	1.00∶2.00	95.59
4	CaO	750	60	1.00∶2.00	11.87
5	CaO	800	80	1.00∶1.00	18.50
6	CaO	850	40	1.00∶1.50	19.08
7	NaCl	750	80	1.00∶1.50	32.25
8	NaCl	800	40	1.00∶2.00	34.15
9	NaCl	850	60	1.00∶1.00	26.97
I_j	272.12	129.52	138.63	130.87	
II_j	49.45	143.78	129.97	142.46	
III_j	93.37	141.64	146.34	141.61	
R_j	222.67	14.26	16.37	11.59	

注：样品由贵州省地质矿产中心实验室检测。

由表 7-38 可见，根据极差 R_j 这一行数据可知，第一列数据最大，其次是第三列和第二列，最小的是第四列。这表明，当助熔剂种类变动时，钾的浸出率波动最大，而原矿与助熔剂的用量比变动时，浸出率波动最小。由此可以根据极差的大小顺序排出因素主次分别为：助熔剂种类、焙烧时间、焙烧温度和原矿与助熔剂的用量比。

由此可以看出，在一定温度范围内，对 K_2O 浸出率影响最大的是助熔剂种类的选择，其次是焙烧时间和焙烧温度，最后才是原矿和助熔剂的用量比。因此，根据表 7-38 作因素-指标图（图 7-58），从图 7-58 中可直观地看出：(1) 选择 $CaCl_2$ 作助熔剂很明显优于 $CaCO_3$ 和 NaCl，原因是 $CaCl_2$ 的熔点相对于 $CaCO_3$ 和 NaCl 的熔点较低，在同等的相对较低的焙烧温度下，$CaCl_2$ 会优先熔融，加快熔融阳离子之间的反应速度，从而提高了最后钾的浸出率；(2) 焙烧温度由 750℃ 升到 800℃ 时，钾的浸出率逐渐升高，而当焙烧温度由 800℃ 升到 850℃ 时，浸出率略有下降；故选用 800℃ 作为焙烧温度比较理想；(3) 当焙烧时间由 40min 提高到 60min 时，钾的总浸出率（这是三种助熔剂共同作用的结果）反而有些下降，而由 60min 延长到 80min 时，钾浸出率有所提高，在焙烧温度为 850℃，焙烧时间为 80min 时，钾的浸出率甚至达到 95.59%，因此选用 80min 作为焙烧时间较适宜；(4) 原矿与助熔剂的用量比随其由 1.0∶1.0 增加到 1.0∶1.5，钾的浸出率逐渐升高，在 1.0∶1.5 左右时达到最高，而后再增加助熔剂的用量反而不利于钾的浸出率的提高。

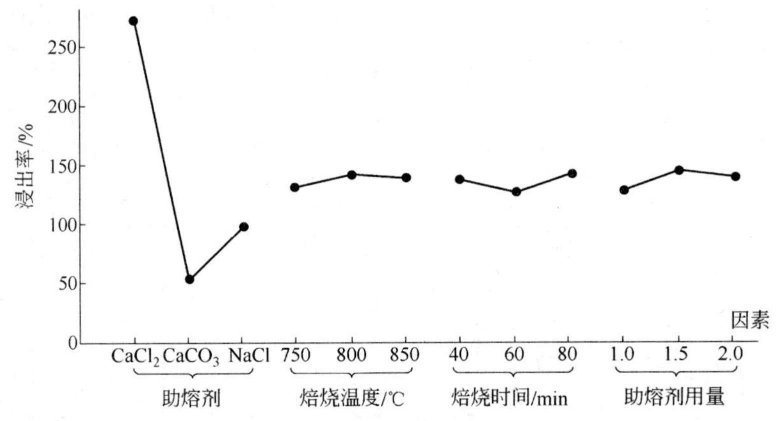

图 7-58 焙烧试验的因素-指标图

根据以上的分析，为了最大限度地贴近实际生产，既能使反应中的 K_2O 得到高的浸出率，又能节约原料和能源，根据试验，确定较佳的焙烧条件为：助熔剂采用 $CaCl_2$，原料与助熔剂用量比为 1.0∶1.5，焙烧温度为 800℃，焙烧时间是 80min。

F 不同浸出条件下的提钾对比实验

根据第一组正交试验的试验结果，以原料粒度、常用浸出液种类、浸出温度和时间为研究因素，各因素指标分别设定为：原料粒度为 -60 目(0.246mm)、-100 目(0.147mm) 和 -160 目(0.096mm)；浸出液为试剂 H_0、盐酸和硫酸；浸出温度为室温(20℃)、50℃ 和 70℃；浸出时间为 20min、40min 和 60min；设计第二组四因素三水平正交试验。各小组试验条件和浸出率的结果见表 7-39。

表 7-39 不同浸出条件下钾的浸出率

样 号	粒度/目	浸出液种类	浸出温度/℃	浸出时间/min	K_2O 浸出率/%
1	-60 (0.246mm)	试剂 H_0	室温 (20)	20	90.22
2	-60 (0.246mm)	1mol/L H_2SO_4	50	40	71.61
3	-60 (0.246mm)	1mol/L HCl	70	60	87.37
4	-100 (0.147mm)	试剂 H_0	50	60	90.42
5	-100 (0.147mm)	1mol/L H_2SO_4	70	20	73.83
6	-100 (0.147mm)	1mol/L HCl	室温 (20)	40	85.86
7	-160 (0.096mm)	试剂 H_0	70	40	88.33
8	-160 (0.096mm)	1mol/L H_2SO_4	室温 (20)	60	82.07
9	-160 (0.096mm)	1mol/L HCl	50	20	87.79
$Ⅰ_j$	249.20	268.97	258.15	251.84	
$Ⅱ_j$	250.11	227.51	249.82	245.80	
$Ⅲ_j$	258.19	261.02	249.53	259.86	
R_j	8.99	41.46	8.62	14.06	

注：样品由贵州省地质矿产中心实验室检测。

根据极差 R_j 的大小顺序，可知在焙烧条件确定的情况下，对 K_2O 浸出率影响最大的是浸出液的种类，其次是浸出时间，最后是原矿粒度和浸出温度。根据表 7-39 作浸出试验的指标-因素图（图 7-59），从图 7-59 可以明显地看出：（1）随着粒度的减小，钾的浸出率明显增加，在 -160 目（0.096mm）时已经达到正交试验的最高值，而且从图 7-59 上看，如果继续减小粒度，还有使钾的浸出率升高的趋势；（2）浸出率与浸出介质关系不大，试剂 H_0 为较理想的浸出剂，用硫酸（H_2SO_4）等酸类作浸出剂，其中的 SO_4^{2-} 会与反应物中的其他阳离子（如 Ca^{2+}）反应生成难溶物质，不仅不利于过滤，更有可能夹带钾离子（K^+），使钾的浸出率降低；（3）浸出温度对钾的浸出率影响较小，且随着温度的升高，浸出率并不像想象的那样提高，反而降低，这可能是因为后期的浸出反应是放热反应（因为在试验中，常温下触摸盛反应物的烧杯，感觉温度升高了），因此选取室温作为浸出

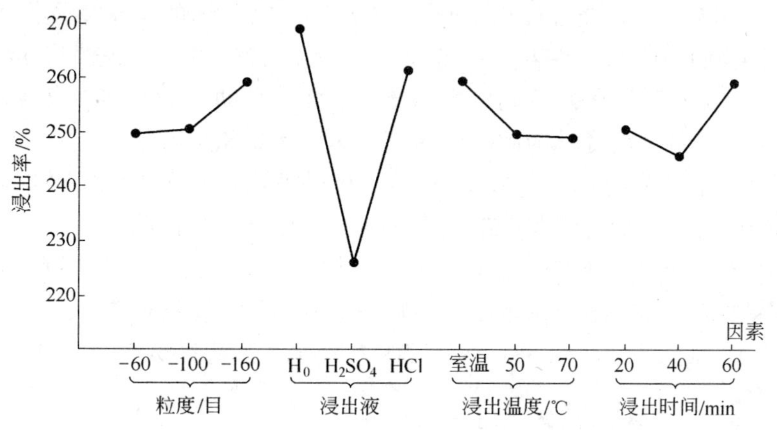

图 7-59 浸出试验的因素-指标图

温度最适宜；（4）在浸出时间较短的情况下，即在 20～40min 之间时，钾的浸出率随着时间的延长反而降低，在 40min 时达到最低值，而后再继续延长浸出时间，钾的浸出率又开始升高，在试验条件范围内，当浸出时间达到 60min 时，钾的浸出率达到最高值，且由图 7-59 可见，继续延长浸出时间似乎有进一步提高浸出率的趋势[116～118]。

综合上面的分析，同时也是为了节约能源，选取经济适用的原料，在焙烧试验条件不变的前提下，本次正交试验得出较佳的浸出条件为：原料粒度 -160 目（0.096mm）浸出剂选用试剂 H_0，浸出温度为室温（20℃）即可，浸出时间可稍长至 60min。

根据这两组正交试验的研究分析，目前可以确定贵州含钾页岩提钾的较佳工艺路线为：（1）助熔剂采用 $CaCl_2$ 较合理；（2）原料粒度应是越细越好，但结合试验和实际需要，采取粒度为 -160 目（0.096mm）；（3）原料和助熔剂的大体配比在 1.0∶1.5 左右；（4）焙烧温度在 800℃左右；（5）焙烧时间为 80min 左右；（6）浸出剂选用试剂 H_0；（7）浸出温度为室温（20℃）即可；（8）浸出时间可以为 60min，并且可以根据需要而适当延长。

根据上述分析确定的较佳工艺路线做实验室试验，试验条件和含钾页岩中钾的浸出率结果如表 7-40 所示。

表 7-40　较佳提钾工艺条件及其钾的浸出率结果

原矿粒度/目	助熔剂	助熔剂用量	焙烧温度/℃	焙烧时间/min	浸出剂种类	浸出温度/℃	浸出时间/min	K_2O 浸出率/%
-160	$CaCl_2$	1.00∶1.50	800	80	试剂 H_0	20	60	92.05

注：样品由贵州省地质矿产中心实验室检测。

由表 7-40 可以看出，以上述两组正交试验确定的较佳的工艺路线为条件，可使含钾页岩中 K_2O 的浸出率达到 92.05%。

若想再进一步改良工艺条件，使其更进一步贴近实际生产，就需要在上述两组正交试验的基础上进行优化试验。

G　优化试验

通过对前面两组正交试验的因素-指标图（图 7-58、图 7-59）分析，可得出：

（1）助熔剂确定为 $CaCl_2$；

（2）在焙烧试验中，焙烧温度由 750℃升到 800℃时，钾的浸出率逐渐升高，而当焙烧温度由 800℃升到 850℃时，浸出率略有下降，所以可确定较佳的焙烧温度是 800℃，但由于此焙烧温度是由三种助熔剂共同作用的结果，而三种助熔剂的熔点又各不相同，所以并不能肯定是最佳的焙烧温度，因此需要对其作单因素试验进行优化；

（3）正交试验中的焙烧时间（80min）是三种助熔剂相对于提钾的共同趋势，它也会因助熔剂的不同而有所改变，因此有必要对其进行单因素优化试验；

（4）助熔剂的用量并不是越多越好，为了节约成本，还要在不明显降低钾的浸出率的前提下，根据实际情况进行单因素试验，尽量减少其用量，节约成本；

（5）原矿粒度越小越好，但为了节约能源，实际工艺又容易达到，故选定为 -160 目（0.096mm）；

（6）选择经济适用的试剂 H_0 作浸出剂；

（7）无需加热而选择最易达到的室温（20℃）作浸出温度；

（8）浸出试验中钾的浸出率虽然随浸出时间的延长而提高，但在实际生产中会涉及生产周期的问题，因此需要通过对其进行单因素的优化试验，以确定最优浸出时间。

因此，通过上述分析，为确定最优的含钾页岩提钾工艺条件，根据极差 R_j 的大小顺序，需要分别做焙烧时间单因素试验、焙烧温度单因素试验、原矿与助熔剂用量比单因素试验和浸出时间单因素试验，对前面的两组正交试验进行优化。

H 焙烧时间单因素试验

根据前面的正交试验结果，确定其他因素指标不变，即助熔剂为 $CaCl_2$、焙烧温度800℃、原矿与助熔剂用量比为1.00∶1.50、原矿粒度 -160 目（0.096mm）、浸出剂为试剂 H_0、浸出温度为室温（20℃）、浸出时间60min等因素指标不变，作焙烧时间单因素优化试验。试验条件和相应钾的浸出率结果见表7-41。

表7-41 焙烧时间单因素条件下钾的浸出率

焙烧时间/min	30	40	50	60	70	80
K_2O 浸出率/%	86.56	92.61	93.81	93.53	92.56	91.79

注：样品由贵州省地质矿产中心实验室检测。

由表7-41中的数据，可作出焙烧时间与钾的浸出率关系图（图7-60）。

由图7-60可知，当焙烧时间很短时（如30min），原矿和助熔剂还没来得及进行充分的反应，因此钾的浸出率较低，当继续延长焙烧时间达到50min时，钾的浸出率达到本次试验的最大值（即93.81%），在这之后继续延长焙烧时间不但不能达到提高钾的浸出率的目的，反而会使其略有降低（如当焙烧时间为80min时，钾的浸出率为91.79%，低于50min时的最高值超过2%），这说明在此条件下，当焙烧时间达到50min时，原矿在助熔剂的作用下，充分熔融分解，超过50min时，分解后的化合物开始相互结合，形成新的稳定的化合物，这个过程中有可能包裹了刚刚熔出的 K^+ 而使钾的浸出率降低。

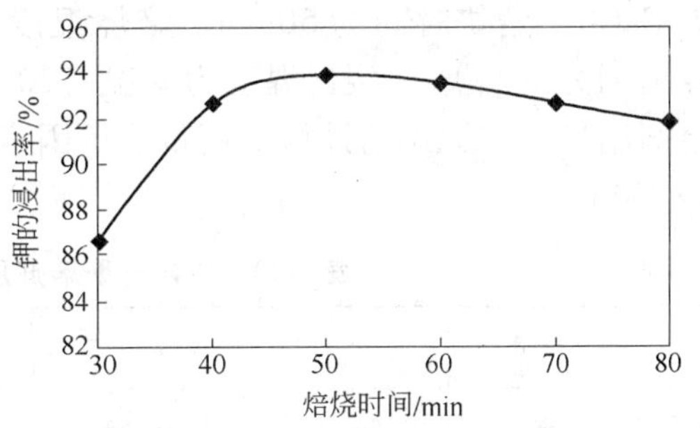

图7-60 焙烧时间与钾的浸出率关系图

根据以上分析，在其他试验条件不变的前提下，可确定最佳的焙烧时间为50min。

I 焙烧温度单因素试验

根据正交试验和焙烧时间单因素优化试验的结果，确定其他因素指标不变，即助熔剂为 $CaCl_2$、焙烧时间为50min、原矿与助熔剂用量比为1.00∶1.50、原矿粒度为 -160 目（0.096mm）、浸出剂为试剂 H_0、浸出温度为室温（20℃）、浸出时间为60min等因素指标不变，在小范围内作焙烧温度单因素优化试验。试验条件和相应钾的浸出率结果见表7-42。

表7-42 焙烧温度单因素条件下钾的浸出率

焙烧温度/℃	780	790	800	810	820
K_2O 浸出率/%	87.67	90.48	93.81	93.04	92.38

注：样品由贵州省地质矿产中心实验室检测。

由表7-42中的数据，可作出焙烧温度与钾的浸出率关系图（图7-61）。

由图7-61可见，当焙烧温度相对较低时（如780℃），助熔剂（$CaCl_2$ 的熔点为774℃）刚刚熔融，原矿分解也并不充分，所以助熔剂中 Ca^{2+} 只把原矿中部分难溶性钾以 K^+ 的形式置换出来，因此钾的浸出率较低（只有87.67%）；当焙烧温度达到800℃时，助熔剂相对熔融充分，原矿分解也相对完全，达到两者有效反应的最佳值。因此，助熔剂中的 Ca^{2+} 只最大限度地把原矿中难溶性钾以 K^+ 形式置换出来，故钾的浸出率最高（93.81%）；超过800℃继续提高焙烧温度，因为两者已经充分反应，新生成的化合物很有可能将已经置换出来的可溶性的 K^+ 重新包裹、吸收，形成新的物质，从而降低了钾的浸出率。

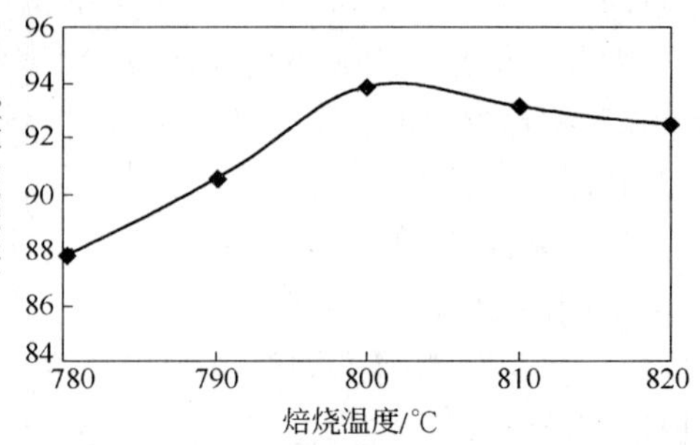

图7-61 焙烧温度与钾的浸出率关系图

故根据以上分析，在其他试验条件不变的前提下，可确定最佳的焙烧温度为800℃。

J 原矿与助熔剂用量比单因素试验

根据正交试验和上述两个单因素优化试验结果，确定其他因素指标不变，即助熔剂为 $CaCl_2$、焙烧时间为50min、焙烧温度为800℃、原矿粒度为-160目（0.096mm）、浸出剂为试剂 H_0、浸出温度为室温（20℃）、浸出时间60min等因素指标不变，改变助熔剂用量，作原矿与助熔剂用量比单因素优化试验。试验条件和相应钾的浸出率结果见表7-43。

表7-43 原矿与助熔剂用量比单因素条件下钾的浸出率

助熔剂用量	1.0：1.2	1.0：1.3	1.0：1.4	1.0：1.5	1.0：1.6	1.0：1.7
K_2O 浸出率/%	86.35	86.68	91.28	93.81	93.69	93.48

注：样品由贵州省地质矿产中心实验室检测。

由表7-43中的数据，可作出原矿与助熔剂用量比与钾的浸出率关系图。由图7-62可见，当其他试验条件不变时，随着助熔剂加入量的增加，钾的浸出率逐渐提高，到原矿与助熔剂用量比为1.0：1.5时，钾的浸出率最高（93.81%），而后继续增加助熔剂，钾的浸出率不但没有提高，反而有略微地下降。这说明，助熔剂加入量过大，虽然能促进原矿的分解，但置换出来的可溶性的 K^+ 也会由助熔剂的量太大，而被其生成的化合物夹带导致最后钾的浸出率降低。故根据以上分析，在其他试验条件不变的前提下，可确定原矿与助熔剂最佳的用量比为1.0：1.5。

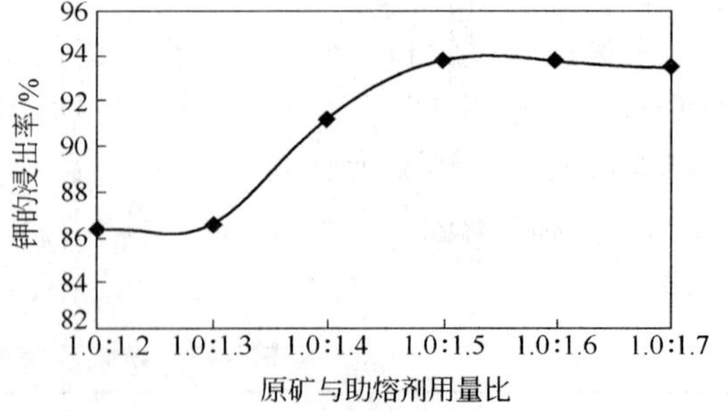

图7-62 原矿和助熔剂的用量比与钾的浸出率关系图

K 浸出时间单因素试验

根据正交试验和上述几个单因素优化试验的结果，确定其他因素指标不变，即助熔

剂为 $CaCl_2$、原矿与助熔剂用量比为 1.0∶1.5、焙烧时间为 50min、焙烧温度为 800℃、原矿粒度为 -160 目（0.096mm）、浸出剂为试剂 H_0 和浸出温度为室温（20℃）等因素指标不变，改变浸出时间长短，做浸出时间单因素优化试验。试验条件和相应钾的浸出率结果见表 7-44。

表 7-44 浸出时间单因素条件下钾的浸出率

浸出时间/min	20	30	40	60	90	120
K_2O 浸出率/%	90.01	92.45	93.61	93.81	93.87	93.96

注：样品由贵州省地质矿产中心实验室检测。

由表 7-44 中的数据，可以作出钾的浸出率与浸出时间关系图（图 7-63）。

由图 7-63 可知，延长浸出时间可以使反应充分进行，从而提高钾的浸出率，尤其是当浸出时间从 20min 延长到 40min 的时候，钾的浸出率提高得很明显，再继续延长，虽然也能提高浸出率，但效果并不明显（如从 60min 延长到 120min，浸出率只提高了 0.15%），因为绝大部分浸出反应已经完成，而且如果一味地靠延长浸出时间来提高浸出率还会影响整个工艺的周期时间，因此并不可取。

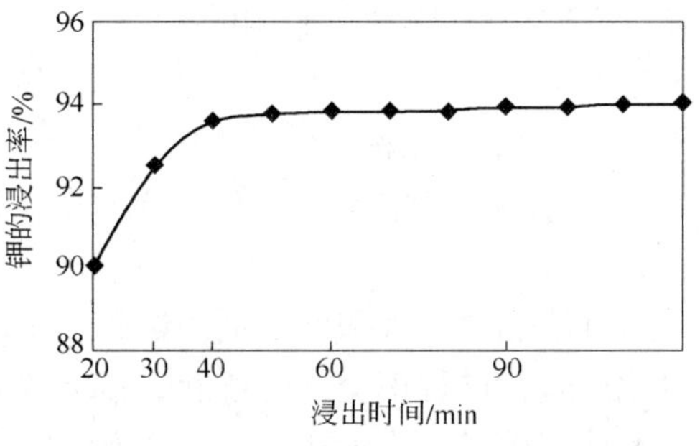

图 7-63 钾的浸出率与浸出时间关系图

根据以上分析，在其他试验条件不变的前提下，可确定本工艺的最佳浸出时间为 60min。

通过正交试验和以上几种单因素的优化试验，可最终确定最佳的含钾页岩提钾的工艺条件。其具体内容和在此工艺条件下钾的浸出率结果如表 7-45 所示。

表 7-45 含钾页岩提钾的最佳工艺条件及其钾的浸出率

原矿粒度/目	助熔剂	原矿与助熔剂用量比	焙烧温度/℃	焙烧时间/min	浸出剂	浸出温度/℃	浸出时间/min	K_2O 的浸出率/%
-160	$CaCl_2$	1.0∶1.5	800	50	H_0	20	60	93.81

注：样品由贵州省地质矿产中心实验室检测。

对照两组正交试验后确定的较佳工艺条件和优化后的最佳工艺条件可知，正交试验已经大体上有效地确定了最终的工艺条件，不过就个别的因素而言，仍然存在误差，需要作优化试验对其进行纠正。从优化前后的工艺条件和钾的浸出结果可见，焙烧时间明显从 80min 缩短到了 50min，而浸出率却达到了 93.81%；对于其他因素，虽然基本上和正交试验中的结果一致，但优化试验给出了各个因素水平变化的趋势，在不大幅度影响钾的浸出率的前提下，可以通过优化试验的因素趋势对实际的生产进行调节，以满足实际要求。譬如：在助熔剂并不丰富的情况下，可以确定原矿与助熔剂用量比为 1.0∶1.4（此时钾的浸出率为 91.28%）；如果想进一步节约能源，可以将焙烧温度降为 790℃（钾的浸出率 90.48%），或缩短焙烧时间到 40min（钾的浸出率 92.61%），等。

总之，在不同酸碱溶剂条件下，从含钾页岩中钾（K_2O）的浸出率对比可以看出，通过做上述正交试验和优化实验，可以实现使含钾页岩中绝大部分的难溶性钾转化成可溶性钾这一目的。由后者得出的生产工艺中钾的浸出率很高，而原材料本身储量又十分巨大，所以比较适宜采用这种工艺方法进行工业生产。

L　黑色页岩制备氮钾肥试验研究

对伊利石页岩样品进行化学全分析，确定了原矿物的主要化学组成为：SiO_2 58.47%、Al_2O_3 15.65%、K_2O 3.57%、Fe_2O_3 2.56%、MgO 0.8%、CaO 0.06%、Na_2O 0.05%；热分析确定了原矿物烧结的最佳温度范围683.8～879.1℃；通过红外光谱分析和X射线粉晶衍射分析，确定了原矿物的主要矿物组成为石英（61.41%）、伊利石（34.58%）和高岭石（4.01%）。

对含钾伊利石页岩进行可溶性钾、速效钾和缓效钾的检测，定性地证明了有少量的钾以可溶性钾的形式存在于页岩之中；样品中缓效钾和速效钾的含量高于作物所需缓效钾和速效钾的“高”水平，甚至达到“极高”水平的要求。经分析各种溶剂、助熔剂和浸出剂的性质，最终确定 H_0、HCl、H_2SO_4、H_3PO_4、NaOH 等作溶剂；$CaCl_2$、$CaCO_3$ 和 NaCl 为助熔剂。

通过焙烧原样品和助熔剂的试验、不同焙烧条件提钾的对比试验和不同浸出条件下提钾对比试验，进行正交试验优化，确定了较佳的提钾工艺路线为：助熔剂采用 $CaCl_2$，原料与助熔剂用量比为1.0∶1.5，焙烧温度为800～900℃，焙烧时间为80～100min，原料粒度为－160目（0.096mm）。选用浸出剂 H_0，浸出温度为室温（20℃），浸出时间为60～80min。对浸出的含钾溶液中加入碳酸铵后析晶，制得氮钾肥，达到了试验的初步目的。

7.3.5　氮钾肥制取工艺初探

7.3.5.1　氮钾肥制取工艺流程

通过对含钾页岩的提钾试验，可以使含钾页岩中绝大部分的难溶性钾以可溶性的钾浸出到溶液中。要想有效地利用浸出的可溶性钾，就需要对其进行处理，使其与其他物质结合成可溶性的稳定的化合物，最普遍且最实际的就是利用其制成钾的复合肥。

虽然钾的浸出率占总钾含量很高，但总钾在含钾页岩中的含量并不高（只有3.57%），而且含钾页岩内部多是不溶性的硅酸盐类，即使经过高温焙烧分解，仍有大部以难溶物质存在，在此过程中引入的助熔剂（$CaCl_2$）的量又很大，若是直接将浸出的液体进行析晶制得钾复合肥，所得的肥料中氯化钙的含量会很高（通过计算，其含量占钾肥总量的90%以上）。

虽然钙也是肥料中主要成分，施入土壤能供给植物钙，并有调节土壤酸度的作用，但钙肥效果与土壤类型有关。在缺钙土壤中施用，除可使植物和土壤获得钙的补充外，还可降低土壤pH值，从而减轻或消除酸性土壤中大量铁、铝、锰等离子对土壤性质和植物生理的危害；促进有机质的分解。但施用过多会降低硼、锌等微量营养元素的有效性和造成土壤板结。不利于作物的生长，因此需要在一定的限度内控制其含量。这就需要引入其他元素对浸出液进行制钾复合肥的前期处理。

因为浸出液中含有大量的 Ca^{2+}，所以可以通过试验引入 CO_3^{2-}，使两者反应生成碳酸钙沉淀。方程式如下：

$$Ca^{2+} + CO_3^{2-} \longrightarrow CaCO_3 \downarrow$$

在引入 CO_3^{2-} 的同时必然要引入阳离子，为使最后的产品中，有效肥料能达到最大值，决定引入的阳离子为 NH_4^+，这样最后的产品中既有 N 又有 K，且均是可溶性盐类，能够满足作物的需要。

根据以上分析，选择引入碳酸铵（$(NH_4)_2CO_3$）来对浸出液进行处理。

具体的工艺方法如图 7-64 所示。

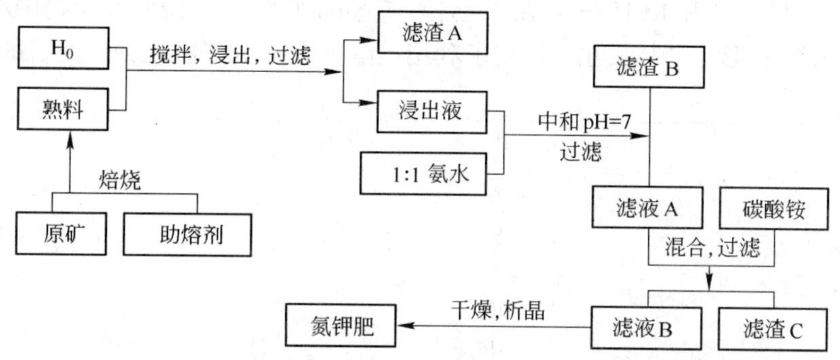

图 7-64　氮钾肥制取工艺流程

对滤渣 A 作化学全分析所得出结果见表 7-46。

表 7-46　浸出后滤渣的化学全分析

化学成分	SiO_2	Fe_2O_3	Al_2O_3	K_2O	Na_2O	CaO	MgO	合计
含量/%	54.27	1.4	13.58	0.21	0.06	23.28	0.84	93.64

注：样品由贵州省地质矿产中心实验室检测。

将此结果与原矿样的全分析（表 7-46）作比较，明显可以看出：（1）绝大部分的 K_2O 已经在助熔剂的作用下焙烧分解，转变成可溶性的 K^+ 进入到浸出液中；（2）助熔剂在原矿焙烧过程中起到助熔和置换熔融出来的钾的作用，因此，在滤渣 A 中有大量的 CaO 出现；（3）有微量的 Fe^{3+} 和 Al^{3+} 进入到浸出液中，其他元素基本不变。

通过加入 1∶1 的氨水调节浸出液 pH 值到 7，浸出液中会出现絮凝的 $Al(OH)_3$ 胶体和 $Fe(OH)_3$ 等阳离子的沉淀，通过过滤除去绝大部分此类阳离子，此时氢氧化钙微溶，且钙离子部分会与空气中的二氧化碳反应生成碳酸钙，所以过滤后又除去部分 Ca^{2+}。

上面过滤后得到的滤液 A 再与过量碳酸铵反应，过滤后，除去了绝大部分的 Ca^{2+} 等其他的阳离子（滤渣 C 主要是 $CaCO_3$ 沉淀），滤液 B 中应仅余铵离子、钾离子、氯离子、微量的钠离子以及部分残留的 Ca^{2+} 离子。

将滤液 B 干燥析晶后即得氮钾复合肥，送样作化学分析测试，结果见表 7-47。从氮钾肥的分析结果可以看出，除了 K_2O 和 CaO，其他元素相对于含钾页岩的化学分析来说，含量都非常低，这说明在用本工艺制钾肥的过程中，基本上除去了对农作物有害或干扰的其他元素，得到了可溶性的钾盐（KCl）。

表 7-47　氮钾肥部分成分化学分析

化学成分	SiO_2	Fe_2O_3	Al_2O_3	K_2O	Na_2O	CaO	MgO
含量/%	0.081	<0.001	0.002	3.820	0.110	5.750	0.030

注：样品由贵州省地质矿产中心实验室检测。

将熟料、滤渣 A 和制成的钾肥样品送样，进行 X 射线衍射分析，见图 7-65、图 7-66。从这些分析结果可以看出：(1) 原矿物和助熔剂焙烧后生成了钾长石、辉石、蒙脱石、角闪石及较多的非晶质；(2)熟料经试剂 H_0 浸出后，残渣里面的主要成分是石英、斜长石、辉石、食盐和少量的未反应的伊利石，这说明钾的绝大部分已经进入到滤液 B 中；(3)氮钾肥产品中仅包含两个组分，即 NH_4Cl 和 KCl(报告结果允许有较小的误差)，这说明原矿物中难溶性钾已经以可溶性钾盐 KCl 的形式结晶析出，达到了利用难溶性含钾页岩制取钾肥的目的。

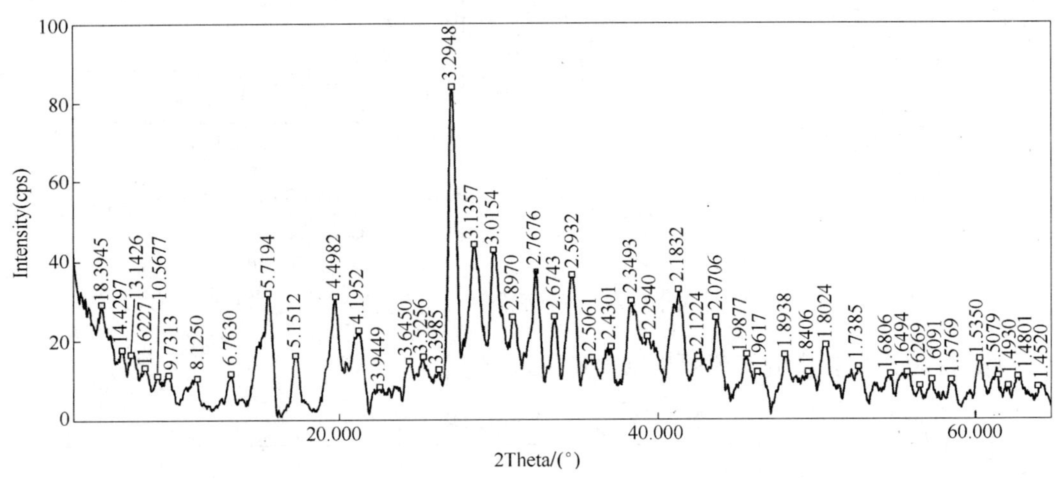

图 7-65　焙烧后熟料的 X 射线衍射分析

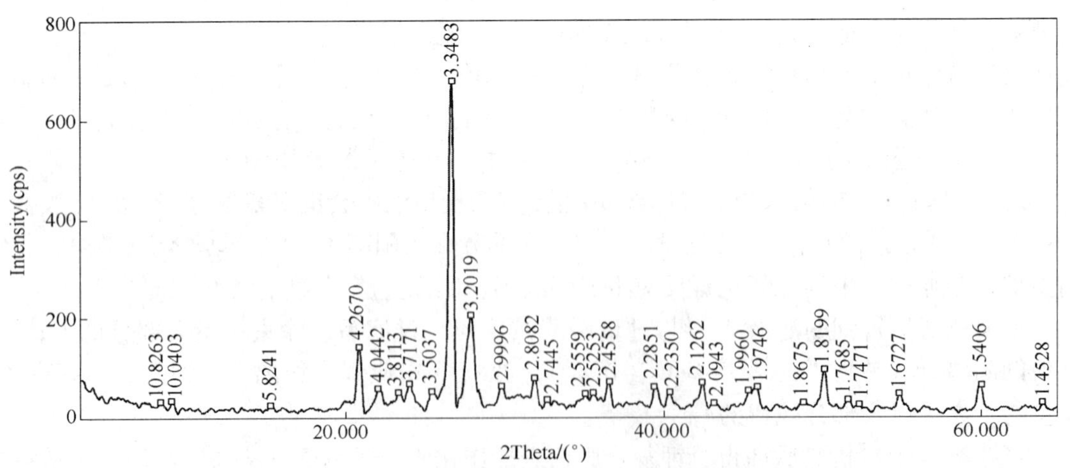

图 7-66　浸出后残渣的 X 射线衍射分析

制成的氮钾肥产品的 X 射线衍射分析见图 7-67，它们相应的分析结果见表 7-48。

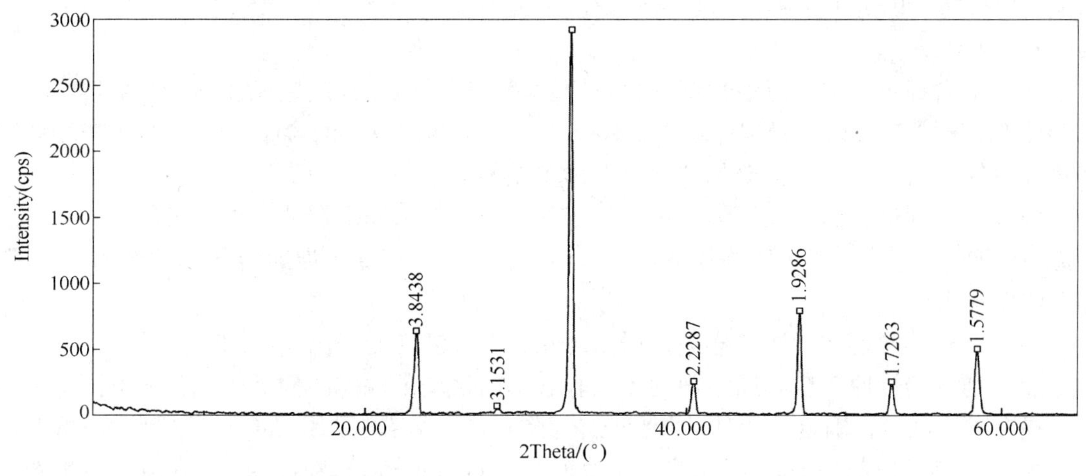

图 7-67 制成的氮钾肥产品的 X 射线衍射分析

表 7-48 氮钾肥、熟料及残渣的 XRD 定量分析报告

项 目	NH_4Cl	KCl	$Ca_4Fe_{14}O_{25}$	$Ca_3Al_{10}O_{18}$	石英	钾长石	斜长石	辉石	食盐	蒙脱石	伊利石	角闪石	非晶质
产品/%	96.79	3.21											
熟料/%			8.72	5.30	少	55.07		17.09		6.12	4.60	3.10	多
残渣/%					63.95		23.46	5.96	4.53		2.10		少

注：样品由贵州科学院冶金化工研究所龚国洪检测。

7.3.5.2 初步经济效益核算

根据对所用试验试剂的市场价格（2009 年）调查可知，氯化钙（$CaCl_2$）(纯度为 90% 以上）价格是 700～1200 元/t，碳酸钙（$CaCO_3$）(重质、轻质）价格为 1000 元/t，但碳酸铵((NH_4)$_2$$CO_3$)的价格偏高，约为 4000 元/t。因此，利用氯化钙作助熔剂，碳酸铵作添加剂制成的氮钾肥，虽然反应后的副产品碳酸钙在价格上能抵消氯化钙的损失，但碳酸铵的加入，无疑增加了其经济的投入，所以，本实验最后所制成的氮钾肥，证明对难溶性含钾页岩提钾试验或制钾肥还需要更进一步研究，通过进一步试验，以达到提高经济价值的目的。

通过对各种试剂的价格分析对比，可将添加剂碳酸铵换成硫酸铵((NH_4)$_2$$SO_4$,N 含量大于 20%，价格为 420 元/t，产地为湖北鄂州海丰化工实业有限公司)，实验的副产品就会变为硫酸钙，亦即石膏（半水石膏粉的价格为 550 元/t 以上)，黄石膏粉（化学矿）2800 元/t，硫酸钙（规格为 400～6000 的价格为 3800 元/t)，产品为氮钾复合肥。

7.3.5.3 结论

通过实验研究可以得到以下结论：

(1) 对试验样品进行化学全分析，确定了原矿物的主要化学组成为：SiO_2 58.47%、Al_2O_3 15.65%、K_2O 3.57%、Fe_2O_3 2.56%、MgO 0.8%、CaO 0.06%、Na_2O 0.05%；热分析确定了原矿物烧结的最佳温度范围为 683.8～879.1℃；通过红外光谱分析和 X 射线

粉晶衍射分析，确定了原矿物的主要矿物组成为石英（61.41%）、伊利石（34.58%）和高岭石（4.01%）。

（2）对含钾页岩进行可溶性钾、速效钾和缓效钾的检测，定性地证明了有少量的钾以可溶性钾的形式存在于页岩矿样之中；样品中缓效钾和速效钾的含量高于作物所需缓效钾和速效钾的“高”水平，甚至是“极高”水平的要求。

（3）在提钾试验前，经详细分析各种溶剂、助熔剂和浸出剂的性质，最终确定了 H_0、HCl、H_2SO_4、H_3PO_4、NaOH 等作溶剂，$CaCl_2$、$CaCO_3$ 和 NaCl 为助熔剂，试剂 H_0、盐酸和硫酸作浸出剂。

（4）通过不同溶剂对原矿样进行浸出可知，所选溶剂能浸出少量的钾。

（5）通过焙烧原矿样和助熔剂的预试验、不同焙烧条件提钾的对比试验和不同浸出条件下提钾对比试验，确定了较佳的提钾工艺路线为：助熔剂采用 $CaCl_2$，原料与助熔剂用量比为 1.0∶1.5，焙烧温度为 800℃，焙烧时间为 80min，原料粒度为 -160 目，浸出剂用试剂 H_0，浸出温度为室温（20℃），浸出时间为 60min。

（6）通过做焙烧时间、焙烧温度、原矿与助熔剂用量比和浸出时间等单因素试验，对前面的两组正交试验进行优化，确定了最佳的提钾工艺路线为：助熔剂采用 $CaCl_2$，原料与助熔剂用量比为 1.0∶1.5，焙烧温度为 800℃，焙烧时间为 50min，原料粒度为 -160 目，浸出剂用试剂 H_0，浸出温度为室温（20℃），浸出时间为 60min。

（7）向所浸出的含钾溶液中加入碳酸铵（或硫酸铵）过滤后析晶，制得氮钾肥，达到了试验目的（附图 24 ~ 附图 27）。

7.3.6　含钾页岩提钾机理初探

7.3.6.1　主要矿物组成

通过对原矿样的红外光谱分析和 X 粉晶衍射分析，我们了解到原矿样中主要的矿物为硅酸盐类，具体组成和含量为：石英（61.41%）、伊利石（34.58%）和高岭石（4.01%）。

7.3.6.2　硅酸盐晶体结构特点及分类

硅酸盐晶体结构比较复杂，其结构有以下四个特点：

（1）每一个 Si^{4+} 存在于 4 个 O^{2-} 为顶点的四面体中心，构成 $[SiO_4]^{4-}$ 四面体，它是硅酸盐晶体结构的基础。

（2）$[SiO_4]^{4-}$ 四面体的每个顶点，即 O^{2-} 最多只能为两个 $[SiO_4]^{4-}$ 四面体所共用。

（3）两个邻近 $[SiO_4]^{4-}$ 四面体之间，如果要联结，只以共顶而不以共棱或共面相联结。

（4）$[SiO_4]^{4-}$ 四面体中的 Si^{4+} 可以被 Al^{3+} 置换形成硅铝氧骨干，骨干外的金属离子容易被其他金属离子置换，置换不同的离子，对骨干的结构并无多大的变化，但对它的性能影响很大。

这种由 Al^{3+} 代替 Si^{4+} 的同晶取代现象在硅酸盐晶体结构中普遍存在，对硅酸盐矿物结构起着重要的作用。

在硅酸盐晶体中，常见的附加阴离子有 OH^-、O^{2-}、F^-、Cl^-、S^{2-}、$[PO_4]^{3-}$、$[SO_4]^{2-}$、$[CO_3]^{2-}$。硅酸盐除了 OH^- 外，还常有水分子参加到格架空隙中形成吸附水，此外还可以以 $[H_3O]^+$ 形式作为阳离子参加到格架中去。

硅酸盐矿物种类繁多，但是可以根据结构中硅氧四面体的连接方式分为：岛状结构、组群状结构、链状结构、层状结构和架状结构五种。

7.3.6.3 硅酸盐中价键的性质

在硅酸盐晶体结构中 Si^{4+} 不存在直接的键，键的连接是通过 O^{2-} 来实现的，形成了 Si—O—Si 键或 Si—O—M—O—Si 键（其中 M 为金属离子）。

在晶体中离子键的强度可以用晶格能来衡量。晶格能是将 1g 式量的离子晶体中的各离子拆散至气态时所需要的能量。晶体的晶格能越大，晶体中离子键的结合越牢固。硅酸盐晶体中的阳离子与氧以离子键的形式相结合，这要比分子间的力和氢键形式的结合更为牢固，若想把阳离子从硅酸盐晶体骨架中提取出来，晶体就需要吸收较高的外界能量来破坏其离子键，达到破坏晶体结构的目的。

7.3.6.4 含钾页岩提钾的反应机理探讨

具体如下：

（1）石英在矿样中的比例最大，但就其结构而言，石英中硅氧四面体中 Si∶O = 1∶2，结构是电中性的，因此硅氧四面体中的 Si^{4+} 不被其他阳离子取代。发生横向系列的晶型转变的最低温度也要 870℃，而本实验的最高温度为 850℃，优化后的焙烧温度才 800℃，在这样的温度条件下，石英根本不会发生横向系列晶型之间的转变，只有可能发生纵向晶型的转变。而且从熔体温度上看，在本实验的焙烧温度下，石英根本就没有机会熔融。最重要的是，因为硅氧四面体中的 Si^{4+} 不被其他阳离子取代，结构显电中性，石英也就不会因要被低价的阳离子（如 Al^{3+}）取代而显负电性，进而不会因为要平衡这个负电性而再结合其他阳离子，所以，像 K^+、Na^+、Ca^{2+}、Mg^{2+}、Li^+、H^+ 等这些离子根本没有机会存在于石英中。

（2）伊利石属于层状硅酸盐云母类粘土矿物，因层状硅酸盐类矿物层间具有自由氧，为了保持电中性，晶层间会吸附大半径的阳离子，如 K^+、Na^+、Ca^{2+}、Mg^{2+}、Li^+、H^+ 等，伊利石中产生的负电荷主要由 K^+ 来平衡。这是因为伊利石的负电荷主要产生在四面体晶片中，离晶层表面近，K^+ 与晶层的负电荷之间的静电引力比氢键强，水是不容易进入晶层间的。另外，K^+ 的大小刚好嵌入相邻晶层间的氧原子网络形成的空穴中，起到连接作用，周围有 12 个氧与其配位。因此，K^+ 通常连接非常牢固，是不能交换的。因此难溶性的钾应该主要是伊利石中的结构钾（Sondi，I 等，2003）[117]。但伊利石耐热程度不高，在 500 ~ 700℃失去结晶水、结构水，750℃时全脱水，伊利石晶体结构就遭到破坏。

（3）通过对原矿样的红外光谱分析和 X 粉晶衍射分析可知，原矿样中的高岭石含量很低，仅占总量的 4.01%。而且从晶体结构和性质上看，高岭石也属层状硅酸盐类矿物，层间也会有微量的其他阳离子存在，而且还因含有有机质和杂质而呈黑灰色。高岭石中即使含 K^+，也应该是微量的。

7.3.6.5 焙烧作用机理研究

焙烧过程中原料矿物基本保持为固态，主要通过脱去水分、矿物晶格的高温破坏、助熔剂熔融的阳离子进入损坏的晶格框架置换出 K^+ 而形成新的晶体。

通过对每种矿物组分的分析可知，难溶性钾主要存在于伊利石中，然后才是相对组分较少的高岭石，所以，伊利石是本次实验的主要研究对象。

根据相关研究资料并结合本实验结果可对焙烧过程做出以下推断：

（1）在升温过程中，伊利石在 100℃左右脱去吸附水，100～200℃时层间水大量逸出，400～500℃时脱去配位水（即结晶水），500～700℃时失去化合水即结构水；750℃时全脱水，伊利石晶体结构就会遭到破坏。

（2）温度继续升到 774℃时，达到了助熔剂（$CaCl_2$）的熔融温度，$CaCl_2$ 分解为 Ca^{2+} 和 Cl^-，Ca^{2+} 因为离子半径小（只有 0.099nm），量又大，所以很容易进入到破坏后的层间结构中，置换出 K^+（半径为 0.133nm），并且填补因缺少 K^+ 所失的电荷，形成新的矿物。

（3）温度在 800℃时保温 50min 后，钾的活化反应基本完成，原矿物大部分形成了更为稳定的架状结构硅酸盐，如钾长石，部分生成了链状结构的硅酸盐，还有小部分形成了相对过渡的层状结构硅酸盐。

综上所述，以含钾页岩为原料，辅以助熔剂来提钾时，焙烧过程主要包括以下几个阶段：

（1）外来的吸附水脱去阶段，也称为原料的干燥阶段。

（2）矿物内的中性层间水分子溢出阶段，也称为中温预热（烧）阶段。

（3）矿物内部的结构水离子析出阶段，也称为高温分解阶段。

（4）原矿物晶格破坏解体，助熔剂熔融置换，新的矿物晶格形成阶段，即钾的熔出阶段。

（5）据 X 衍射分析焙烧后新生成的硅酸盐矿物。

7.3.6.6 浸出机理研究

上述经原矿物和助熔剂焙烧后新生成的矿物（钾长石、透辉石和蒙脱石），经过试剂 H_0 在室温（20℃）条件下浸出后，最后残渣的组分有石英（63.95%）、钾长石（23.46%）、透辉石（5.96%）、NaCl（4.53%）和未反应完全的伊利石（2.10%）及少量的非晶质（图 7-66 和表 7-48）。具体反应机理如下：

（1）由于钾长石晶格骨架中有很大的空隙，配阴离子内部为共价键，配阴离子与 K^+ 阳离子间为离子键结合，离子键的键力相对较弱，当用试剂 H_0 浸出时，试剂 H_0 使 Na^+ 和助熔剂中未反应的 Ca^{2+} 和 Cl^- 具有更大的活性，而且后者的量很大，加上骨架中的大空隙条件，Na^+、Ca^{2+} 很容易进入骨架空间将 K^+ 取代，为了平衡电价，Cl^- 和 OH^- 离子会作为附加阴离子而进入大的骨架空隙中。在室温下，较小的 Na^+、Ca^{2+} 阳离子远小于 $[(Si,Al)O_4]$ 四面体骨架的空隙，致使骨架折陷、配位多面体不规则，呈三斜晶系对称，形成斜长石（主要为钠长石（$Na[AlSi_3O_8]$）和钙长石（$Ca[Al_2Si_2O_8]$））。折陷的同时放出大量的热。

由于 Na^+、Ca^{2+} 离子半径相差不大，Ca^{2+} 的极性又强，所以更容易进入骨架空隙中，导致骨架折陷，折陷后，很有可能致使 Si^{4+} 离子取代 Al^{3+} 和 Na^+ 两个离子，而重新形成石英。

（2）蒙脱石因为硅氧四面体的 Si^{4+} 很少被取代，水化阳离子和硅氧四面体中 O^{2-} 离子的作用力较弱，因而，这种水化阳离子在试剂 H_0 的条件下容易逃逸出来。剩余的二氧化硅四面体层重新结合形成石英。中间的铝氧八面体会补充形成斜长石所需的 Al^{3+} 离子。

7.3.6.7 结论

具体如下：

（1）含钾页岩中的矿物组成是石英、伊利石和高岭石，后两者属于硅酸盐矿物，具有硅酸盐的共同特点。通过分析矿物的晶体结构性质可知，在试验的焙烧温度（800℃）条件下，主要的提钾矿物是伊利石，其次是高岭石。

（2）温度是决定原矿与助熔剂的混合物能否发生烧结反应的主要因素。伊利石晶体结构的破坏温度是 750℃，助熔剂 $CaCl_2$ 的熔融温度是 774℃，而本实验的焙烧温度是 800℃，完全满足温度反应条件。

（3）原矿和助熔剂混合焙烧的实质是原矿矿物不断脱水并发生分解、助熔剂熔融进入其晶体结构以及两者之间阳离子相互置换等反应的过程。

（4）浸出反应是由新生成的矿物本身特点和试剂 H_0 之间的相互作用决定的。由于生成的钾长石晶体中骨架的空隙很大，配阴离子内部为共价键，配阴离子与 K^+ 阳离子间为离子键结合，离子键的键力相对较弱，当用试剂 H_0 浸出时，试剂 H_0 使 Na^+ 和助熔剂中未反应的 Ca^{2+} 和 Cl^- 具有更大的活性，Na^+、Ca^{2+} 很容易进入骨架空间将 K^+ 取代，Na^+、Ca^{2+} 阳离子远小于 $[(Si,Al)O_4]$ 四面体骨架的空隙，致使骨架折陷，放出大量热，形成新的矿物长石类等矿物。这样就形成了游离态的钾离子，为进行钾元素的提取提供了理论依据。

7.4 黑色页岩制备微晶玻璃

7.4.1 黑色页岩制备微晶玻璃的主要性能特征

贵州息烽地区伊利石页岩可以作为生产微晶玻璃的主要原料，通过对其原有化学成分的适当调整，在加入一定量氧化钙后，以其为主要原料制备出的微晶玻璃物化性能优于大理石、花岗岩等天然石材。研究证明贵州该地区伊利石页岩-镍钼钒矿渣是一种良好的可被利用的二次资源。研究证明，利用该地区矿渣作为原料制备微晶玻璃时，其矿渣利用率可达 72% ~78%，其他添加剂用量在 22% ~28%，且主要添加剂为氧化钙，配方中利用矿渣原有的氧化铁及二氧化钛化学成分作为晶核剂，原料成本较低。通过 DTA 曲线分析确定了各配方的热处理制度为：核化温度为 870 ~880℃，核化时间为 3h；晶化温度在 930 ~951℃之间，晶化时间为 1 ~2h。XRD 分析结果表明以该区矿渣为主要原料制备出的微晶玻璃中，硅灰石为主要晶相，且晶相所占比例较大，个别样品中夹有斜长石、钙铝黄长石、针硅钙石等次晶相。通过扫描电镜、透射电镜对其微观形貌的观察发现：制备出的微晶玻璃中，晶体自形程度好，微晶体的平均粒度在 3 ~4μm，具有良好的排列均匀，分布广泛等特点。

通过与大理石、花岗岩等天然石材的性能对比，伊利石页岩-镍钼钒矿渣微晶玻璃的样品性能优于天然石材，其具有吸水率小、机械强度高、莫氏硬度大等优点，具有良好的经济应用前景。

7.4.2　微晶玻璃的制备

制备微晶玻璃的方法一般可归结为整体析晶法、烧结法、溶胶-凝胶法三大类。这三类制备方法都各有优缺点，具体应用时可根据对制品的要求、原料成分的不同、生产单位的技术条件等做出相应的选择。由于以硅灰石为主晶相的微晶玻璃拥有非均匀成核、表面析晶的析晶行为特性，目前国内制备该类型微晶玻璃的方法主要为烧结法，运用烧结法制备微晶玻璃的主要优点为：（1）可任意调节晶相与玻璃相的比例；（2）基础玻璃的熔融温度比整体析晶法低，能耗较低；（3）微晶玻璃材料的性能随晶粒尺寸的调整而容易控制；（4）基础玻璃破碎成颗粒后表面积大大增加，使得整体析晶能力差的基础玻璃也可以制得晶相比例很高的微晶玻璃材料[119~122]。本实验采用烧结法制备镍钼矿渣微晶玻璃，并将少量基础玻璃液浇铸成块与颗粒样品一同进行晶化烧结以研究其表面析晶行为，工艺流程如图7-68所示。

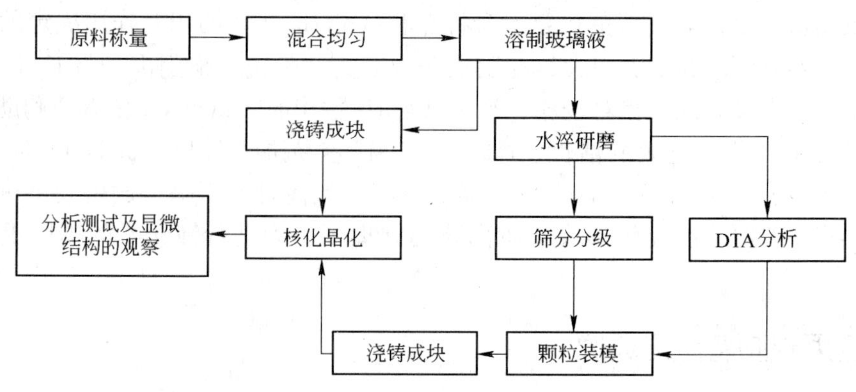

图7-68　实验流程图

7.4.2.1　试验设备

本实验主要用到以下仪器设备：快速节能箱式电阻炉与实验电炉，用于微晶玻璃的熔融与晶化；振动磨样机，用于制取基础玻璃微粒；振筛机，用于筛分水淬、研磨后的玻璃颗粒；电子天平，用于称量样品与试剂；偏光显微镜，用于观察显微结构；液压式万能实验机，用于测试样品的力学性能。这些设备的具体生产厂家、产品型号与性能如下：

（1）快速节能箱式电阻炉。生产厂家：洛阳市西格马仪器制造有限公司；产品型号：SGM28536；主要技术参数：最高温度1350℃，额定电源电压：220V。

（2）实验电炉。生产厂家：武汉亚华电炉有限公司；产品型号：SXK-2-16；主要技术参数：常用高温度1600℃，额定电压：320V。

（3）振动磨样机。生产厂家：武汉探矿机械厂；产品型号：XZM-100；主要技术参数：给料粒度为－10mm、－12mm，排料粒度为0.074mm。

（4）顶击式振筛机。生产厂家：南昌朝阳化验设备有限公司；产品型号：XSB-93；主要技术参数：振动次数为221次/min，振击次数为147次/min。

（5）电子天平。生产厂家：上海衡平仪器仪表厂；产品型号：FA2004；主要技术参数：最大称量0～200g，最小读数0.1mg。

（6）偏光显微镜。生产厂家：上海长方光学仪器有限公司；产品型号：XP-203E；主要技术参数：总放大倍数40～630倍，测微尺：0.01mm，镜筒三目观察（接数码相机）。

（7）液压式万能实验机。生产厂家：长春市朝阳试验仪器有限公司；产品型号：WEP-600；主要技术参数：最大实验力为600kN，活塞直径×行程为200mm×250mm。

7.4.2.2 基础成分设计

本实验使用原料来自贵州息烽地区，镍钼矿主要赋存于其中的寒武统牛蹄塘组的黑色页岩。原料各主要化学成分含量见表7-49。

表7-49 原料各主要化学成分含量表

化学成分	SiO_2	Al_2O_3	Fe_2O_3	K_2O	MgO	CaO	TiO_2	Na_2O
含量/%	55.03	16.68	2.56	4.80	1.95	1.26	0.70	0.09

注：表中数据由西南冶金地质测试分析中心测试。

黑色页岩微晶玻璃的配方设计应具备以下条件：

（1）必须保证基础玻璃的化学组成在热处理后形成的晶相及玻璃相具有微晶玻璃所设计的理化性能。

（2）在能满足使用性能要求的前提下，原料用量应尽可能多地使用尾矿原料，减少化学药剂的使用量。

（3）融制温度应尽量低，以降低能耗。

（4）融制、成形或退火过程中不析晶，在晶化过程中易于核化、晶化。

（5）尽可能少地使用晶核剂，以减少成本。

相图可以指出某一组成的系统在制定条件下，达到平衡时系统中存在的相的数目和每个相的组成及相对数量。因此应用相图来分析、研究生产中的问题，尤其是对于科学研究具有重要的指导意义[123]。微晶玻璃的制备与普通玻璃不同，为了满足微晶玻璃的性能要求，基础玻璃组成应接近作为基本晶相化合物的化学计量组成，例如：要求良好的高周波绝缘性的微晶玻璃，其主晶相为堇青石（$2MgO \cdot 2Al_2O_3 \cdot SiO_2$）；若要求低膨胀系数的微晶玻璃，可选择锂辉石或堇青石等作为主晶相；若要求耐热的微晶玻璃，可以以莫来石为主晶相。这表明不同主晶相的微晶玻璃，其性能会有很大的差别，因此在制备微晶玻璃时应根据原料的化学成分选取合适的主晶相种类。根据相图设计出的基础玻璃化学成分，也会因为工艺上的要求而发生改变，如：加入晶核剂使之均化或加入其他氧化物以改善熔制性能与制品的光泽度等[123～126]。

根据镍钼矿渣原料成分，选取 SiO_2、Al_2O_3、CaO 作为拟制备的微晶玻璃的主晶相化学成分，因此选用 CaO-Al_2O_3-SiO_2 三元系统相图指导基础玻璃配方的设计，CaO-Al_2O_3-SiO_2 三元系统相图如图 7-69 所示。从图中可以看出，在 CAS（CaO-Al_2O_3-SiO_2）系统中，可形成的晶相有 β-硅灰石、钙铝黄长石、磷石英、钙长石、硅钙石等。硅灰石是一种典型的链状结构晶体，以它为主晶相的微晶玻璃具有良好的化学性能、机械强度及耐热稳定性。所以基础玻璃中的 CaO、Al_2O_3、SiO_2 化学组成应选在 CS 区。

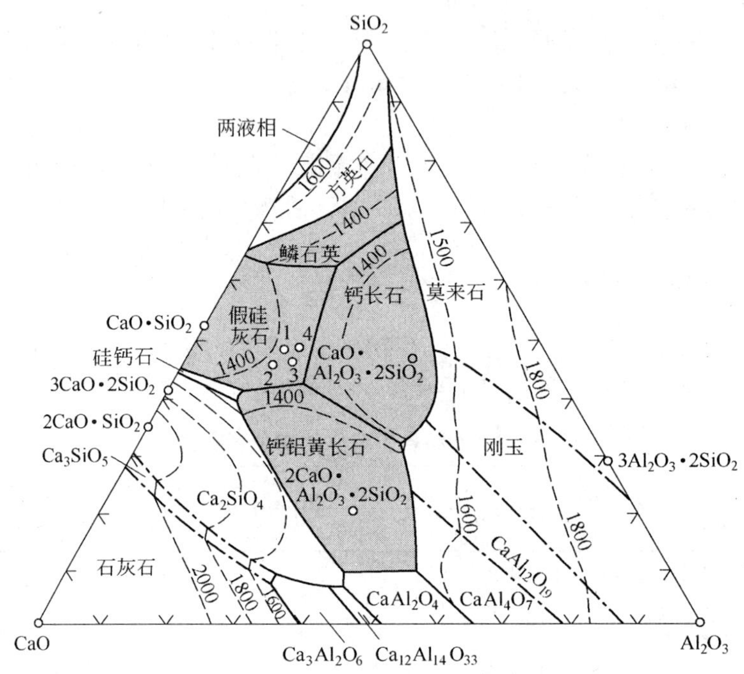

图 7-69 CaO-Al_2O_3-SiO_2 三元系统相图

（摘自：程金树著《微晶玻璃》）

根据三元系统相图最终确定的基础玻璃配方成分见表 7-50。

表 7-50 矿渣微晶玻璃基础配方表 （%）

编 号	SiO_2	Al_2O_3	CaO	Fe_2O_3	MgO	K_2O	Na_2O	TiO_2	矿渣用量质量分数
1	50.16	13.17	24.52	2.33	1.77	4.38	6.30	0.64	76
2	47.16	13.17	27.52	2.33	1.77	4.38	6.30	0.64	76
3	47.16	16.24	24.52	2.33	1.77	4.38	6.30	0.64	83
4	50.16	16.24	21.52	2.33	1.77	4.38	6.30	0.64	88

7.4.3 基础玻璃的制备

按表 7-50 中列出的化学组成配方含量表，用 FA2004 型电子秤（准确到 0.1mg）准确地称取各种组分，然后将这些氧化物依次倒入研钵中，用杵进行充分的研磨，使它们混合均匀并使颗粒度变小。原料颗粒的尺寸有必要进行一定的控制，根据同济大学钱达兴等，关于原料粒度对玻璃配合料的均匀性分析研究表明在原料研磨时需要控制玻璃原料颗粒在80～150目（0.175～0.104mm）的范围内为宜，本实验采用顶击振筛机（XSB-93）对研磨后的玻璃原料进行筛分分级。

将符合粒度要求的玻璃原料充分混合均匀，置于100mL铁锚牌陶瓷坩埚中，振动坩埚，使样品摊平。然后将坩埚垫在一块凿有圆形凹槽的耐火砖上（耐火温度为1600℃），一起放入硅钼实验电炉中，升温到1450℃，恒温2h。待恒温时间完毕，将熔融好的玻璃液一小部分倒入预热至600℃的成形模具中，浇铸成块，并放入加热至600℃的退火炉中退火以消除应力，防止炸裂。其余的玻璃液全部倒入盛有室温水的陶瓷盆中急冷水淬，收集水淬后的玻璃颗粒，置于100℃干燥箱中烘干。最后将干燥后的玻璃颗粒置于振动磨样机中进行研磨，并将研磨后的样品进行筛分处理。

在微晶玻璃的生产中对基础玻璃颗粒的粒度要求较为严格，基础玻璃粒度太大则不易于析晶，粒度太小则析晶太多影响制品的美观，有研究表明一般的玻璃颗粒粒度应保持在0.5～2mm之间[123,124]。所以本实验最初采用此粒级进行烧结、晶化处理（后期改为0.5～1mm）。采用顶击式振筛机，选用10目（2.00mm），30目（0.600mm）的筛子对研磨后的基础玻璃颗粒进行筛分、分级，筛分后将符合粒级要求的颗粒收集入样品袋中备用。

7.4.4 热处理制度的确定

微晶玻璃的热处理过程是指将制备好的基础玻璃颗粒均匀地填入模具放入晶化炉中，通过一定的温度控制使玻璃颗粒经过烧结、成核、晶体生长而形成微晶玻璃成品的过程。由于这一过程决定了微晶玻璃中微晶体的晶粒大小、均匀度等重要技术性能，是在微晶玻璃的生产中最为重要的步骤。常用的热处理制度是阶梯式：即先在一定温度下保温，使玻璃中均匀地形成足够的晶核；再于较高的温度下保温，使晶体生长，得到微晶结构。

热处理工艺的目的是生产一种含有更微小晶体并紧密互联起来的微晶玻璃，要产生大量小晶体而不是少量粗大的晶体就要求有效的成核，这就要求不但要对处理过程中的核化温度与晶化温度进行严格的控制，而且晶化炉的升温速度也要进行仔细的控制。英国的P. W. 麦克米伦提出正常的微晶玻璃升温速度应保持在2～5℃/min，以防止在升温过程中所形成的应力太高导致制品破裂，并指出最佳的成核温度一般介于玻璃黏度在10^{11}～10^{12} Pa·s之间。这里说的最佳成核温度就是实验过程中需要探讨的核化温度。

在结晶物质或玻璃物质中的化学变化或结构变化会伴随着以热的形式放出热量或吸收能量。例如，物质结晶，会出现放热效应，因为规则自由体点阵自由能比无规则液态要小；反之，则要吸收热量。玻璃处在高内能亚稳态，在一定的条件下，它会转变为晶体并放出热量，应用差热分析可以分析出玻璃的转变温度（T_g）和析晶速度最大的温度（T_p），因此最佳的核化、晶化温度可以很方便地从差热曲线上主晶相的放热峰位置来确定。根据研究资料表明，核化温度一般比玻璃软化温度高出5～30℃，这是为了减少玻璃的黏度以提高玻璃的成核速度；而玻璃的进化温度则取晶体生长的放热峰温度，根据经验，一般核化温度略低于析晶开始温度100～250℃。一般晶化温度所需时间也可由DTA曲线得出。本实验在贵州师范大学分析测试中心完成，通过研磨到200目（0.074mm）以下的玻璃样品，实验参数为：3K/min的升温速率，参照成分：α-Al_2O_3。DTA测试结果见图7-70。

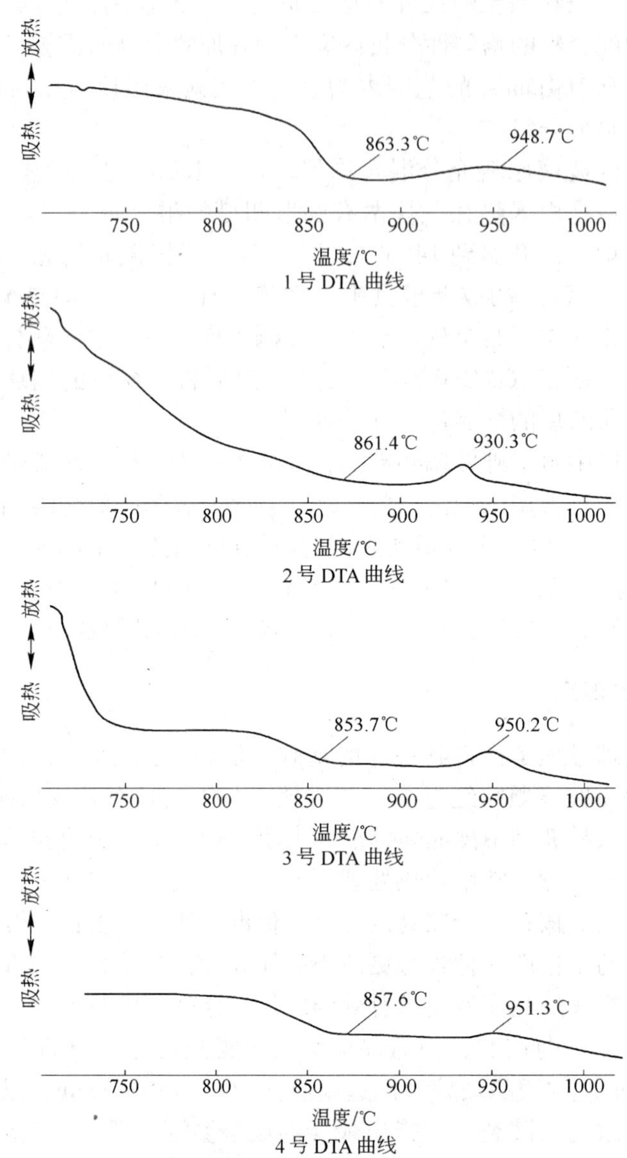

图 7-70 基础配方的 DTA 分析曲线图
（测试单位：贵州师范大学分析测试中心）

由陈国华所著的《差热分析在微晶玻璃中的应用》可知：不同形状的 DTA 条纹对应着不同的基础玻璃类型，而不同玻璃类型又对应着其制备处微晶玻璃的各种产品性能，如微晶形貌、变形程度等。在多样的 DTA 曲线中有一种曲线其晶化放热峰显著，但在其峰前有一较大的吸热谷，必须注意该谷是吸热谷而非核化吸热峰，产生这个谷是由在制品热处理过程中发生了软化变形，微观结构重排而吸热造成的。这种制品一般来说易于变形，成形中容易发生翘曲，晶化后使制品表面不平整。但有报道表明，拥有此种差热类型的玻璃，用于生产以硅灰石针状晶体为主晶相的微晶玻璃大理石十分有利。本实验的 DTA 曲线基本上都为这一类型的曲线（图 7-70）。

从以上 DTA 曲线上读出各配方的烧结温度和晶化温度，并以此为依据确定热处理工艺，见表 7-51。

表 7-51 热处理制度表

配方号	核化温度/℃	核化时间/h	晶化温度/℃	晶化时间/h
1	880	3	949	2
2	880	3	930	1
3	870	3	950	1
4	870	3	951	2

7.4.5 黑色页岩制备微晶玻璃

将准备好的基础玻璃颗粒均匀地倒入模具中，压平后置于快速温控电炉内，以 5℃/min 的升温速率升温到核化温度后保温，然后继续以 2℃/min 的升温速率升温到晶化后保温，保温完成后随炉冷却至室温，热处理工艺流程大致如图 7-71所示。

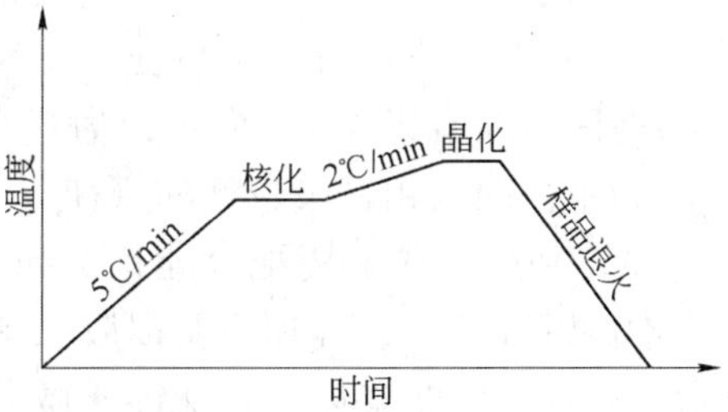

图 7-71 热处理工艺流程图

7.4.5.1 强度测试

由于国家尚未统一微晶玻璃的测试标准，因此需要选择一个相近的标准对微晶玻璃试样进行分析测试，本实验采用的是 GB/T 9966.2—2001 天然饰面石材试验方法 第 2 部分：干燥、水饱和弯曲强度试验方法。经扫描电镜图片显示，3 号样品具有能使基体材料性能增强的枝状晶体结构，其晶体发育程度明显较好，因此选用 3 号样品做力学性能测试，测试结果与天然石材的比较见表 7-52。

表 7-52 页岩微晶玻璃的强度

性　能	页岩微晶玻璃	大 理 石	花 岗 岩
抗压强度/MPa	454	88 ~ 226	29 ~ 294
抗折强度/MPa	34	7 ~ 20	15 ~ 40

7.4.5.2 综合测试

实验通过宏观观察与微观测试相结合的办法，对页岩微晶玻璃产品进行了综合测试。通过宏观观察证明 4 号矿渣微晶玻璃配方经高温熔融处理都能得到均匀的玻璃融液，且流动性较好；通过 X 射线衍射分析鉴别了各配方样品中的结晶种类及结晶程度，证明了矿渣微晶玻璃中确实有以硅灰石为主晶相的微晶体的产生；通过扫描电子显微镜与透射电子显微镜观察技术，观察了各配方样品中的微晶体的形态和形貌，证明了矿渣微晶玻璃的晶体形貌良好，呈交错的枝状或团簇的放射状，是用于增强基体玻璃的良好形态；通过抗压、抗折的强度测试证明了运用镍钼矿渣制备出的微晶玻璃的机械强度性能高于大理石及花岗岩等天然石材。

通过与大理石、花岗岩等天然石材的性能对比，伊利石页岩-镍钼钒矿渣微晶玻璃的样品性能优于天然石材，其具有吸水率小、机械强度高、莫氏硬度大等优点，应具有良好的经济应用前景。在黑色页岩综合利用过程中，也是一具有选择价值的矿物材料产品。今后还需要进一步加强研究黑色页岩制备微晶玻璃工艺流程中怎样降低能量消耗、微晶玻璃晶化过程中矿物的变化与物理性能指标稳定等问题，使黑色页岩综合利用能得到更具经济价值和高效率的开展。

7.5　本书主要研究结论及展望

通过研究主要取得以下结论：

（1）在分析相关文献资料及结合本书研究基础上，进行了贵州镍、钼、钒矿区域地质条件、成矿规律的分析对比。

（2）通过镍、钼、钒专项化学分析、黑色页岩化学分析及微量元素测试分析，查明开阳大坪—用砂村—息烽狼鸡岭、遵义松林—毛石、铜仁敖寨、织金戈仲伍—大院等地镍、钼、钒含量及化学成分变化特征。研究证明遵义松林—毛石主要以钼、镍富集为主，息烽-开阳地区则以富集 V_2O_5 为主，通过分析并结合文献资料得出铜仁敖寨、镇远等以富集 V_2O_5 为主，镍、钼含量较低的规律。

（3）利用扫描电镜配合能谱分析、ICP-MS、电子探针分析等，查明镍、钼、铀等主要元素的赋存状态；即钼主要以胶状硫砷镍钼矿、胶状硫镍钼矿存在，并以胶结物，团块状形式存在。镍主要以胶状硫镍矿微晶存在，扫描电镜、能谱测试分析图、表表明，胶状硫镍矿由镁质粘土、胶状碳酸盐、含铁质硫镍矿和有机碳质组成。由于矿石的重结晶等作用显现鳞片状结构，部分显示结晶它形边形态特征。铀矿则以胶状磷铀矿以胶结胶状磷灰石及胶磷矿形式存在。

（4）利用 X 衍射分析（XRD）结合扫描电镜分析，进行了赋矿围岩黑色页岩粘土矿物学研究，得到黑色页岩主要粘土矿物为伊利石、蒙脱石、伊/蒙混层矿物、高岭石及少量绿泥石，并显示出指示沉积环境变化特征。探讨黑色页岩成因即粘土矿物转变系列表明黑色页岩沉积埋深变化，也表明了其受构造运动的影响。

（5）运用矿相显微镜配合扫描电镜分析，进行镍、钼矿石工艺矿物学研究。开展矿石加工利用评价及钼的加工提取，得到浸出提取及产品加工工艺方案。

镍、钼矿石工艺矿物学研究成果表明，镍、钼多金属层矿石主要金属矿物为胶状黄铁矿、结晶黄铁矿、镍黄铁矿、草莓状黄铁矿、赤铁矿、褐铁矿、胶镍钼矿、含镍辉钼矿、微晶砷钼镍矿、胶态磷铀矿等；脉石矿物主要是碳质物、石英、玉髓、伊利石、高岭石、绿泥石、白云石、方解石及胶状磷灰石等。

胶镍钼矿多呈浸染状，胶状产出。微晶砷钼镍矿是钼镍矿物主要的产出形式，微晶态产出，嵌布粒度为 1 ~ 5μm。胶态磷铀矿成胶团状或成胶结物形态产出。铁氧化物主要为褐铁矿、赤铁矿。多呈团粒状分布，部分呈皮壳状，嵌布粒度为 0.05 ~ 1.0mm。

开展矿石加工利用评价及钼的加工提取，得到浸出提取及产品加工工艺方案。主要钼矿加工流程：钼矿石—破碎—焙烧—碱浸—钼酸钙—钼酸—氧化钼。

（6）运用 XRD 分析、化学分析及相关浸取技术，在查明黑色页岩钾含量的基础上，分别将配比为含钾页岩：$CaCl_2$ = 1.0：1.5 的混合样焙烧 1h 后，用沸腾的试剂 H_0 浸出，结果证明，在 700℃时，钾的浸出率为 64.06%，而到 750℃时，已达到了 84.45%。8 个因素两组正交试验，通过对正交试验数据和指标-因素图的分析，对试验影响的主要因素，即焙烧时间、焙烧温度、含钾页岩与助熔剂用量比和浸出时间，做单因素试验，对前面两组正交试验进行优化。得出了最佳的提钾工艺条件，钾的浸出率可达到 93.81%。

为了实现试验浸出的可溶性钾的经济价值，进行了氮钾复合肥的初步探索。通过向其加入碳酸铵，制得了氮钾复合肥（主要成分是氯化铵和氯化钾），副产品是碳酸钙；对产品进行了初步的经济效益核算，证明用此工艺制钾复合肥现实可行。实现了利用难溶性含钾页岩制取钾复合肥的目的。

（7）在查明黄磷废渣、粘土页岩的化学成分、矿物成分的基础上，通过试验对多孔陶瓷配方、成孔剂用量进行了优化选择。通过制备坯体的试验，得到最佳制备工艺，同时确定黏结剂的类型及用量。在 1000～1160℃条件下烧制成多孔陶瓷，进行各种参数测试，得到合格产品的各基本数据。试验成果表明，与镍、钼、钒多金属层相关的黑色页岩作为主要添加材料制备黄磷渣多孔陶瓷是开展其综合利用的可选方案。

（8）利用化学分析、扫描电镜及陶粒制备技术，开展轻质建筑材料原料陶粒的制备技术研究；经过磨矿细度试验，样品细度为 -160 目（0.096mm），能较好地满足烧制优质陶粒的要求；经过膨胀性能试验，说明织金牛蹄塘组页岩具有良好的烧胀性能。经过热工参数试验，明确了黑色页岩烧制陶粒的最佳预热温度、最佳焙烧温度、焙烧时间。本区页岩 $K_2O + Na_2O$ 可达到 6.172%，所以烧结温度较低，烧结范围较窄。

利用黑色页岩研制的陶粒膨胀较好的膨胀倍数为 2.10～2.33 倍，密度等级为 400 级，筒压强度约为 4MPa（>1.3MPa），属优质陶粒等级。由于具有硅质致密层外壳，所以烧制的陶粒样品具有一定的强度，吸水率适中，符合同等级优质陶粒的吸水率品级。试验成果表明，与镍、钼、钒多金属层相关的黑色页岩是制备轻型建筑材料原料——陶粒的适合原料。

（9）利用化学分析、扫描电镜，结合物理化学配方及微晶玻璃制备技术，开展了建筑装饰材料微晶玻璃的制备技术研究；通过 X 射线衍射分析鉴别了各配方样品中的结晶种类及结晶程度，证明了矿渣微晶玻璃中确实有以硅灰石为主晶相的微晶体的产生；通过扫描电子显微镜与透射电子显微镜观察技术，观察了各配方样品中的微晶体的形态和形貌，证明了矿渣微晶玻璃的晶体形貌良好，呈交错的枝状或团簇的放射状，是用于增强基体玻璃的良好形态；通过抗压、抗折的强度测试证明了运用镍钼矿渣制备出的微晶玻璃的机械强度性能高于大理石及花岗岩等天然石材。

在以上研究基础上通过发表论文进行了部分成果的相关报道，其中黄磷渣多孔陶瓷材料制备技术于 2011 年 8 月获国家发明专利，专利授权号：ZL200710201405.1。

本研究填补、丰富了我国海相沉积型镍、钼、钒矿床相关研究内容和成果。对贵州镍钼钒矿床开发过程中的固体废弃物及黑色页岩综合利用有理论和实际的指导意义。

附录 图版

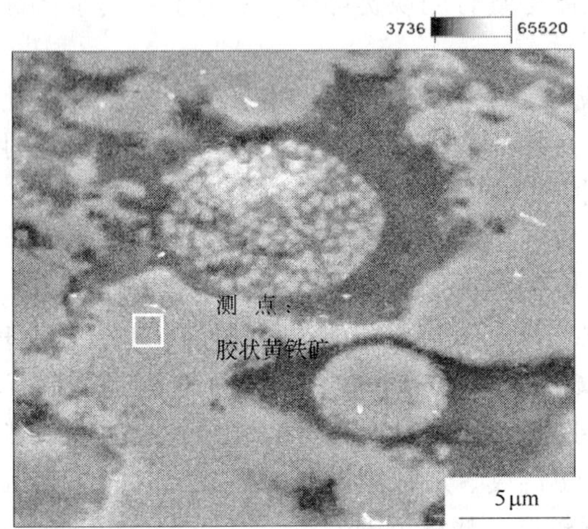

3736
65520
测 点：
胶状黄铁矿
5μm

Accelerating Voltage：25.00 Magnification：4000.00

附图 1 镍钼矿石中草莓状黄铁矿的 SEM 图

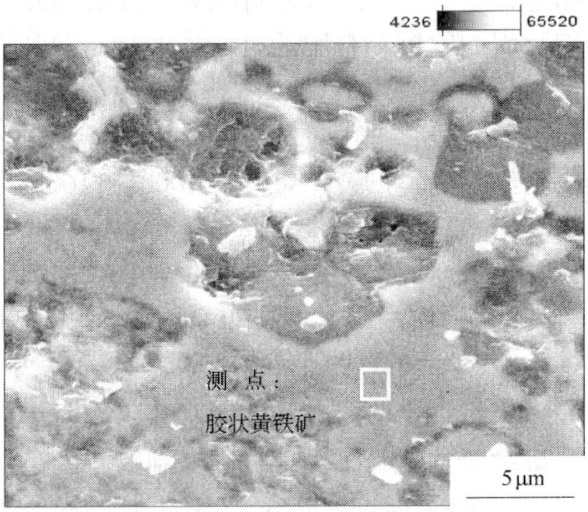

4236
65520
测 点：
胶状黄铁矿
5μm

Accelerating Voltage：25.00 Magnification：4000.00

附图 2 镍钼矿石中胶状黄铁矿 SEM 图

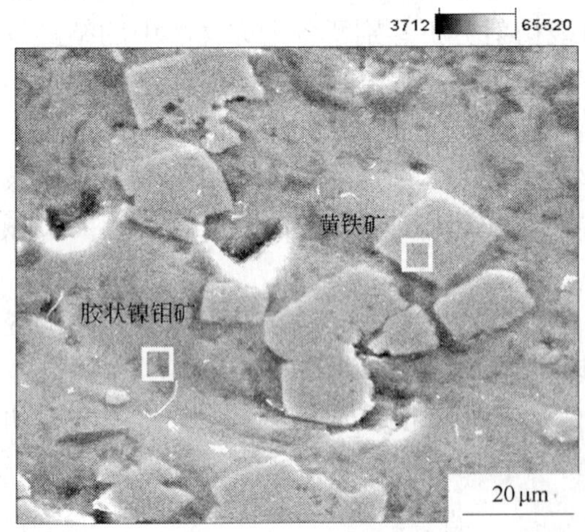

3712
65520
黄铁矿
胶状镍钼矿
20μm

Accelerating Voltage：25.00 Magnification：1500.00

附图 3 镍钼矿石中结晶态粒状黄铁矿 SEM 图

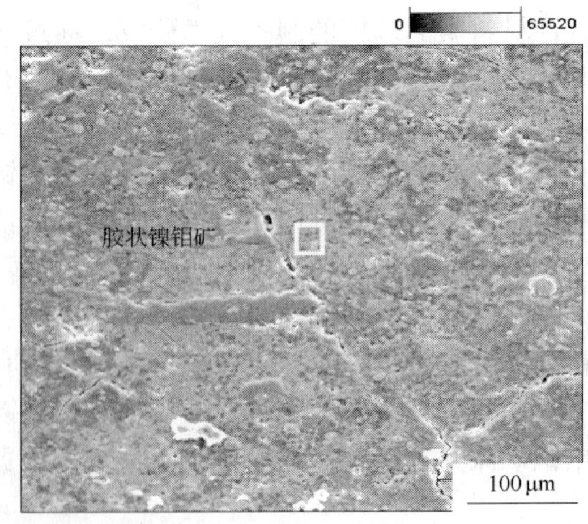

0
65520
胶状镍钼矿
100μm

Accelerating Voltage：25.00 Magnification：300.00

附图 4 镍钼矿石中胶状硫镍辉钼矿 SEM 图
（附 X 射线谱线图及成分表）

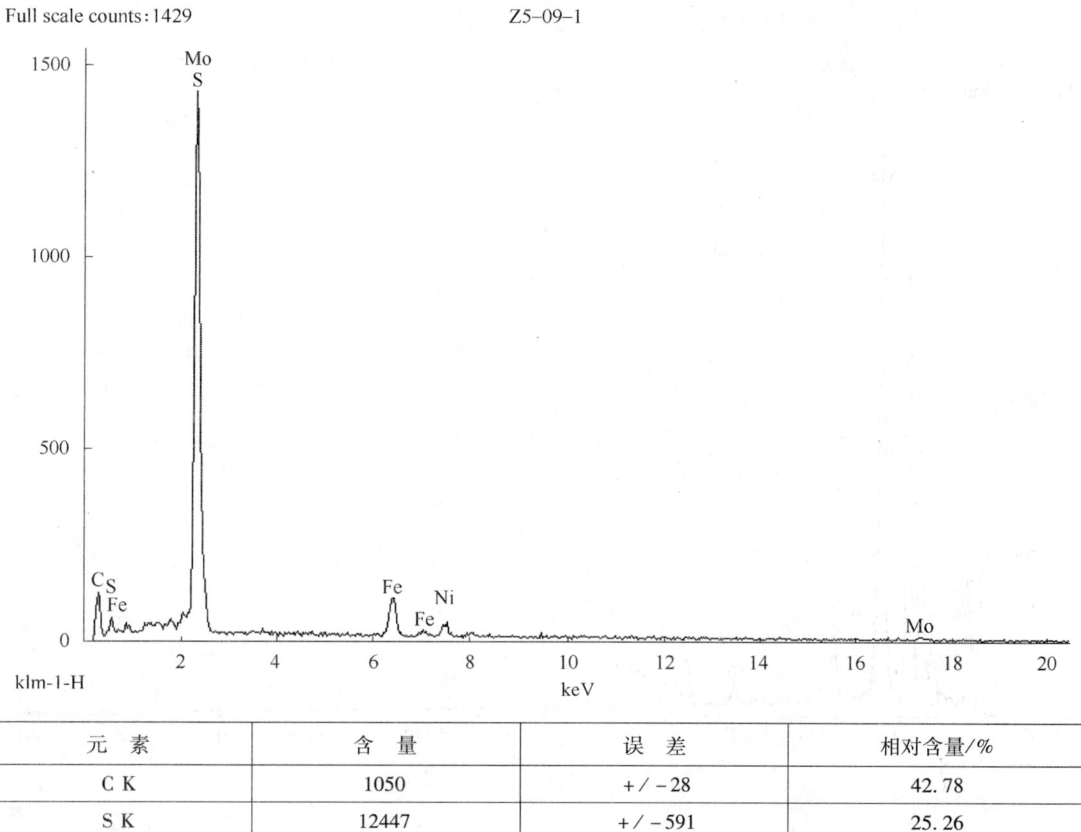

元 素	含 量	误 差	相对含量/%
C K	1050	+/-28	42.78
S K	12447	+/-591	25.26
Fe K	1744	+/-98	9.06
Ni K	532	+/-81	3.51
Mo L	7355	+/-727	19.39
总 量			100.00

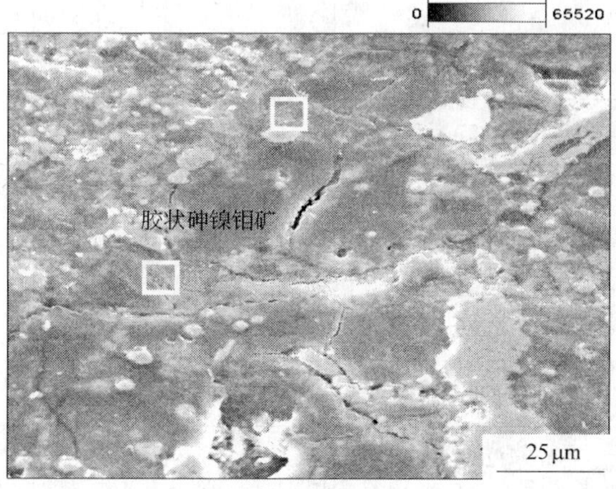

Accelerating Voltage: 25.00 Magnification: 1000.00

附图 5 镍钼矿石中胶状砷镍钼矿 SEM 图

（附 X 射线谱线图及成分表）

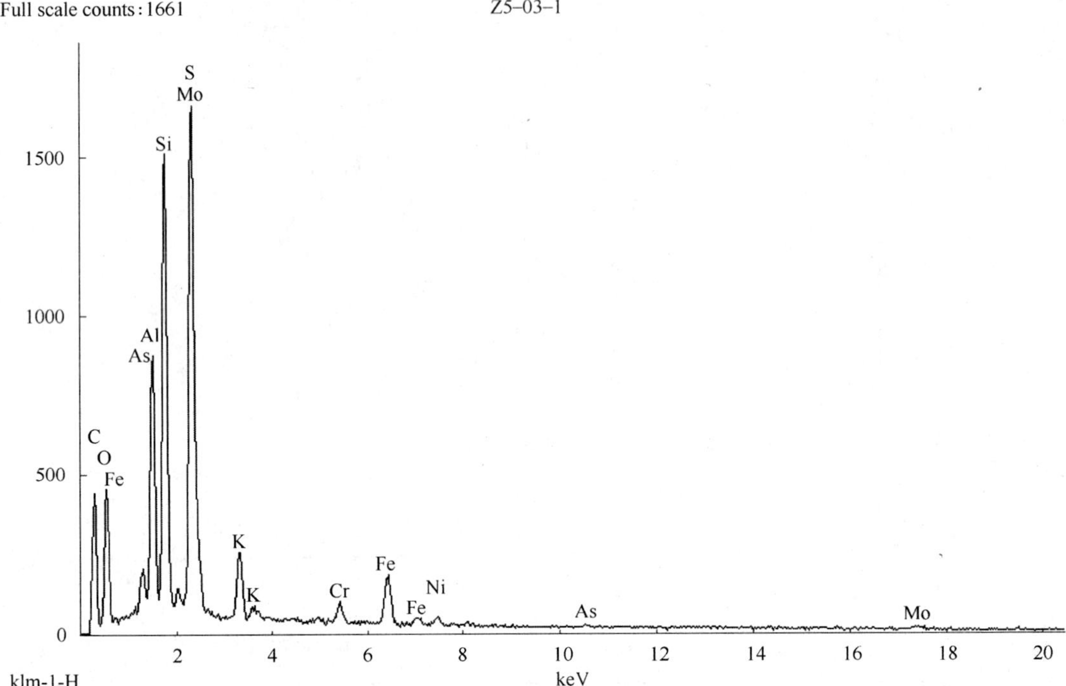

元素	含量	误差	相对含量/%
C K	3530	+/-52	36.58
O K	2839	+/-123	17.40
Al K	7677	+/-131	5.81
Si K	14704	+/-215	10.38
S K	12827	+/-460	9.21
K K	2713	+/-68	2.33
Cr K	961	+/-56	1.21
Fe K	2559	+/-136	4.00
Ni K	438	+/-58	0.86
As L	1265	+/-169	2.46
Mo L	10423	+/-703	9.74
总计			100.00

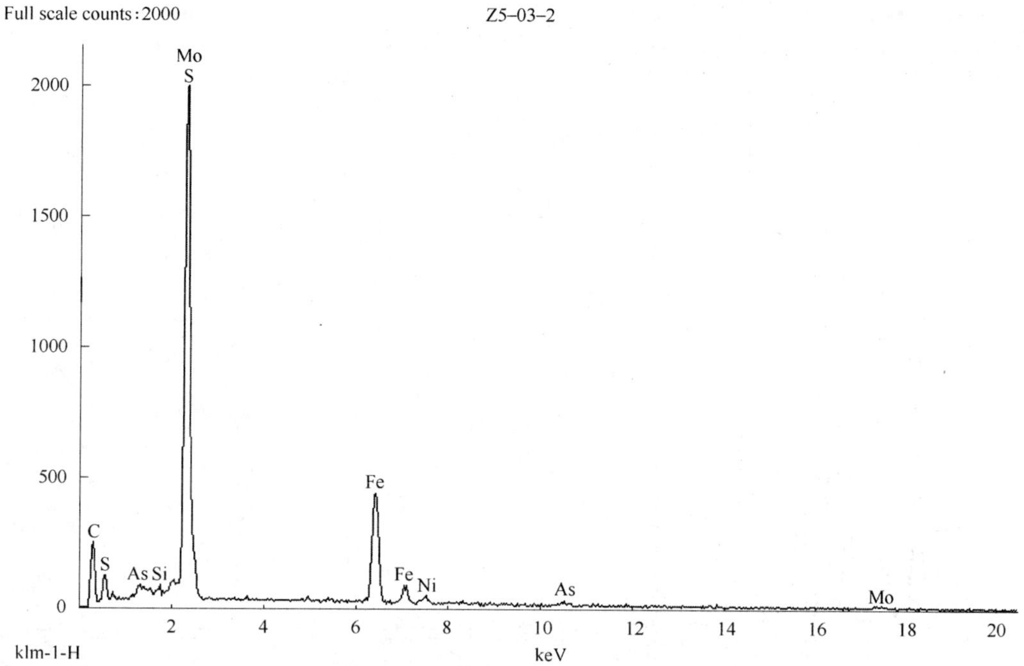

Full scale counts: 2000 Z5-03-2

2000
1500
1000
500
0

Mo
S
Fe
C
S
As Si
Fe Ni
As
Mo

2 4 6 8 10 12 14 16 18 20

klm-1-H keV

元 素	含 量	误 差	相对含量/%
C K	2000	+/-35	38.80
Si K	187	+/-42	0.25
S K	14145	+/-1599	16.83
Fe K	7260	+/-166	20.63
Ni K	441	+/-51	1.62
As L	230	+/-44	1.05
Mo L	13452	+/-1679	20.81
总 计			100.00

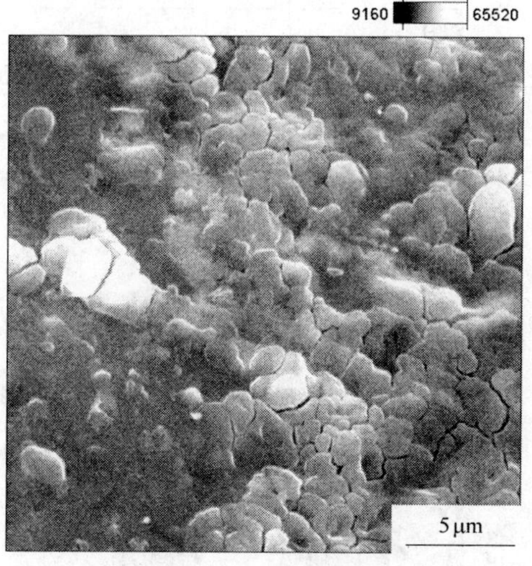

Accelerating Voltage: 25.00 Magnification: 4000.0

附图 6 镍钼矿石中胶状硫镍矿 SEM 图

（附 X 射线谱线图及成分表）

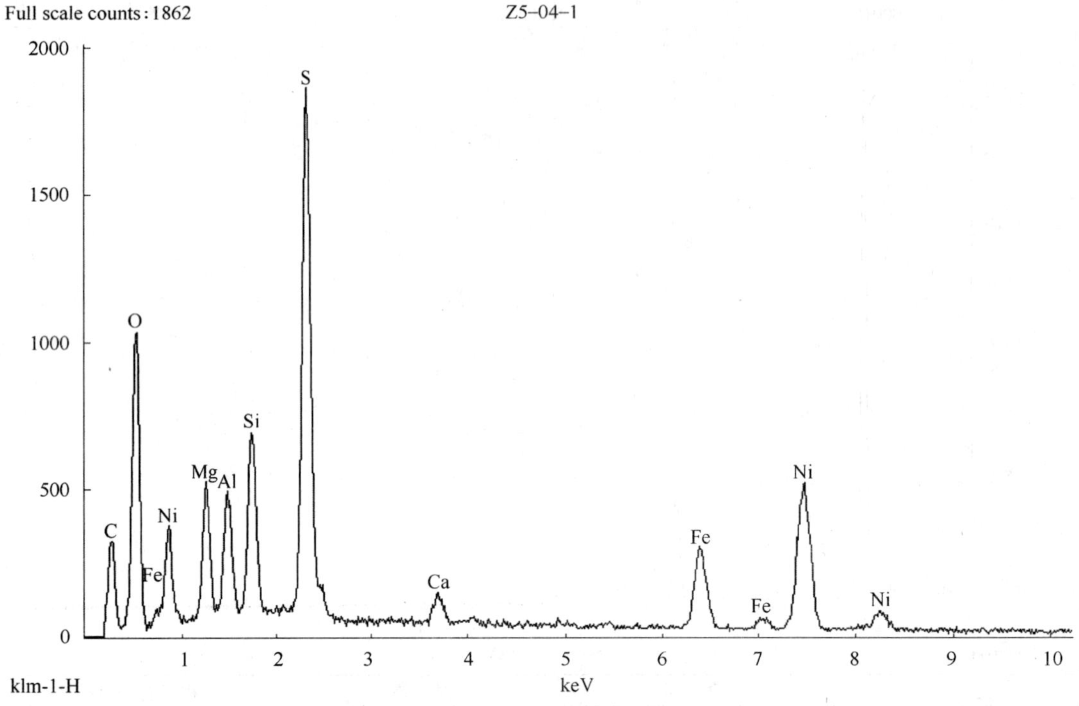

元　素	含　量	误　差	相对含量/%
C K	2408	+/-42	22.01
O K	8847	+/-85	30.60
Mg K	4425	+/-139	4.29
Al K	4041	+/-90	3.44
Si K	6335	+/-166	4.47
S K	22020	+/-167	13.73
Ca K	1331	+/-60	0.98
Fe K	4516	+/-160	5.60
Ni K	8901	+/-201	14.89
总　计			100.01

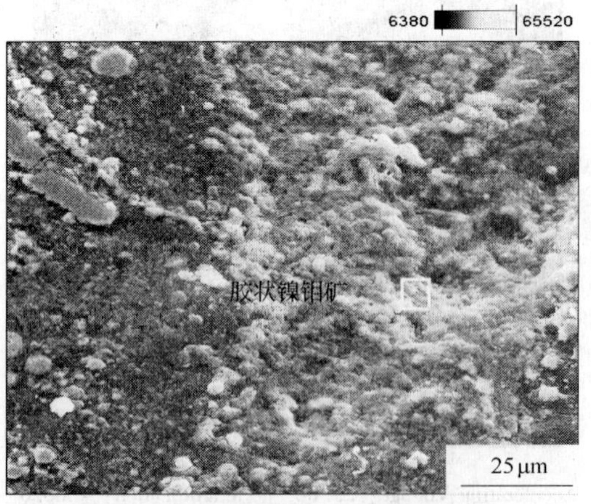

Accelerating Voltage: 25.00　　Magnification: 1000.00

附图7　镍钼矿石中胶状硫钼矿及辉镍矿 SEM 图

Accelerating Voltage: 25.00 Magnification: 1000.00

附图 8 镍钼矿石中结晶态辉镍矿矿物 SEM 图

Accelerating Voltage: 25.00 Magnification: 300.00

附图 9 镍钼矿石中脉状含硅质胶镍钼矿的 SEM 图

（附 X 射线谱线图及成分表）

Full scale counts:2001 ZYi-02-3

Mo S; Si; C S Fe; Fe; Ni; Fe; Mo

0 500 1000 1500 2000

2 4 6 8 10 12 14 16 18 20

klm-1-H keV

元 素	含 量	误 差	相对含量/%
C K	1198	+/-28	36.58
Si K	1544	+/-53	2.33
S K	16911	+/-482	24.94
Fe K	2627	+/-77	9.77
Ni K	310	+/-46	1.46
Mo L	13007	+/-704	24.92
总 计			100.00

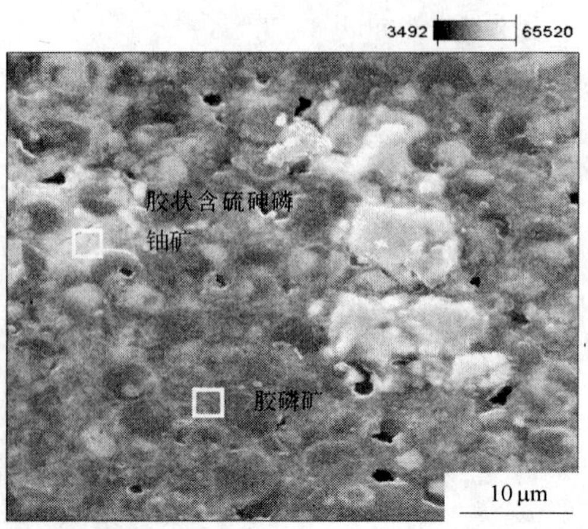

Accelerating Voltage：25.00　　Magnification：2500.00

附图 10　多金属富集层底部胶磷矿、胶态铀 SEM 图

（附 X 射线谱线图及成分表）

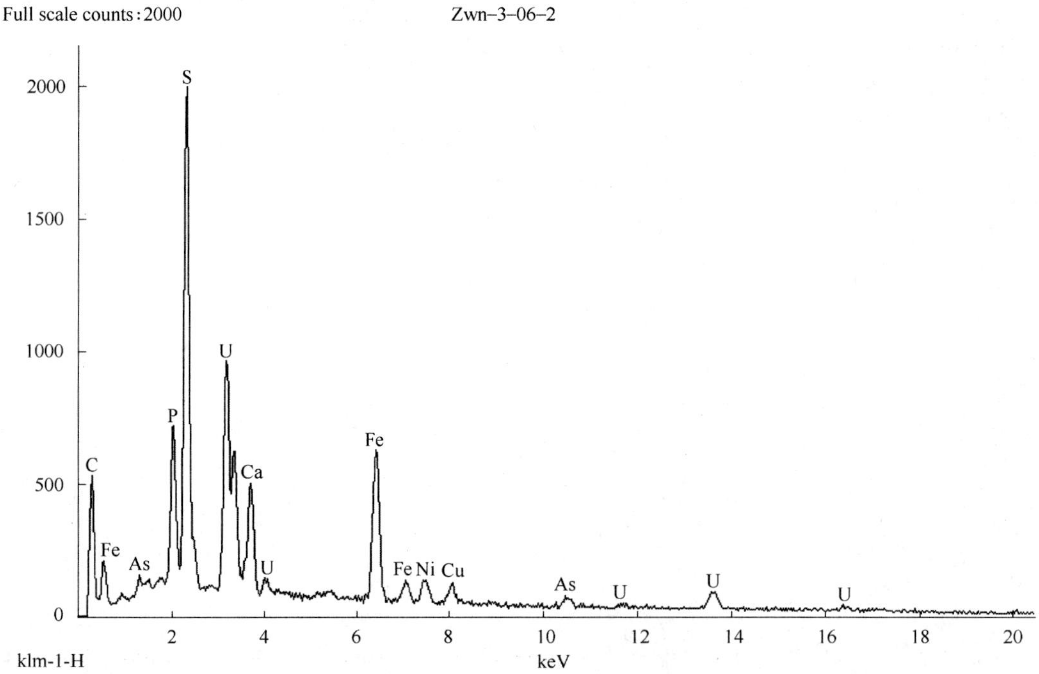

Full scale counts：2000　　Zwn-3-06-2

klm-1-H　　keV

元　素	含　量	误　差	相对含量/%
C K	4305	+/-58	29.38
P K	7302	+/-222	4.81
S K	24720	+/-318	15.16
Ca K	6272	+/-211	4.84
Fe K	10200	+/-237	13.08
Ni K	1758	+/-97	2.80
Cu K	1414	+/-97	2.56
As L	493	+/-59	1.21
U M	19116	+/-444	26.17
总　计			100.00

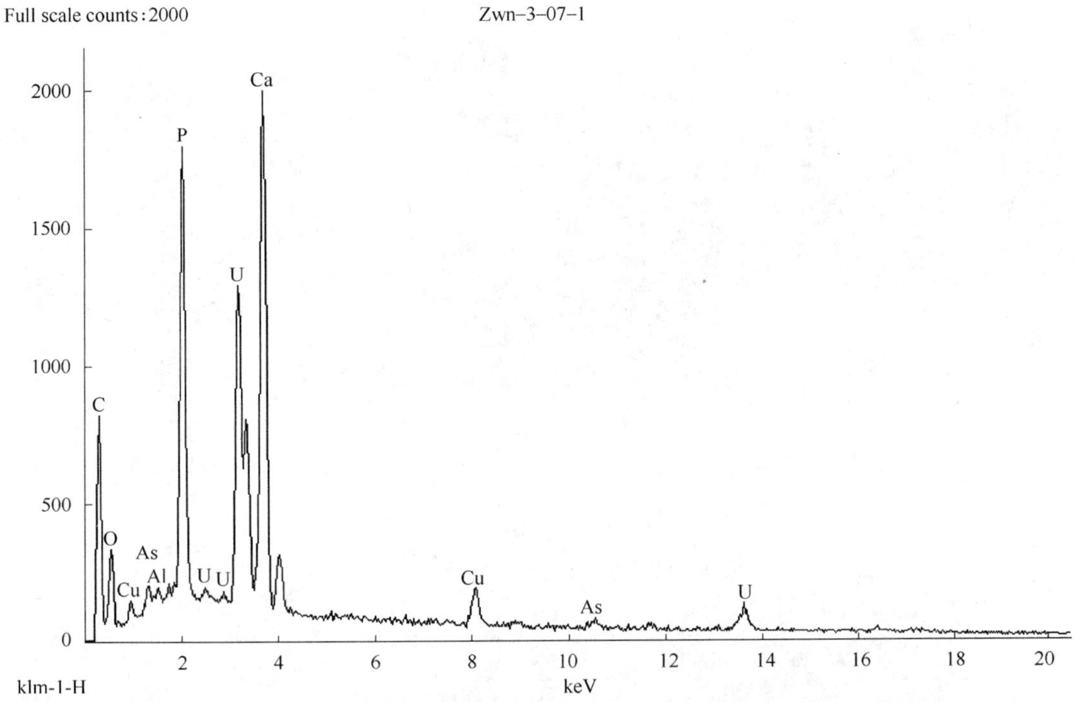

Full scale counts:2000 Zwn-3-07-1

2000 1500 1000 500 0

Ca P U C O As Cu Al U U Cu As U

2 4 6 8 10 12 14 16 18 20

klm-1-H keV

元 素	含 量	误 差	相对含量/%
C K	6104	+/-70	25.00
O K	2148	+/-57	10.01
Al K	449	+/-75	0.35
P K	19475	+/-242	11.47
Ca K	26251	+/-333	17.78
Cu K	2170	+/-195	3.49
As L	837	+/-73	1.75
U M	26258	+/-528	30.16
总 计			100.00

下列附图中附图 11 ~ 附图 21 书后有彩图。

附图 11 陶粒坯料

附图 12　陶粒坯料

附图 13　用细度 0.6mm 页岩粉末烧制陶粒

附图 14　适烧陶粒

附图 15　欠烧陶粒

附图 16　陶粒坯料球体

附图 17　烧成陶粒断面，内部已经膨胀

附图 18 欠烧陶粒，内部膨胀较差

附图 19 烧成陶粒黏结外观

附图 20 陶粒坯料球体

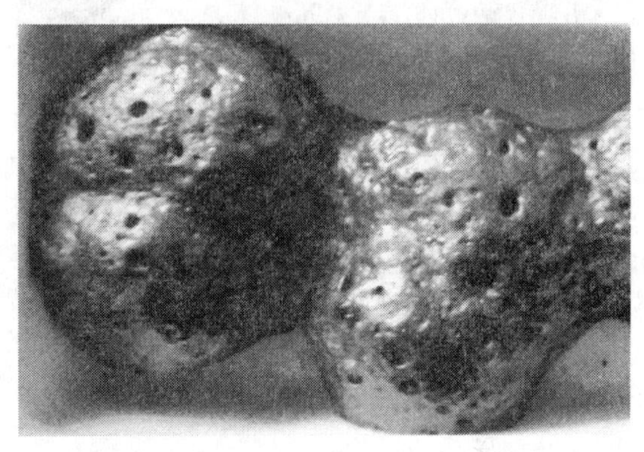

附图 21 过烧的陶粒，发生粘接

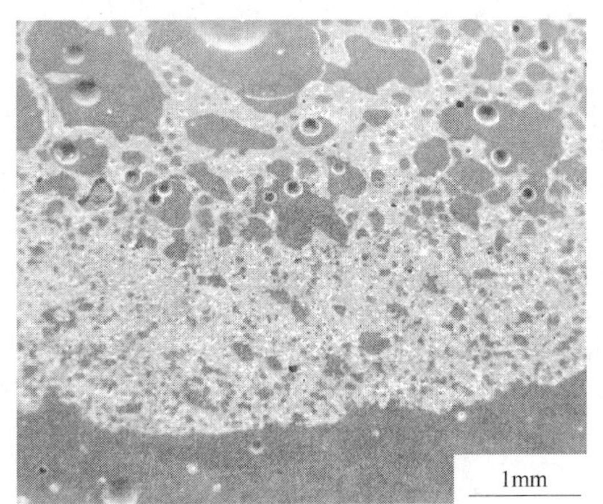

附图 22 扫描电镜照片硅质层外壳较厚，较均匀，中间形成较大孔洞

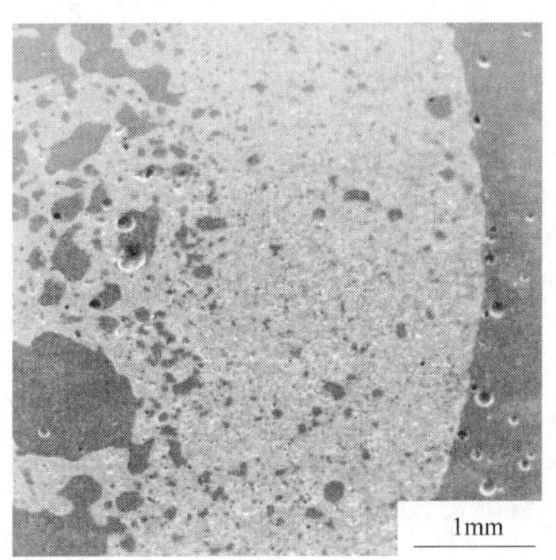

附图 23 扫描电镜照片硅质层外壳较厚，较均匀，中间形成较大空洞，表明膨胀充分

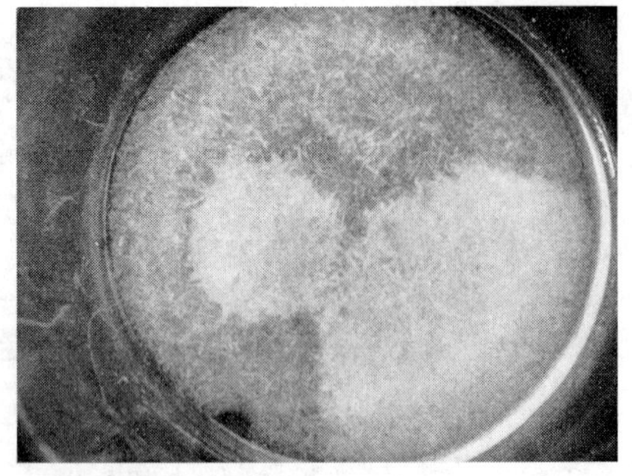

附图 24 NH_4Cl-KCl 针状结晶体

附图 25 NH_4Cl-KCl 结晶体

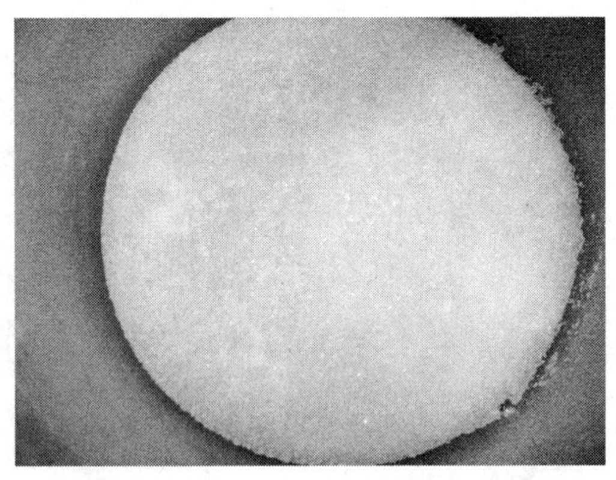

附图 26 氮钾肥结晶体

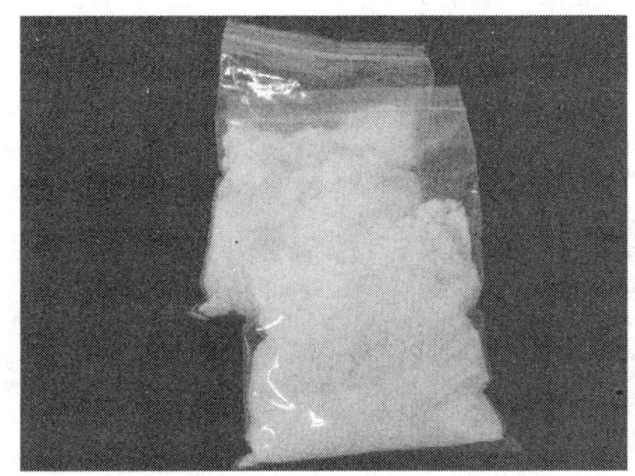

附图 27 氮钾肥试验成品

参考文献

[1] 范德廉，张焘，叶杰，等. 中国的黑色岩系及其有关矿床[M]. 北京：科学出版社，2004.

[2] 范德廉，杨秀珍，王连芳，等. 某地下寒武统含镍钼多元素黑色岩系的岩石学及地球化学特点[J]. 地球化学，1973(3)：143-164.

[3] 范德廉，叶杰. 扬子地台前寒武-寒武纪界线附近的地质事件与成矿作用[J]. 沉积学报，1987，5(3)：81-92.

[4] 张爱云，伍大茂，郭丽. 海相页岩建造地球化学与成矿意义[M]. 北京：科学出版社，1987.

[5] 鲍振襄. 湘西北地区镍钼钒多金属矿床及金银矿化的地质特征与成矿条件[J]. 地质找矿论丛，1990，5(3)：49-62.

[6] 李胜荣，高振敏. 黑色岩系中铂族元素地质地球化学研究概况及其意义[J]. 地质地球化学，1994，22(4)：45-49.

[7] 姜月华. 华南下古生界缺氧事件与黑色页岩及有关矿产[J]. 有色金属矿产与勘查，1994，3(5)：272-278.

[8] 李有禹. 湘西北下寒武统黑色页岩伴生元素研究新进展[J]. 矿床地质，1995，14(4)：346-354.

[9] 李有禹. 湖南大庸慈利一带下寒武统黑色页岩中海底喷流沉积硅岩的地质特征[J]. 岩石学报，1997，13(1)：121-126.

[10] 曾明果. 遵义黄家湾镍钼矿地质特征及开发前景[J]. 贵州地质，1998，15(4)：305-310.

[11] 叶杰，范德廉. 黑色岩系型矿床的形成作用及其在我国的产出特征[J]. 矿物岩石地球化学通报，2000，19(2)：95-102.

[12] 毛景文，张光第，杜安道，等. 遵义黄家湾镍、钼、铂族元素矿床地质、地球化学和 Re-Os 同位素年龄测定——兼论华南寒武系底部黑色页岩多金属成矿作用[J]. 地质学报，2001，75(2)：234-243.

[13] 李胜荣，肖启云，等. 贵州遵义下寒武统黑色岩系中贵金属的表生活动性初探[J]. 自然科学进展，2002，12(6)：612-616.

[14] 杨瑞东. 贵州早寒武世早期黑色页岩中生物化石保存及生态学研究[J]. 沉积学报，2004，22(4)：665-671.

[15] 江永宏. 贵州遵义下寒武统黑色岩系型 Ni，Mo 矿床 Rb-Sr 同位素测年与示踪研究[J]. 矿物岩石，2005，25(1)：62-66.

[16] 罗泰义，宁兴贤等. 贵州遵义早寒武黑色岩系底部 Se 的超常富集[J]. 矿物学报，2005，25(3)：275-282.

[17] 陈兰，钟宏，胡瑞忠，等. 湘黔地区早寒武世黑色页岩有机碳同位素组成变化及其意义[J]. 矿物岩石，2006，(1)：81-85.

[18] 王世杭，周太明，等. 贵州镇远水岭钒矿床地质特征及找矿前景分析[J]. 贵州地质，2007，24(1)：36-40.

[19] 张伦尉，杭家华，等. 贵州陡山沱组和牛蹄塘组中黑层的地质特征与找矿前景[J]. 矿物学报，2007，27(3/4)：456-460.

[20] 朱建明，Johnson Thomas M. 贵州遵义牛蹄塘组黑色岩系的硒同位素变化及其环境指示初探[J]. 岩石矿物学杂志，2008，27(4)：361-366.

[21] Coveney R M Jr，Chen Nansheng. Ni-Mo-PGE-Au rich ores in Chinese black shales and speculations on possible analogues in the United states[M]. Mineralium Deposita，1991.

[22] Coveney R M Jr，Grauch R I，Chen Nansheng. Field relations，origins，and resources implications for platiniferous Mo-Ni ores in black shales of South China[J]. Explor. Mining. Geol. 1992，1(1)：21-28.

[23] Horan M F，Morgan J W，Grauch R I，et al. Rhenium osmium isotopes in black shales and Ni-Mo-PGE

rich sulfide layers, Yukon Territoey, Canada and Hunan and Guizhou provinces, China. Geochim. et cosmochim[J]. Acta, 1994, 58: 257-265.

[24] Lott D A, Coveney R M Jr, Murowchick J B, et al. Sedimentary exhalative nickel-molybdenum ores of China[J]. Econ. Geol., 1999, 24: 94-97.

[25] Mao J, Lehmann B, Du A, et al. Re-Os datin of polymetallic Ni-Mo-PGE-Au mineralization in lower cambrian black shales of south China and its geological significance[J]. Econ. Geol., 2002, 97: 1051-1061.

[26] Vine J D, Tourtelot E B. Geochemical investigation of some black shales and associated rocks[M]. U. S. Geol. Surv. bull., 1969.

[27] Pettijohn F J. Sedimentary rocks[M]. New York, Happer International Edition, 1969.

[28] Potter P E, Maynard J B, Pry W A. Sedimentology of shales. Springer-Verlag, New York, Heidelberg Berlin. 1980: 1-306.

[29] Frakes L A, Bolton B R. Origin of manganese giant: sea-level change and anxic-oxic history[J]. Geology, 1984, 12: 83-86.

[30] 范德廉，张焘，叶杰，等．中国的黑色岩系及其有关矿床[M]．北京：科学出版社，2004.

[31] 贵州遵义化工地质勘察院．贵州开阳县开阳磷矿洋水矿区沙坝土矿段地质勘探报告［R］．1989.

[32] 林贵生．贵州遵义松林钼镍矿床地质特征及找矿标志[J]．昆明冶金高等专科学校学报，2007，23(3)：20-27.

[33] 王砚耕，尹恭正，郑淑芳，等．贵州上前寒武系及震旦系-寒武系界线[M]．贵阳：贵州人民出版社，1984.

[34] 肖加飞，何熙琦，王尚彦，等．黔中隆起及外围南华—留纪层序地层特征[J]．贵州地质，2005，22(2)：90-97.

[35] 杨瑞东，朱立军．贵州寒武系底部碳同位素负异常的地层学和生物学意义[J]．地质学报，2005，79(2)：157-164.

[36] 陈南生，杨秀珍．我国南方下寒武统黑色岩系及其中的层状矿床[J]．矿床地质，1982，1(2)：39-51.

[37] 王益友，吴萍．江浙海岸带沉积物的地球化学标志[J]．同济大学学报（自然科学版），1983，(4)：79-87.

[38] 曹双林，潘家永，马东升，等．湘西北早寒武世黑色岩系微量元素地球化学特征[J]．矿物学报，2004，24(4)：415-419.

[39] Rona P A. Hydrothermal mineralization of oceanic ridges [J]. Canadian Mineralogy, 1988, 26(3): 447-465.

[40] 罗泰义，张欢，李晓彪，等．遵义牛蹄塘组黑色岩系中多元素富集层的主要矿化特征[J]．矿物学报，2003，23(4)：296-302.

[41] 彭军，田景春，伊海生．夏文杰扬子板块东南大陆边缘晚前寒武纪热水沉积作用[J]．沉积学报，2000，18(1)：107-112.

[42] 魏怀瑞，杨瑞东，鲍淼，等．贵州早寒武世黑色页岩地球化学特征及其意义[J]．贵州大学学报（自然科学版），2006，23(4)：356-360.

[43] 谢飞，张杰，张敏．贵州织金早寒武纪磷块岩微量元素地球化学特征[J]．科技资讯，2008，(2)：203-205.

[44] 张杰，张覃等．贵州寒武纪早期磷块岩稀土元素特征[M]．北京：冶金工业出版社，2008.

[45] 杨剑，易发成，刘涛．黔北黑色岩系稀土元素地球化学特征及成因意义[J]．地质科学，40(1)：84-94.

[46] 陈德潜，陈刚．实用稀土元素地球化学[M]．北京：冶金工业出版社，1996.

[47] 范德廉，杨秀珍，王连芳，等．某地下寒武统含镍钼多元素黑色岩系的岩石学及地球化学特点

[J]. 地球化学，1973(3)：143-164.

[48] 吴朝东，陈其英，雷家锦. 湘西震旦—寒武纪黑色岩系的有机岩石学特征及其形成条件[J]. 岩石学报，1999，15(3)：453-454.

[49] 雷加锦，李任伟，Tobschall H J，等. 扬子地台南缘早寒武世黑色岩系中形态硫特征及成因意义[J]. 中国科学（D 辑），2000，(6)：592-601.

[50] 贵州地质矿产局. 贵州省区域地质志[M]. 北京：地质出版社，1987.

[51] 王世杭，周太明，杨义录. 贵州镇远水岭钒矿床地质特征及找矿前景分析[J]. 贵州地质，2007，24(1)：36-40.

[52] 况忠等. 贵州省开阳县钼镍钒矿的基本特征[J]. 贵州地质，2007，93(4)：270-273.

[53] 林贵生，赵远由，杨晓松. 贵州遵义松林钼镍矿地质特征及找矿标志［C］. 第四届贵州省地质矿产发展战略研讨会论文集，2006：108-109.

[54] 毛景文，张光弟，杜安道，等. 遵义黄家湾镍、钼、铂族元素矿床地质、地球化学和 Re-Os 同位素年龄测定——兼论华南寒武系底部黑色页岩多金属成矿作用[J]. 地质学报，2001，75(2)：235-236.

[55] 杨瑞东，赵元龙，郭庆军. 贵州早寒武世早期黑色页岩中藻类及其环境意义[J]. 古生物学报，1999，(S1).

[56] 陈南生，等. 我国南方下寒武统黑色岩系及其中的层状矿床[J]. 矿床地质，1982，1(2)：39-51.

[57] 张爱云，伍大茂，郭丽. 海相页岩建造地球化学与成矿意义[M]. 北京：科学出版社，1987.

[58] 吕惠进，王建. 浙西寒武系底部黑色岩系含矿性和有用组分的赋存状态[J]. 矿床地质，2005，24(5)：567-574.

[59] 袁见齐，朱上庆，翟裕生. 矿床学[M]. 北京：地质出版社，1979.

[60] 刘飞燕，朱志敏，沈冰，等. 元素赋存状态的研究及其在矿产资源综合利用中的意义[J]. 资源开发与市场，2006，22(6)：564-565.

[61] 赵杏媛，张有瑜. 粘土矿物与粘土矿物分析[M]. 北京：海洋出版社，1990.

[62] 任磊夫. 粘土矿物与粘土岩[M]. 北京：地质出版社，1992.

[63] 张乃娴. 粘土矿物研究方法[M]. 北京：科学出版社，1990.

[64] 潘兆橹，等. 应用矿物学[M]. 武汉：武汉工业大学出版社，1993.

[65] Kübler B. Les argiles, indicateurs de métamo rph isme[J]. Rev. Inst. F ranc [J]. Pétro., 1964, 19: 1093-1112.

[66] Velde B. Clay minerals, a physic-chemical explanation of their occurrence[M]. Dev. Sedimentol., 40. Elsevier, Am sterdam-Oxford-New York-Tokyo, 1985.

[67] 王河锦，周健. 关于伊利石结晶度诸指数的评价[J]. 岩石学报，1998，44(3)：328-334.

[68] Weaver C E. Possible uses of clay minerals in search for oil. Bull. Amer. Assoc. Petro 1. Geo 1., 1960, 44: 1505-1518.

[69] Kübler B. Evaluation quantitative du métamorphisme par la cristallinitéde lpillite [J]. Bull Cent Rech Pau 2 SNPA, 1968, 2: 385-397.

[70] Kübler B. La crisllinite de l. illite et Les zone a Fait su-perieures du metamorp hisme in Etages Tectoniques 2 colloque de Neuchatel, 1967, 105-121.

[71] 王行信，王少依. 塔里木盆地第三系伊利石结晶度纵向变化的地质意义[J]. 新疆石油地质，1998，19(3)：213-217.

[72] 胡曙光，王发州. 轻集料混凝土[M]. 北京：化学工业出版社，2006.

[73] 许绍群，杨时元. 人造轻集料原料样实验室试烧及小试操作浅见[J]. 建筑砌块与砌块建筑，2004，(1)：42-44.

[74] 陈益兰，李毅等. 页岩陶粒理化性能的研究[J]. 房材与应用，2004，(3)：3-4.

[75] 赵相洋. 超轻页岩陶粒的研制[J]. 墙材革新与建筑节能, 1998, (2): 27-28.

[76] 龚洛书. 我国轻集料生产和应用的现状与展望[J]. 房材与应用, 1997, (6).

[77] 龚洛书. 第四届全国轻骨料及轻骨料混凝土学术讨论会纪要[J]. 房材与应用, 1994, (6).

[78] 龚洛书. GB/T 17431—1998《轻集料及其试验方法》新修内容浅析[J]. 建筑科学, 2000, (1): 51-52.

[79] 许绍群, 杨时元. 人造轻集料原料样实验室试烧及小试操作浅见[J]. 建筑砌块与砌块建筑, 2004, (42-44).

[80] 范锦忠. 陶粒生产线节能有效措施[J]. 墙材革新与建筑节能, 2004, (6).

[81] 范锦忠, 胡锡恩. 高强陶粒生产技术方略[J]. 墙材革新与建筑节能, 2000, (6).

[82] 许绍群, 杨时元. 干法高强页岩陶粒研制与生产[J]. 建筑砌块与砌块建筑, 2003, (2): 25-27.

[83] 苏宜, 李燕. 龙王山页岩陶粒的研制[J]. 安徽建筑工业学院学报, 1998, 6(2): 18-24.

[84] 王大雁, 汪邦鼎, 陶胤强. 利用山区黑页岩烧制超轻陶粒[J]. 广东建材, 2001.

[85] 卢琦, 李丕宁, 陈益兰. 浅谈广西隆安超轻页岩陶粒的焙烧研究[J]. 江西建材, 2005, (4): 11-13.

[86] 许绍群, 杨时元. 人造轻集料实验室试烧及小试操作浅见[J]. 建筑砌块与砌块建筑, 2004, (5): 42-44.

[87] 范锦忠. 高强陶粒生产技术方略[J]. 房材与应用, 2000, 28(4).

[88] 韩建德, 元敬顺, 黄洪亮. 利用紫色页岩烧制高强陶粒的研究[J]. 建筑砌块与砌块建筑, 2008, (1): 29-30.

[89] 华南工学院, 等. 陶瓷工艺学[M]. 北京: 中国建筑工业出版社, 1980.

[90] 于澈. 烧胀页岩生产页岩陶粒的研究[J]. 房材与应用, 2000, (5): 33-34.

[91] 罗森诺 W M. 传热学基础手册[M]. 北京: 科学出版社, 1992: 304-341.

[92] 周勇, 刘杏芹, 杨萍华. 多孔 α-Al_2O_3 陶瓷的制备及其研究[J]. 中国科学技术大学学报, 1997, 27(2): 181.

[93] 朱时珍, 赵振波. 多孔陶瓷材料的制备技术[M]. 北京: 建筑出版社, 1996.

[94] 徐东升, 郭国森, 桂琳琳. 超临界干燥和普通干燥方法对多孔硅的结构及性质的影响[J]. 科学通报, 1999, 44(21): 22-76.

[95] 蔡俊修. 控制大气污染用的蜂窝陶瓷材料[J]. 硅酸盐学报, 1994, (5): 500-548.

[96] 张智慧, 李楠. 多孔陶瓷材料制备方法[J]. 材料导报, 2003, (17) 7: 30-31.

[97] 易佑宁, 钦征琦. 微孔陶瓷在陶瓷颜料脱水中的应用[J]. 江苏陶瓷, 1998, 37(2): 19-21.

[98] 吴皆下, 等. 氧化锆增韧堇青石陶瓷的研究[J]. 硅酸盐学报, 1993, 21(5): 39-49.

[99] 陈履安. 贵州富钾水云母粘土岩释钾作用的初步实验研究[J]. 建材地质, 1995(6): 37-39.

[100] 陈履安. 贵州含钾岩石释钾作用和供钾潜力研究[J]. 建材地质, 1996(6): 38-42.

[101] 陈履安. 试论含钾岩石的农业直接应用[J]. 贵州地质, 1996, 13(3): 265-271.

[102] 汤志凯. 四川绿豆岩提取钾肥及其综合利用新工艺试验研究[J]. 四川地质学报, 1996, 16(1): 85-90.

[103] 周乐光. 矿石学基础[M]. 北京: 冶金工业出版社, 1990.

[104] 周亚栋. 无机材料物理化学[M]. 武汉: 武汉工业大学出版社, 1994.

[105] 周治国. 国内难溶性钾矿资源及其开发利用[J]. 湖南地质, 1992, 11(1): 84-87.

[106] 周俊, 朱江, 储国正, 等. 钾资源的地球化学背景及其开发利用[J]. 矿产综合利用, 1999(4): 36-40.

[107] 周俊, 储国正. 难溶性钾矿资源的开发利用[J]. 资源开发与市场, 1999, 15(4): 230-231.

[108] 郑水林. 非金属矿物材料[M]. 北京: 化学工业出版社, 2007.

[109] 闻辂，梁婉雪，吕正刚．矿物红外光谱学[M]．重庆：重庆大学出版社，1989.
[110] 陶大权，黎文辉．伊利石粘土岩制氮钾肥工艺探讨[J]．贵州工学院学报，1996，25(5)：84-88.
[111] 陶维屏．中国工业矿物和岩石[M]．北京：地质出版社，1987.
[112] 徐邦梁．农肥矿产[M]．北京：科学出版社，1980.
[113] 谢广元，张明旭，边炳鑫，等．选矿学[M]．徐州：中国矿业大学出版社，2001.
[114] 黄志良．磷矿共生含钾页岩特征及蚀变法浸钾过程[J]．中国矿业，1996，5(3)：21-24.
[115] 彭文世，刘高魁．矿物红外光谱图集[M]．北京：科学出版社，1982.
[116] 韩效钊，姚卫棠．离子交换法从钾长石提钾[J]．应用化学，2003，20(4)：373-375.
[117] 穆克敏，李树勋．结晶岩岩石物理化学[M]．北京：地质出版社，1988.
[118] 潘群雄，王路明，蔡安兰．无机材料科学基础[M]．北京：化学工业出版社，2007.
[119] 李彬，等．钼尾矿微晶玻璃的研究[J]．中国陶瓷工业，2001，8(3)：15-17.
[120] 刘心宇，等．磷矿尾矿微晶玻璃的试验研究[J]．矿产综合利用，2002，(5)：45-49.
[121] 姜鹏．煤矸石微晶玻璃的制备与性能研究 [D] ．福州：福州大学，2003.
[122] 时海霞．利用铬渣制备微晶玻璃的研究[D]．湖南：湖南大学，2005.
[123] 南雪丽．微晶玻璃的研制[D]．兰州：兰州大学，2006：18.
[124] 杨家宽，等．利用工业废渣制备微晶玻璃的进展[J]．玻璃与搪瓷，2002，3(6)：47-52.
[125] 陈吉春．矿业尾矿微晶玻璃制品的开发利用[J]．中国矿业，2005，14(5)：83-85.
[126] 吴茂，等．微晶玻璃的特性、种类及其应用[J]．中国陶瓷，2006，42(6)：8-11.

图4-1　含钒多金属富集层
（底部为磷矿层，黑色页岩、泥页岩岩系，开阳大坪）

图4-2　含钒多金属富集层
（顶、底板为黑色上部页岩系，息烽用砂村）

图4-3　含钒多金属富集层剖面
（大坪顶板为黑色页岩系）

图4-4　含钒多金属富集层剖面
（大坪顶、底板为黑色页岩系）

图4-5　多金属富集层中星散状黄铁矿

图4-6　多金属富集层中星散状黄铁矿、胶镍钼矿

图4-7　多金属富集层中胶镍钼矿矿石
（见条纹、星散状黄铁矿）

图4-8　多金属富集层中胶镍钼矿矿石
（见条纹、浸染状黄铁矿、胶镍钼矿）

图4-9　多金属富集层中胶镍钼矿矿石
（见条纹状、浸染状黄铁矿、胶镍钼矿）

图4-10　多金属富集层中胶镍钼矿矿石
（见团块状、浸染状黄铁矿、胶镍钼矿）

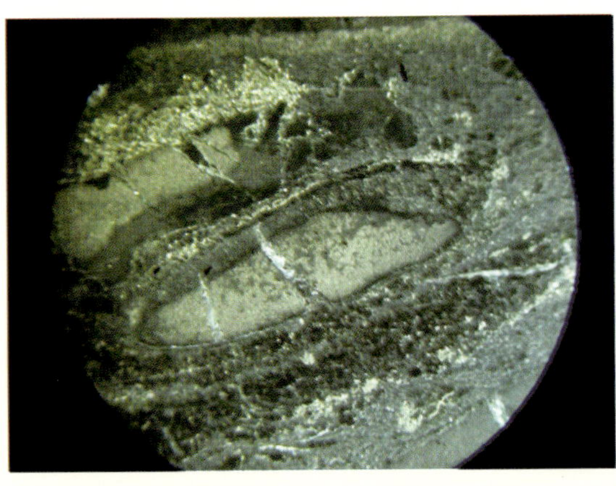

图5-1　脉状黄铁矿及硫镍钼矿
（反射光10×10）

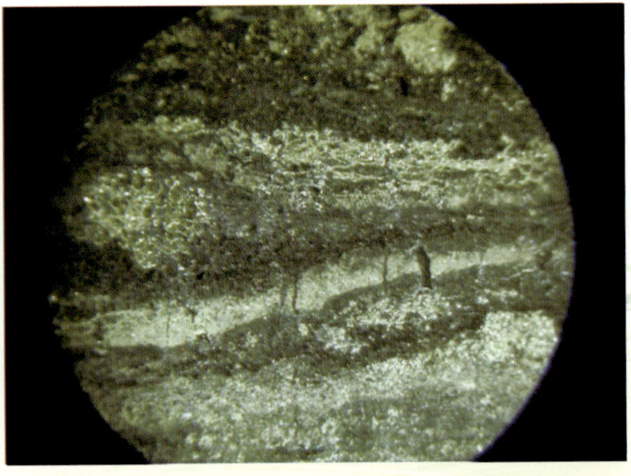

图5-2　脉状黄铁矿及硫镍钼矿
（反射光10×10）

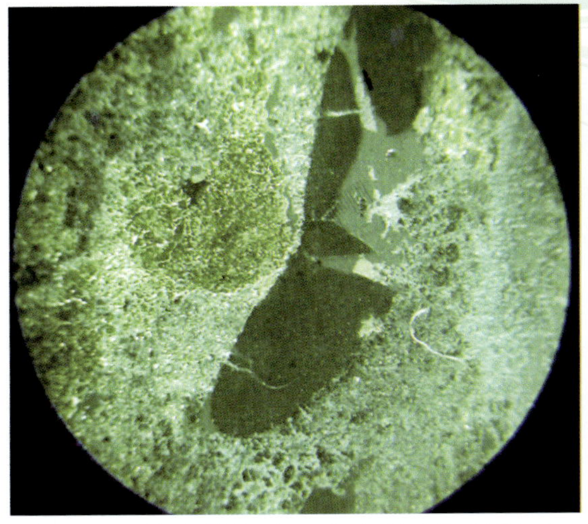

图5-3　微晶黄铁矿、硫镍钼矿及伊利石
（反射光10×10）

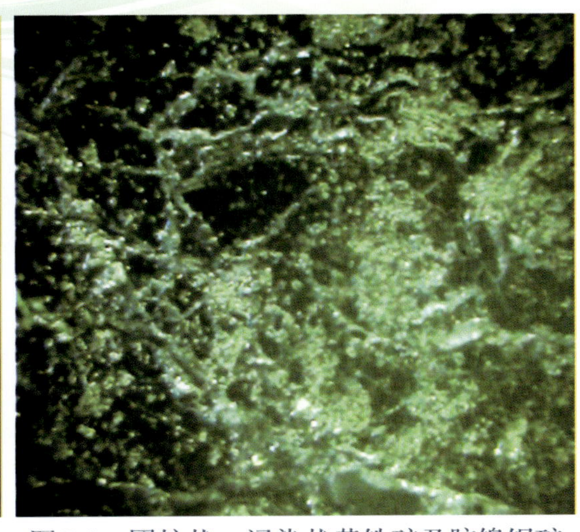

图5-4　团粒状、浸染状黄铁矿及胶镍钼矿
（反射光10×10）

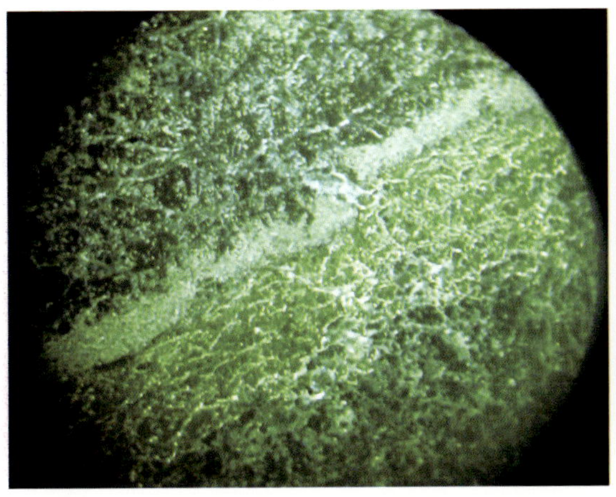

图5-5　微晶黄铁矿、硫镍钼矿（脉状）
（反射光10×10）

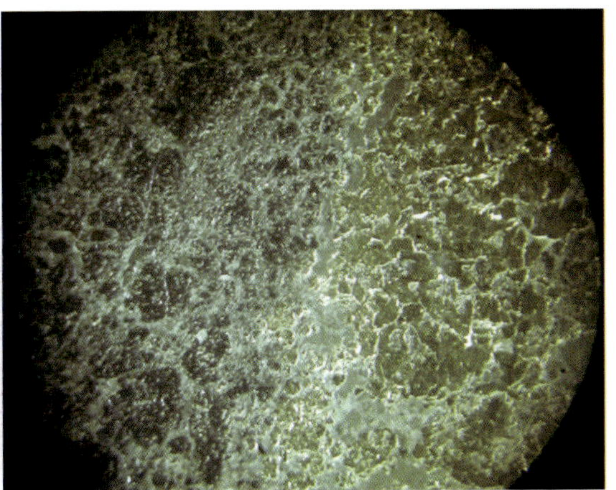

图5-6　团粒状、浸染状黄铁矿及胶镍钼矿
（反射光10×10）

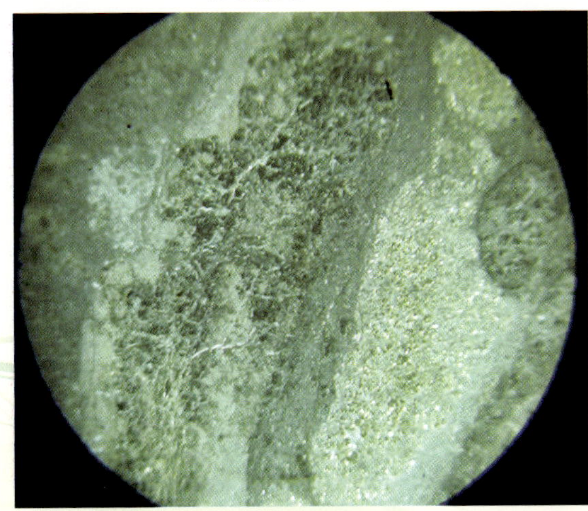

图5-7　微晶黄铁矿、硫镍钼矿及伊利石
粘土矿物呈脉状
（反射光10×10）

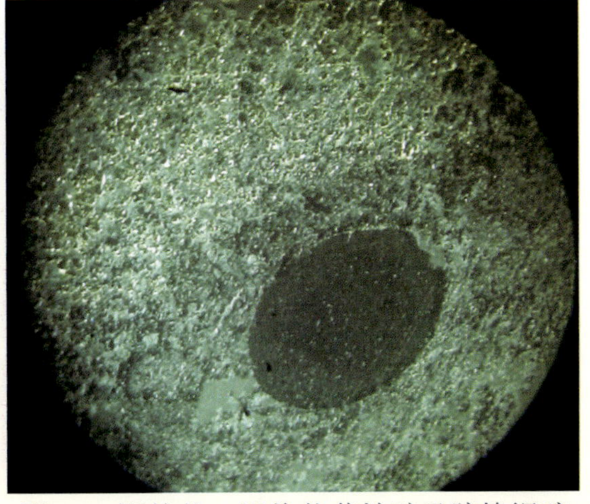

图 5-8　团粒状、浸染状黄铁矿及胶镍钼矿
粘土矿物、有机质呈球粒状
（反射光10×10）

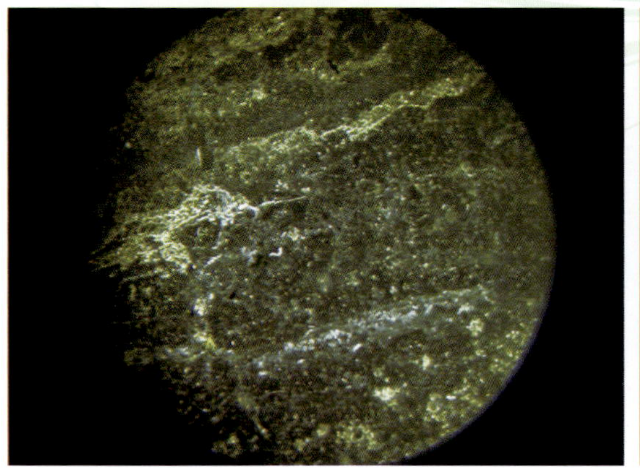

图5-9　微晶黄铁矿、硫镍钼矿及伊利石
（反射光10×10）

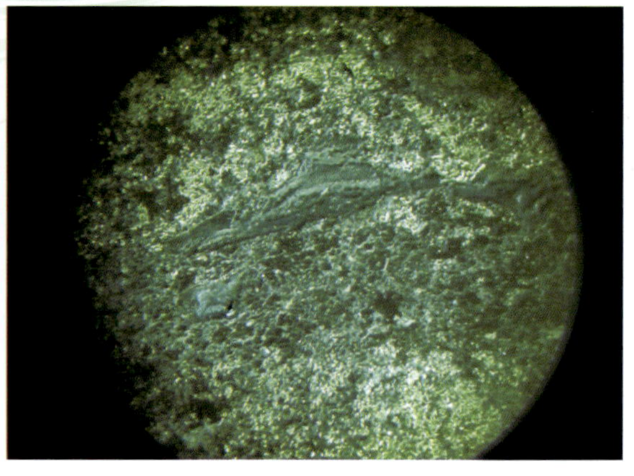

图5-10　团块状、浸染状黄铁矿及胶镍钼矿
（反射光10×10）

图5-11　微晶黄铁矿团粒、硫镍钼矿薄片
（1∶2）

图5-12　脉状、浸染状黄铁矿及胶镍钼矿薄片（1∶2）

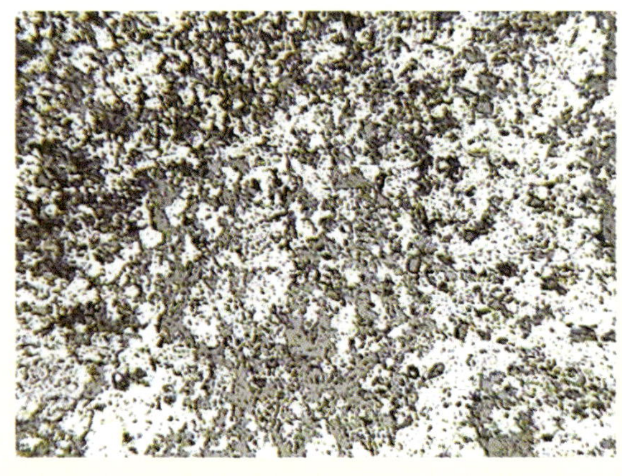

图5-13　微晶黄铁矿、硫镍钼矿及伊利石
（反射光10×5）

图5-14　团粒状、浸染状黄铁矿及胶镍钼矿
（见黄铜矿、胶态有机质，反射光10×5）

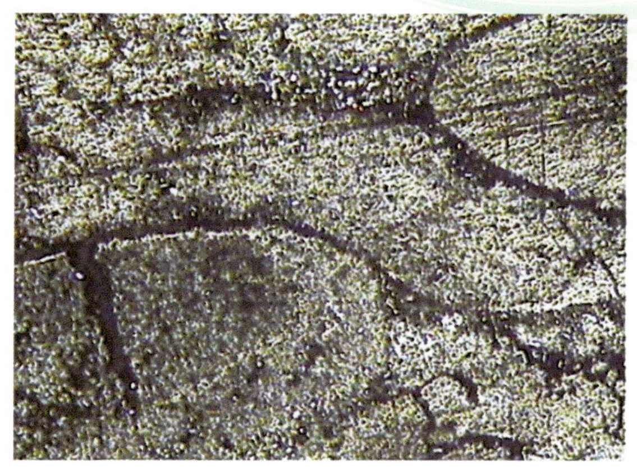

图5-15　微晶团粒黄铁矿、硫镍钼矿
（反射光10×5）

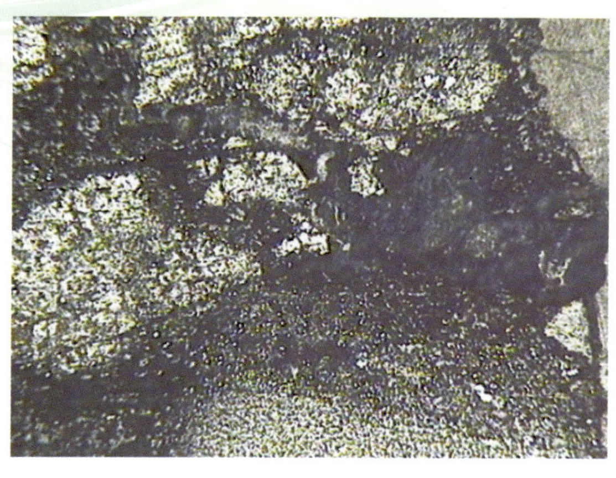

图5-16　团粒状黄铁矿及胶镍钼矿
（胶镍钼矿胶结黄铁矿团粒，
反射光10×5）

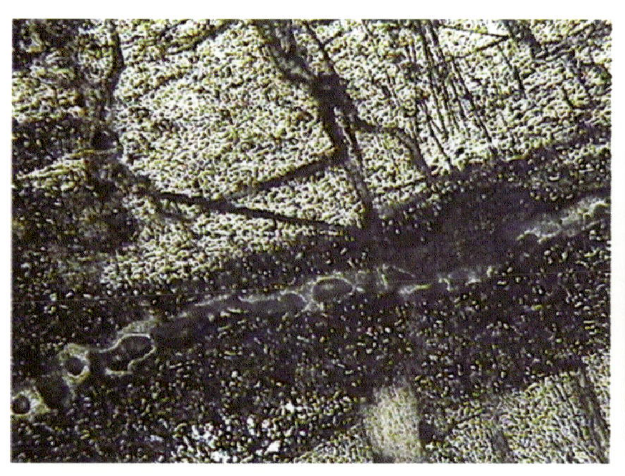

图5-17　脉状微晶黄铁矿、硫镍钼矿
（反射光10×5）

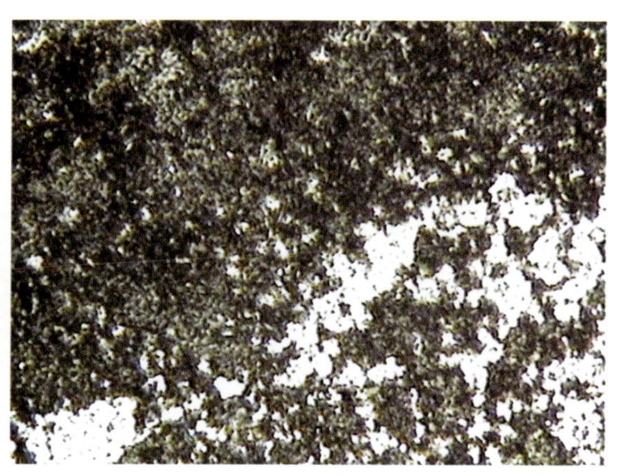

图5-18　浸染状、块状黄铁矿及胶镍钼矿
（黄铁矿分两期，反射光10×5）

图6-1　遵义松林钻孔岩芯

图6-2　遵义松林钻孔样品
（见页岩中碳酸盐脉）

图6-3　遵义松林取样点
（遵义松林—毛石实地取样）

图6-4　遵义毛石某开采钼矿取样点
（黑色页岩主要取自于镍、钼矿含矿层顶、底板）

图6-5　毛石镇某钼矿井内取样点
（见黄铁矿矿脉产出）

图6-6　毛石镇某钼矿（关闭）矿渣取样点

图6-7　开阳大坪取样剖面

图6-11　织金戈仲伍磷块岩之上的牛蹄塘黑色页岩

图7-36　多孔陶瓷成品（1140℃）

附图11　陶粒坯料

附图12　陶粒坯料

附图13　用细度0.6mm页岩粉末烧制陶粒

附图14　适烧陶粒

附图15　欠烧陶粒

附图16　陶粒坯料球体

附图17　烧成陶粒断面，内部已经膨胀

附图18　欠烧陶粒，内部膨胀较差

附图19　烧成陶粒黏结外观

附图20　陶粒坯料球体

附图21　过烧的陶粒，发生粘接